0~1岁婴儿养育一日一页

范玲玲 主编

黑龙江科学技术出版社

图书在版编目（CIP）数据

0～1岁婴儿养育一日一页 / 范玲玲主编. -- 哈尔滨：黑龙江科学技术出版社，2012.7

ISBN 978-7-5388-7299-6

Ⅰ.①0… Ⅱ.①范… Ⅲ.①婴幼儿—哺育 Ⅳ.①TS976.31

中国版本图书馆CIP数据核字（2012）第171161号

0～1岁婴儿养育一日一页
0～1SUI YINGER YANGYU YIRIYIYE

作　　者	范玲玲
责任编辑	王　姝　宋秋颖
封面设计	白冰设计
出　　版	黑龙江科学技术出版社
	地址：哈尔滨市南岗区建设街41号　邮编：150001
	电话：（0451）53642106　传真：（0451）53642143
	网址：www.lkcbs.cn　www.lkpub.cn
发　　行	全国新华书店
印　　刷	北京彩虹伟业印刷有限公司
开　　本	710 mm×1000 mm　1/16
印　　张	22.25
字　　数	280千字
版　　次	2012年10月第1版　2016年5月第2次印刷
书　　号	ISBN 978-7-5388-7299-6/TS·502
定　　价	39.80元

【版权所有，请勿翻印、转载】

前 言
Preface

当自己的宝宝终于降临人世时,新妈咪心中的激动和喜悦是无法言喻的。看着这个可爱的小生命,一种强烈的母爱和责任感便油然而生:我要给宝宝最好的抚育。这个想法当然是好的,可是养育宝宝却不是一件轻松的事情,尤其对于没有经验的新妈咪们来说,这更是一项挑战。

0～1岁是宝宝生长发育过程中的重要阶段,也是生长速度最快的阶段。宝宝用自己身体发展的姿势悄悄诉说着成长的秘密和每个阶段的需要。尊重和满足这些需要,可以给孩子的一生奠定最好的基底。照顾新生宝宝马虎不得,任何错误或疏漏都可能会断送宝宝一生的前途和幸福。因此,新妈咪不仅要有十足的细心和耐心,还要了解宝宝成长过程中的每个方面的知识,把握宝宝成长的每一天。那么,在开始这项挑战之前,新妈咪是不是应该做好充分的准备,从容"恭候"小宝贝制造的各种"麻烦"呢?

向老人或有经验的妈妈虚心请教、和新爸爸一起上育儿班学习护理知识都是不错的选择,可是,传统的养育方法难免存在不科学的地方,而上育儿班学习则会给家庭带来较大的经济负担。另外,虽然目前网络上各种育儿网站、亲子论坛上有关育儿的知识非常多,但是过于泛滥,质量层参差不齐。面对网上这些庞杂的育儿知识,很多新妈咪完全不知道该如何下手。所以,很显然,新妈咪需要为自己准备一本全面、科学、贴心的育儿指导书。于是，我们编辑了这本《0~1岁婴儿养育一日一页》。

《0~1岁婴儿养育一日一页》这本书有针对性地囊括了0~1岁宝宝不同时期的发育特征、日常护理要点、饮食特点、营养需求、常见疾病护理要点、智能开发等各方面的知识，内容丰富、全面，而且注重细节。此外，在内容的选取上，我们秉着严肃认真的态度，力求简单、科学。

同时，本书采用化整为零的方法，以一天一页的形式，将繁多的育儿知识分解在每一天，把养育宝宝的大工程细化再细化。从宝宝出生第一天开始，一直到宝宝满周岁，新妈咪每天只要花少量的时间，就能轻松愉快地了解宝宝这一阶段的成长变化和需要注意的问题，掌握养育宝宝所需要的各种知识。养育宝宝不是一件轻松的事，但是有了这本书，新妈咪可以让它变得轻松起来。

另外，我们摈弃了一般育儿书纯百科式的生硬、死板的语言风格，以轻松活泼、欢快简洁的笔调来讲述相关的知识，于细微之处透出一种温馨感，让新妈咪在阅读这本书的时候能保持一种快乐的心情，享受阅读的过程，享受养育宝宝的过程。

如果你还在为缺乏育儿经验而发愁，如果你面对众多的育儿知识一个头两个大，如果你还在担心不能好好地照顾自己的宝宝，如果你还因为找不到一本合适的育儿指导书而烦恼，那么赶快拿起这本书，和宝宝一起进步吧！

目 录
Contents

第一个月 …小天使需要休息！再休息！

第 1 天　小宝贝出生了 002
第 2 天　嘘！宝贝要睡觉 003
第 3 天　小家伙出黄疸了 004
第 4 天　小小宝贝有个性 005
第 5 天　宝宝的脐带护理 006
第 6 天　宝宝能闻到妈咪的味道了 007
第 7 天　初乳珍贵无价哦 007
第 8 天　我的宝宝在脱皮 009
第 9 天　乳头皲裂也是大问题哦 010
第 10 天　配方奶粉巧选择 011
第 11 天　给宝贝多点拥抱吧 012
第 12 天　让宝宝睡得更香甜吧 012
第 13 天　让小宝宝睡出漂亮头型来 013
第 14 天　宝宝现在不用小枕头 014
第 15 天　小鼻子堵上了 015
第 16 天　既怕冷又怕热 016

第17天	小宝贝爱上洗澡啦	017
第18天	宝宝对吃也有讲究	018
第19天	给小宝宝定"喂奶时间"	019
第20天	口腔护理的小秘密	020
第21天	从"便便"里看健康信息	021
第22天	尿布选择学问大	022
第23天	不能小看的"红屁股"	023
第24天	小宝宝穿衣的讲究	024
第25天	让宝宝爱上运动	025
第26天	宝贝也要"乐"起来	026
第27天	宝宝头发少怎么办	027
第28天	要不要剃"满月头"	028
第29天	宝宝的哭声是一门语言	029
第30天	每天都要干干净净	030
第31天	我的小宝贝满月了	031

第二个月 …小宝宝越来越有秩序感了

第32天	别让拥抱变成伤害	034
第33天	新妈咪的饮食"雷区"	035
第34天	给小耳朵多一点训练吧	036
第35天	新爸爸新妈妈齐动手	037
第36天	纸尿裤的选择有技巧	038
第37天	聪明宝贝大脑发育好	039
第38天	新妈咪生病后还能喂奶吗	040
第39天	宝宝有了重大发现	041

第 40 天　小小指甲也要精心呵护 042

第 41 天　宝宝的眼睛不能"闪光"刺激 043

第 42 天　宝宝要做检查啦 044

第 43 天　练习抬头方法多 045

第 44 天　宝宝越来越有"秩序"了 046

第 45 天　温柔呵护宝宝的小屁股 047

第 46 天　男宝宝和女宝宝是不同的 048

第 47 天　宝宝吐奶，新妈咪巧应对 049

第 48 天　呼噜呼噜有问题 050

第 49 天　酸酸甜甜的味道 050

第 50 天　宝宝睡觉不开灯 051

第 51 天　爱活动就去户外吧 052

第 52 天　新妈咪户外哺乳，可以不尴尬 053

第 53 天　宝宝天生就有"爬"、"走"能力 054

第 54 天　小身子更要好好保温 054

第 55 天　家人支持很重要 055

第 56 天　宝宝会用微笑来谈心 056

第 57 天　宝宝安睡，新妈咪有良方 057

第 58 天　自己的宝宝自己带 058

第 59 天　跟宝宝玩一玩拉绳游戏吧 058

第 60 天　宝宝黑白颠倒了怎么办 059

第三个月 宝贝，快乐地翻个身吧

第 61 天　宝宝有大进步哦 062

第 62 天　快乐的小宝贝 062

第 63 天	爱笑的宝宝聪明又健康	063
第 64 天	宝宝的新内衣	064
第 65 天	小鼻子又堵上了	065
第 66 天	规律作息早养成	066
第 67 天	音乐是开启宝宝智力的一把钥匙	067
第 68 天	奶瓶选择要合适	068
第 69 天	好奶瓶要配好奶嘴	069
第 70 天	防止"病从口入"	070
第 71 天	不要动我的睫毛	071
第 72 天	宝宝手上真的有"蜜"吗	071
第 73 天	新妈咪外出不超时	072
第 74 天	手摇铃铛真开心	073
第 75 天	小枕头派上用场了	074
第 76 天	新妈咪严把清洁关	075
第 77 天	宝宝,你吃饱了吗	075
第 78 天	宝宝健康有记录	076
第 79 天	咿咿呀呀学发声	077
第 80 天	安度宝宝"认人"期	078
第 81 天	宝宝尿液的颜色正常吗	079
第 82 天	宝宝"枕秃"了	080
第 83 天	给宝宝晒晒太阳	080
第 84 天	与大自然亲密接触	082
第 85 天	生命在于运动	083
第 86 天	宝贝,快乐地翻个身吧	084
第 87 天	小家伙的嗅觉原来这样惊人	085
第 88 天	怎么呼吸暂停了	086

第 89 天　预防佝偻病 086
第 90 天　训练宝宝握力的小方法 087
第 91 天　宝宝湿疹要预防 088

第四个月…宝宝能跟妈咪玩躲猫猫了

第 92 天　宝宝的世界有了颜色 092
第 93 天　宝宝开始有情绪反应了 092
第 94 天　给宝宝一个舒适的睡眠 093
第 95 天　宝宝也会做梦 094
第 96 天　宝宝手上的健康秘密 095
第 97 天　新妈咪的好帮手 096
第 98 天　宝宝的内在力量不能小看 096
第 99 天　所有预防针都要打吗 097
第 100 天　主角的烦恼 098
第 101 天　自由成长最快乐 099
第 102 天　纸尿裤会导致男宝宝不育吗 100
第 103 天　爱宝宝，也爱工作 101
第 104 天　宝宝照镜子 101
第 105 天　"乖"宝宝未必好 102
第 106 天　宝宝会对嘴巴发音感兴趣了 103
第 107 天　宝宝冷不冷，摸摸后脖子 104
第 108 天　新妈咪给宝宝买几个小围嘴 105
第 109 天　为上班时的哺乳作准备 106
第 110 天　宝宝能追着物体看了 107
第 111 天　宝宝也欢迎"全职奶爸" 107

第 112 天　好玩的打哇哇 108

第 113 天　定时把尿的秘密 109

第 114 天　宝宝能跟妈咪玩躲猫猫了 110

第 115 天　宝宝为什么老打嗝 111

第 116 天　矿物质，科学补 111

第 117 天　宝宝有双灵敏的小耳朵 112

第 118 天　学习语言从名词开始 113

第 119 天　宝宝对音乐的感受能力 114

第 120 天　打开小拳头，妈妈怎么做 115

第 121 天　宝宝的专属儿童房 116

第五个月　小家伙学会"察言观色"了

第 122 天　妈妈要上班了 118

第 123 天　宝贝不喜欢老换人 118

第 124 天　妈妈也有分离焦虑 119

第 125 天　小宝宝是否准备好吃辅食 120

第 126 天　宝宝能每天吃1个蛋黄了 121

第 127 天　为宝宝添加辅食有原则 122

第 128 天　宝宝哭得天昏地暗怎么办 122

第 129 天　触觉记忆促进语言发育 123

第 130 天　找亮点让眼睛更灵动 124

第 131 天　宝宝身体里有趣的响声 125

第 132 天　什么是宝宝的"口欲期" 126

第 133 天　宝宝学会咬人了 126

第 134 天　宝宝能听懂自己的名字了 127

第 135 天　录像节目并不适合学语言 128
第 136 天　宝宝多大才可以尝试咸和酸呢 128
第 137 天　宝宝不适合"超钠"饮食 130
第 138 天　宝宝喝水讲究多 130
第 139 天　宝宝为什么爱出汗 131
第 140 天　怎样知道宝宝对食物过敏 132
第 141 天　宝贝防蚊用什么 133
第 142 天　宝宝出牙伴随的症状 134
第 143 天　小秘诀预防宝宝脊柱侧弯 134
第 143 天　有穿袜子的必要吗 135
第 144 天　苹果是"万能"辅食 136
第 145 天　宝宝为什么突然哭闹不止 137
第 146 天　如果宝宝拒绝辅食怎么办 138
第 147 天　小宝宝最爱穿的衣服 138
第 148 天　适合宝宝吃的蔬菜水果 139
第 149 天　宝宝发烧了 140
第 150 天　宝宝大便干燥怎么办 141
第 151 天　让宝宝学认日常用品 142
第 152 天　宝宝的学习方式好比用照相机拍照 143

第六个月 … 可爱的小家伙开始会坐了

第 153 天　宝宝触觉大开发：感知冷和热 146
第 154 天　宝宝力气大增 147
第 155 天　让宝宝爱上点心吧 148
第 156 天　预防宝宝缺铁性贫血 149

第 157 天	宝宝睡眠有规律了	150
第 158 天	宝宝为何夜间醒来哭闹	150
第 159 天	保护好宝宝的乳牙	151
第 160 天	预防宝贝发生意外事故	152
第 161 天	中耳炎与耳垢湿软的区别	153
第 162 天	宝宝不能太胖了哦	154
第 163 天	球类是低价高效的启蒙素材	155
第 164 天	宝宝越来越活泼，越来越可爱	156
第 165 天	6个月大的宝宝会识别好坏人了	157
第 166 天	不要忽视了宝贝衣物的护理	157
第 167 天	关注一下宝宝的尿便	158
第 168 天	小家伙洗澡不如以前乖了	159
第 169 天	让宝宝睡得香香甜甜	160
第 170 天	别让宝贝饿坏了	161
第 171 天	宝贝穿得可漂亮了	162
第 172 天	小家伙看上玩具了	163
第 173 天	爸爸妈妈要提高喂养技巧了	163
第 174 天	改掉宝宝吮手指和流口水的习惯	164
第 175 天	宝宝的色彩启蒙计划	165
第 176 天	温和对待宝贝发脾气	166
第 177 天	不要强迫宝宝吃辅食	167
第 178 天	及时预防宝宝厌食	168
第 179 天	宝宝牛奶过敏了	169
第 180 天	宝宝"大叫"的小秘密	170
第 181 天	诱发宝宝的好奇心	171
第 182 天	宝宝有了理解力	172

第七个月 乖宝宝晒晒太阳好处多

第 183 天　宝宝乳牙可用纱布擦洗……174
第 184 天　夜晚换尿布3次使宝宝少睡半小时……175
第 185 天　新爸爸抚摸一下宝宝吧……176
第 186 天　学习语音的敏感期……177
第 187 天　剃光头，宝宝不会更凉快……177
第 188 天　宝宝吃手指有好处……178
第 189 天　宝宝床装饰有技巧……179
第 190 天　训练宝宝爬行很重要……179
第 191 天　宝宝还不会玩手怎么办……180
第 192 天　宝宝患中耳炎后怎么办……181
第 193 天　换季如何防止宝宝感染肺炎……182
第 194 天　宝宝只"黏妈妈"，爸爸莫吃醋……183
第 195 天　用宝宝背带姿势不要出错……183
第 196 天　千万别让宝宝睡沙发……184
第 197 天　小宝贝发烧了……185
第 198 天　宝宝忌看电视……186
第 199 天　逗笑也要讲科学……186
第 200 天　倒刺从哪儿来……187
第 201 天　预防宝宝的"捂被综合征"……188
第 202 天　从舌头看宝宝健康状况……189
第 203 天　新妈咪学点宝宝手语吧……190
第 204 天　宝宝睡得少，会影响正常发育……191
第 205 天　宝宝打呼噜是病吗……192

第 206 天　喂养方式会影响宝宝睡眠吗 193
第 207 天　不要宝宝夜里一哭闹，就急着喂奶 194
第 208 天　宝宝胃容量足够大，可以不再吃夜奶 194
第 209 天　宝宝睡觉易惊醒 195
第 210 天　夏天宝宝吹空调应注意什么 196
第 211 天　宝宝晚上睡觉出汗多的3大原因 197
第 212 天　宝宝因出牙影响睡眠怎么办 198

第八个月　宝宝感冒了怎么办呢

第 213 天　宝宝消化不好"捏脊"治 200
第 214 天　感冒药不能随便给宝宝吃 200
第 215 天　安抚奶嘴有利还是有弊 201
第 216 天　宝宝也会做噩梦吗 202
第 217 天　如何哄8~10个月的宝宝入睡 203
第 218 天　8个月了，还能母婴同睡吗 204
第 219 天　宝宝吃药可使用喂药器 205
第 220 天　让宝宝练习咀嚼 206
第 221 天　宝宝的依恋关键期 207
第 222 天　宝宝坐得很稳了 208
第 223 天　宝宝会用一只手拿东西了 209
第 224 天　"a-ba-ba"、"da-da-da" 209
第 225 天　宝宝会用动作表示语言了 210
第 226 天　认识能力的一次飞跃 210
第 227 天　伸手表示要抱 211
第 228 天　重复宝宝的发音 211

第 229 天　训练宝宝的手指灵活性 212

第 230 天　教宝宝认身体部位 213

第 231 天　让小宝宝认识自己 213

第 232 天　宝宝能吃一些固体食物了 214

第 233 天　科学护理来自生活小细节 215

第 234 天　芝麻酱是上好食品 216

第 235 天　清洗宝宝的小耳朵 217

第 236 天　宝宝卧室最好别放花草 217

第 237 天　宝宝慎用紫药水 218

第 238 天　新妈咪的言传身教 219

第 239 天　对付宝宝挑食的对策 220

第 240 天　宝宝怎样使用学步车 221

第 241 天　宝宝也有青春痘了 222

第 242 天　巧用盐对付宝宝长痱子 222

第九个月　宝宝享受摸爬滚打的乐趣

第 243 天　小宝宝坐卧自如了 224

第 244 天　简单的爬行活动何来如此神奇 224

第 245 天　训练宝宝爬行的方法 225

第 246 天　宝宝能很快连续翻滚 226

第 247 天　小青蛙，蹦蹦跳 226

第 248 天　宝宝的小变化，大进步 227

第 249 天　宝宝几乎没有时间概念 228

第 250 天　放手训练你的宝宝吧 229

第 251 天　训练宝宝站立、坐下 229

第252天 识图认物训练 230

第253天 应该逐渐实行半断奶 230

第254天 宝贝最爱的小米粥 231

第255天 宝宝需要固定的饭桌 231

第256天 训练宝宝的听力 232

第257天 让宝宝练习自己吃饭 233

第258天 小凳子、有趣的玩具 234

第259天 牵着宝宝的手上台阶 234

第260天 捏取细小物件 235

第261天 与妈咪交流的新意义 236

第262天 增加宝宝动作灵敏度 236

第263天 锻炼宝宝的颈背肌和腹肌 237

第264天 训练宝宝手部力量和灵活性 238

第265天 天天洗洗小脚保健康 239

第266天 宝宝流鼻涕不一定是感冒 240

第267天 宝宝应该在什么时间穿鞋 241

第268天 添加辅食过敏怎么办 242

第269天 培养宝宝良好的睡眠习惯 243

第270天 让宝宝自己入睡很重要 244

第271天 不要随便挖耳屎 245

第272天 囟门与健康有关系吗 246

第十个月 ···宝宝开口叫妈咪了

第273天 怎样防治宝宝口炎 250

第274天 宝宝吃粗食的好处 251

第 275 天	什么是疱疹性口炎	252
第 276 天	宝宝能自己站起来了	253
第 277 天	告诉宝宝打人是不对的	254
第 278 天	训练宝宝收拾玩具	254
第 279 天	训练宝宝的平衡力	255
第 280 天	宝宝长高离不开四大营养素	255
第 281 天	鱼肝油,如何给宝宝服用	256
第 282 天	宝宝过早学步容易近视	257
第 283 天	不困不要逼宝宝睡觉	258
第 284 天	营造良好的进餐环境	259
第 285 天	抓住讲故事的最佳时机	260
第 286 天	怎样避免宝宝食物中毒	260
第 287 天	如何预防小儿气管异物	262
第 288 天	宝宝最易传染上脚气	263
第 289 天	为什么宝宝耳后颈部有小疙瘩	264
第 290 天	什么是上呼吸道感染	265
第 291 天	气管炎、肺炎的护理	266
第 292 天	怎样才能提高宝宝的抵抗力	267
第 293 天	恼人的泌尿道感染	268
第 294 天	营养不良的特殊信号	269
第 295 天	看的能力:注意力更集中	270
第 296 天	妈妈是最安全的避风港	270
第 297 天	妈咪想养狗狗了	271
第 298 天	添衣换衣有讲究	272
第 299 天	宝宝吃的少	273
第 300 天	开裆裤,宝宝需要吗	273

第 301 天　照料生病的宝宝 …………………… 274

第 302 天　当宝宝第一次撕书 ………………… 275

第 303 天　宝宝的自尊来自你的爱和关注 …… 276

第 304 天　生长发育受什么影响 ……………… 277

第十一个月 …帮着勇敢的小家伙站起来

第 305 天　培养良好的生活习惯 ……………… 280

第 306 天　宝宝饿一顿没大碍 ………………… 280

第 307 天　宝宝对活动也有偏爱 ……………… 281

第 308 天　语言发展的"爆炸式"程序 ……… 282

第 309 天　循序渐进学走路 …………………… 283

第 310 天　宝宝学走路应注意什么 …………… 284

第 311 天　小心养个"复感儿" ……………… 286

第 312 天　语言和认知结合训练 ……………… 286

第 313 天　宝宝身体语言你看懂了吗 ………… 287

第 314 天　摔跤也有季节性 …………………… 288

第 315 天　宝宝什么时候才会走 ……………… 289

第 316 天　预防乳蛀牙 ………………………… 289

第 317 天　宝宝的专属保健箱 ………………… 290

第 318 天　宝宝为什么会偏食 ………………… 291

第 319 天　宝宝睡觉爱蹬被子怎么办 ………… 292

第 320 天　小宝宝也可以春捂秋冻吗 ………… 293

第 321 天　夏季养育宝宝注意什么 …………… 294

第 322 天　宝宝不宜多喝饮料 ………………… 294

第 323 天　把握宝宝生长的最佳时期 ………… 295

第 324 天　春天谨防小儿过敏 ……………… 296
第 325 天　退热药该怎么应用 ………………… 297
第 326 天　如何区别宝宝肺炎与感冒 ………… 298
第 327 天　利用玩具教宝宝认识事物 ………… 299
第 328 天　午后小睡更健康 …………………… 300
第 329 天　小手搀大手，宝宝站起来 ………… 301
第 330 天　让宝宝学会自己玩 ………………… 301
第 331 天　帮助宝宝认识奇妙的语言世界 …… 302
第 332 天　宝宝，你是怎么长大的 …………… 303
第 333 天　冲调宝宝奶粉的用水学问 ………… 304
第 334 天　宝宝会"要价"了 ………………… 305
第 335 天　让宝宝从小学会爱 ………………… 306

第十二个月…教宝贝走"正"第一步

第 336 天　依恋：宝宝心理发育的"营养剂" ……… 308
第 337 天　妈咪要坚持和宝宝说话 …………… 309
第 338 天　让宝宝快乐的执行指令 …………… 309
第 339 天　宝宝的第二层"皮肤" …………… 310
第 340 天　建立小家伙的学习秩序 …………… 311
第 341 天　宝宝学习规矩 ……………………… 312
第 342 天　小宝宝生病有信号 ………………… 313
第 343 天　秋季腹泻是怎么回事 ……………… 314
第 344 天　从玩具看宝宝的性格 ……………… 315
第 345 天　敲敲打打有名堂 …………………… 316
第 346 天　让宝宝光脚玩玩吧 ………………… 317

第 347 天	练习使用便盆	317
第 348 天	别给宝宝玩手机	318
第 349 天	宝宝必须有说话的机会	319
第 350 天	教宝宝走出第一步	320
第 351 天	宝宝怎么颤抖了	321
第 352 天	预防意外事故的发生	322
第 353 天	咳嗽，会快快好的	322
第 354 天	外用药，你给宝宝准备了吗	323
第 355 天	发现化脓性脑膜炎要趁早	324
第 356 天	宝宝特殊语言惹人爱	325
第 357 天	小宝宝开始接受新事物了	326
第 358 天	让宝宝多看多摸	327
第 359 天	如何给宝宝断奶	328
第 360 天	给宝宝断奶要有决心	329
第 361 天	断奶时如何给妈咪回奶	330
第 362 天	断奶后宝宝的喂养	331
第 363 天	增强断奶宝宝的免疫力	332
第 364 天	宝宝如何开始学攀爬	333
第 365 天	警惕宝宝毁牙坏习惯	334
第 366 天	宝宝在"扔东西"中长见识	335

第一个月

小天使需要休息！再休息！

第1天 小宝贝出生了

小宝贝刚出生的时候，新妈咪一定要记得测量宝宝的体重。如果宝宝的体重在2.5千克以上，就可以说已经迈过人生中的第一关了。如果体重不足2.5千克，就是"低体重儿"，这一类的宝宝需要采取特殊的保护措施。

沉浸在喜悦当中的新爸妈们也一定不要忘记查看宝宝的健康状况。一个新生宝宝的健康标志是皮肤鲜嫩，呈粉红色，啼哭声音大，手脚能自由活动。宝贝健康是最重要的，家长们一定要特别注意。

宝宝刚出生时，头部一般呈椭圆形，就像肿起一个包似的。如果是头胎宝宝或大龄妈妈所生的宝宝，头部的椭圆形会更加明显。这种现象会在以后自然长好，不用特意去注意枕头的枕法。并且在宝宝刚出生的那几天，最好不要让宝宝睡枕头。一些宝宝的头顶上有一块没有骨头软乎乎的地方，这是囟门，是颅骨在通过产道时为了能变形而留下的空隙。

刚出生的宝宝都会有点"丑"，小脸皱巴巴的，鼻梁矮矮的，脸有点肿，眼睑发肿明显，而且大多会有眼屎呢。爱子心切的新妈咪千万不要因此失望，也不要担心，这些都是正常现象。眼屎是护士为了预防"风眼"（淋菌性结膜炎），使用了硝酸银水点眼而引起的反应。如果使用的是抗生素，眼屎就不会太多。一段时间后，宝宝就会越来越可爱，小脸会舒展，皮肤更嫩滑，鼻梁也会自然地高起来。

假如小宝贝出生在寒冷的季节，我们会发现宝贝的手和脚尖发紫，这是很常见的现象，并不是因为心脏不好。在宝贝的臀部会有青斑，有人称它为母斑。另外，在宝贝的脖子、眼睑和鼻尖上，则会有米粒或豆粒大小的斑，这类斑点都会在以后慢慢消失。

通常情况下，宝宝会在出生后24小时以内排尿，尿液呈砖红色，这种颜色是由尿酸盐引起的。也有的宝宝是在48小时后才排尿的。宝宝的第一次大便叫胎便，呈暗绿色或黑色黏稠状，多在24小时内排出。这是肠管的分泌物在溶解蛋白酶的作用下发生变化所致。粪便呈绿色是因为混有胆汁。

在出生当天，宝宝的眼睛看不见东西，但是耳朵能听见声音。宝宝的体温会在出生8小时后保持在36.8℃~37.2℃，呼吸每分钟为34~35次，脉搏每分钟为120~130次。

第2天 嘘！宝贝要睡觉

所有的新生宝宝都是爱睡觉的。一天24小时里，宝宝除了吃奶，其他时间都在睡觉。可是新妈咪们一定要知道的一点是，睡眠对新生宝宝有着极为重要的作用，宝宝睡觉好处多多。

当宝宝还是7个月大的胎儿时，他就已经有心理活动了。出生的那一刻，小宝贝必须从一个环境进入到另一个新的环境，他不得不为此作最艰难的挣扎，承受巨大的痛苦。所以新生宝宝的潜意识里有一种"出生恐惧症"，并通过哭的方式表达出来。睡眠是宝宝排解痛苦和恐惧的法宝，宝宝睡觉的过程就是宝宝缓解和消除这种恐惧的过程。

新生宝宝的大脑皮质兴奋性低，神经活动特别弱，外界的任何刺激对他来说都是过强的，因此宝宝容易疲劳而进入睡眠状态。睡眠对新生宝宝的身体和大脑有保护性的抑制和恢复作用。所以年龄越小的宝宝所需要的睡眠时间越长，新生宝宝平均每天都要睡18~20小时。

科学研究发现，脑细胞的发育和完善过程主要在睡眠中进行，睡眠有利于脑细胞的发育，对宝宝的智力和思维能力的发展非常重要。另外，宝宝身高的增长受生长激素控制，而生长激素是在睡眠中由脑垂体分泌出来的。所以宝宝的睡眠时间充足、睡眠质量高,则生长激素分泌量多,作用时效长,宝宝的身高增长就快。

睡眠对新生宝宝的正常发育也是极为重要的。如果睡眠不足,宝宝就会烦躁不安、食欲不振,从而影响体重,而且还可能造成抵抗疾病的能力下降而容易生病。

新妈咪一定要积极地为宝宝创造一个温暖、安全、安静的环境,保证宝宝有足够的睡眠时间,并且有良好的睡眠质量。

第 3 天　小家伙出黄疸了

有些宝宝可能会在出生后第3天出现皮肤黄染,从鼻尖开始,到下巴,再到眼皮,然后是整张小脸,这是怎么回事呢?

新妈咪不要太着急,这是新生儿黄疸。黄疸是由新生宝宝胆红素代谢的特点决定的。由于宝宝在妈妈子宫里时处于一种缺氧的状态,所以血液中血红细胞的数量比较多。当宝宝出生以后,周围环境中的氧气非常充足,不再需要这么多的红细胞,所以多余的红细胞会在体内被处理掉。在处理过程当中会产生一种胆红素,这是一种色素。而把胆红素排出体外是肝脏的功能,但是由于新生宝宝肝脏功能还没有发育成熟,使得胆红素积存在血液中,从而引起黄疸。这种黄疸是生理性黄疸,不需要进行特殊处理,在1周左右就会自行消退。

如果宝宝的黄疸出现得太早(出生后24小时内)、太重,或者出现黄疸消退时间延迟、消退了以后又再次出现、日益加重的现象,新妈咪就一定要警惕这是不是病理性黄疸了。

新妈咪可以在明亮的自然光线中观察宝宝皮肤黄染的程度。如果只是面部黄染,那就是轻度黄染;如果宝宝的身子出现皮肤黄染,那就是中度黄染;如果宝宝的手心、足心也出现黄染，并且在出生14天以后还是没有消退的话，那就是重度黄染，可以怀疑是病理性黄疸，应该马上进行检查和治疗。

第 4 天　小小宝贝有个性

这是一个讲求个性的时代，每个人都有自己独特的个性，小宝贝们当然也不例外。从出生的第一天起，小宝贝就开始显示出自己的个性。

宝宝的个性首先表现在哭闹的方式上。爱哭的小宝宝总会以大哭大闹的方式来表达自己的思想和情绪，肚子稍微饿一点就开始大哭表达不满，听到一点声音会睁开眼睛哭闹引起关注，尿布湿了不舒服也会以哭叫表示不快，而且哭声洪亮有力。与此相反，有的小宝宝却非常安静，只有在肚子非常饿的情况下才会啼哭。

从宝宝吃奶的方式上也可以看出他们的个性。有的宝宝每次吃3～4分钟，就会停下来不吃了，当你动动他的面颊或是触动一下他口中的乳头时，他便又会再吃2～3分钟。这样的宝宝吃完新妈咪的一侧乳房就需要20多分钟。而有的宝宝一吸上妈妈的乳头就会使劲地吃，用不了10分钟就能将新妈咪的一侧乳房吃得干干净净，接着还会再去吃另一侧的乳房，并且吃着吃着就睡着了。

宝宝大小便的排泄也是他们的个性的表现。有的宝宝排尿的间隔时间长，而且一天的排尿次数是固定的，而有的宝宝一天的排尿次数达10～15次，其间隔时间也是不固定的。有的宝宝每天大便10～15次，而有的宝宝每天只排1次便。每个宝宝大便的颜色、质地都会各不相同。同样都是母乳喂养，有些宝宝的大便黏乎乎的，颜色呈金黄色，而有些宝宝的大便呈绿色而且含有很多白色颗粒和黏液。同样，用牛奶喂养的宝宝，有的大便发白，有的发黄。如果只是从大便来说，我们不能说排这种大便是好的，排那种大便就是不好的。只要宝宝的生长发育是正常的，新爸爸新妈咪就不用在意大小便的颜色和质地。

第 5 天　宝宝的脐带护理

新妈咪在照顾宝贝的过程当中会遇到许多难题，其中之一就是护理宝贝的小脐带。这时候，宝宝的脐带还裹着纱布，抹着药呢。当这根小脐带随着宝贝的呼吸一起一伏的时候，新妈咪就该犯难了，宝宝的这个"伤口"要怎么处理才好呀？

一般情况下，脐带会在出生后7～10天自动脱落。但是在脐带脱落之前，脐部易成为细菌繁殖的温床，宝宝极容易被感染，所以护理宝宝的脐带非常重要。

新妈咪在护理宝贝的脐带之前，一定要把双手洗干净。之后再用棉签蘸上浓度为75%的医用酒精，另一只手则轻轻地拉起脐带。首先从脐窝和脐带的根部开始进行消毒，一定要细细擦拭，使脐窝和脐带不粘连。然后，再用新的酒精棉签从脐窝中心由内往外转圈擦拭。消毒完毕后，将脐带轻轻折叠在宝宝的肚脐上，再盖上几层叠好的纱布，然后用胶带把四周固定起来。新妈咪每天至少要给宝宝做3次脐带护理，并且在脐带脱落后，还要继续护理肚脐，先由肚脐中央开始消毒，然后到肚脐外围。直到确定脐带的根部完全干燥后，护理才算完成。

在整个护理过程中，新妈咪还要注意几个问题。首先，一定要保持肚脐干爽。即将脱落的脐带是一种坏死组织，很容易感染上细菌，所以新妈咪在替宝宝洗澡的时候也千万要注意，不能让宝贝的肚脐被水浸湿。其次，不要摩擦和触碰宝宝的脐带。这根干瘪还没有脱落的脐带很可能会让幼嫩的宝贝有磨痛感，所以在给宝宝穿衣服、喂奶的时候要注意，千万不要碰到它。最后，如果发现宝贝的脐带根部发红，或脐带脱落后伤口不愈合，脐窝湿润、流水、有脓性分泌物等现象的话，新妈咪要马上送宝宝去看医生。

第 6 天 宝宝能闻到妈咪的味道了

今天，小宝宝能认识和区别不同的气味了，当他开始闻到一种气味时，有心率加快、活动量改变的反应，并能转过头朝向气味发出的方向，这是对这种新的气味有兴趣的表现。一旦适应这种气味后，反应很快消失。

英国牛津大学一位研究者发现，生后6天的新生儿能辨别自己新妈咪的气味。试验是这样进行的。在喂奶时，每个新妈咪用一块纱布垫吸收流下的乳汁。在受试宝宝鼻两侧各放一块奶垫，一侧是宝宝自己新妈咪的奶垫，另一侧是其他新妈咪的奶垫。观察小儿能否认识并将头转向自己新妈咪的奶垫。结果生后2天的新生儿不表现出对自己新妈咪奶垫的兴趣，而第6天时，大多数新生儿能经常地将头转向自己新妈咪的奶垫。为了防止偶然性，奶垫的位置每分钟改变一次，结果小儿仍能准确地将头转向自己新妈咪奶垫的一侧。说明生后6天的新生儿确实能闻出自己新妈咪的气味了。

与此同时，新妈咪也能辨别自己宝宝的气味。如果将新妈咪的眼遮住，将不同的宝宝放在她的鼻子附近，她们能凭气味确定谁是自己的宝宝。因此，嗅觉也是母婴相互了解的一种方式。

第 7 天 初乳珍贵无价哦

初乳，是新生儿来到人世间的第一口食物，也是妈妈给宝宝的最好、最珍贵的礼物。那么什么是初乳呢？

宝宝出生后7天内妈妈的乳汁都是初乳，初乳的益处是任何食物无法替代的，是母体专为新生宝宝准备的绝无仅有的特别营养食物。与成熟乳相比，初乳不仅脂肪和乳糖的含量低，适合宝贝的消化和吸收，而且还有轻微的通便作用，利于胎便排出。而且，初乳能够减少胆红素含量，近而减轻新生儿黄疸。另外，初乳中的生长因子能促进宝贝未成熟的肠道发育，为吸收成熟乳做好准备；帮助宝贝预防变态反应和对某些食物的不耐受性，减少过敏现象。初乳中微量元素铜、铁、锌的含量较高，可以促进宝贝的生长发育，特别是神经系统的发育。

早吃初乳，增强宝宝免疫力。新妈咪的初乳相当于疫苗的作用，能极大地增强宝宝免疫力，最新研究显示，如果所有的妇女能在产后第一时间开始哺喂母乳，能拯救全球每年400万死亡新生儿中的100万。所以，初乳被人们称为第一次免疫，对宝宝的生长发育具有重要意义。

初乳很宝贵，新妈咪喂哺要遵循以下三个守则：

首先，产后早开奶，勤让宝宝吸吮：产后30分钟尽可能给宝宝开奶，母婴同室，以不定时、不定量的哺乳原则按需喂养，使宝宝得到最珍贵的初乳。让宝宝分别吮吸两侧乳头各3~5分钟，能吸吮出初乳数毫升。

其次，喂奶姿势和方法需正确：产后当天，如果妈妈身体虚弱或伤口疼痛，可以采用侧卧位喂奶。从产后第二天起，在身体许可的状态下，最好采用坐位喂奶。喂奶方法是让宝宝的脸和胸脯靠近妈妈的身体，下颌紧贴妈妈的乳房；妈妈用手掌托起乳房，用乳头刺激宝宝的口周皮肤，待宝宝张嘴时，趁势把乳头和乳晕一起送入宝宝的嘴里，让宝宝充分含住乳头及大部分乳晕。妈妈一边喂一边用手指按压乳房，以便宝宝吸吮，又不会使小鼻子被堵住。

最后，哺乳妈妈要科学合理地摄取营养：哺乳妈妈的热量和其他营养素的需要相对会增加，每天安排4~5餐较合适。饮食上多安排汤类，如鸡汤、猪蹄汤等，两餐之间多饮水或牛奶。不过，并非吃得越多越好，因为坐月子期间活动量少,而摄入的又是高热量油腻的食物,吃得过多,不仅不能增加泌乳量,反而会因肠胃不适而使乳汁减少。

第 8 天　我的宝宝在脱皮

大多数新生宝宝的皮肤总不会像新爸爸新妈妈期待的那样细滑白嫩,吃过几天奶后,宝宝原本有些皱巴巴的皮肤稍微舒展开了一些,但还是又粗又干,甚至在耳朵后面、小手上开始一片一片地往下脱皮。脱下来的干皮像薄薄的小纸片儿,慢慢地,脱皮的情况不仅在手腕、脚踝处出现,甚至还扩展到了宝宝身体的其他部位。这可把新妈咪吓坏了,难道自己的宝宝天生就肤质不好吗?还是宝宝得了什么皮肤病呢?

其实宝宝出生后的几天里脱皮是正常现象,一般会持续7～10天,新妈咪不用太紧张。宝宝出生之后,外面的环境比起子宫内的环境来说更加干燥和寒冷,新生宝宝为了适应新的环境就会出现脱皮的现象,这是一个正常的过渡反应。另外,脱皮也是新生宝宝正常的代谢现象。由于新生宝宝连接表层和真皮的基底膜太过细嫩松软,所以表皮和真皮的连接不够紧密,再加上宝宝表皮发育还不成熟,而新的皮肤细胞的生长速度又特别快,使得最外层的表皮脱落。这种脱皮一般在出生后1周最为明显,在此之后逐渐好转。

脱落的干皮然后很容易吸附在宝宝幼嫩的皮肤上,如果不及时清理的话就会污染皮肤,引发皮肤不适应甚至过敏,所以新妈咪要及时清洁宝宝的皮肤。但是,不能过度清洁,而且在清洗之后要立即给宝宝涂抹专用的保湿护肤品。

当宝宝的干皮还连着皮肤没有完全掉落的时候,新妈咪千万不要帮宝宝把干皮扯下来,否则会对干皮下面还没有长好的新皮造成伤害。在清洁宝宝的皮肤时,应该用柔软的湿毛巾轻轻地擦,让干皮自然掉落。

第 9 天　乳头皲裂也是大问题哦

在小家伙满足地吃着母乳的时候，新妈咪的乳头常常会发生皲裂，乳头变得粗糙僵硬，而且表面出现细微裂纹，严重的还会渗出血丝，任何细微的触碰都会引起新妈咪一阵刺痛。在这种情况下，每一次喂奶都成了对新妈咪意志力和忍耐力的考验。

新妈咪刚刚开奶，乳头娇嫩，耐磨性差，再加新妈咪没有经验，不能正确把握哺乳的姿势，致使宝宝吸吮不当。基于这两种因素，新妈咪的乳头容易发生皲裂。

乳头皲裂不仅仅是新妈咪在喂奶时感觉疼痛的问题，它还是感染乳腺引起炎症的一个通道，因此新妈咪事先一定要预防。新妈咪可以在给宝宝喂奶前先挤出几滴乳汁，涂在乳头的周围，让其自然干燥，这样可以起到滋润的作用，能有效地预防乳头皲裂。另外最重要的是，新妈咪要尽快掌握喂奶的姿势，在喂奶时一定要让宝宝含住大部分乳晕。如果宝宝含住乳头吸吮时，新妈咪不觉得疼痛，那就表示宝宝的吸吮动作是正确的。如果要中止喂奶，新妈咪可以用食指轻轻按压一下宝宝的下颌，让宝宝自动吐出奶头，千万不要强行将奶头拉出，这样会对乳头造成伤害。

如果乳头已经皲裂，新妈咪在涂抹的乳汁干燥后，将损伤较轻的那一侧乳房先给宝宝喂奶，以减轻宝宝对另一侧的吸吮力。喂完奶以后，再挤几滴乳汁涂抹乳头，让它自然干燥。妈妈一定要控制好喂奶的时间，每次最好不超过20分钟，因为宝宝口腔中也存在细菌，如果皲裂的乳头在宝宝嘴巴里浸泡的时间长了，细菌会通过破损的皮肤引发乳房感染。如果新妈咪皲裂的乳头疼得厉害，可以借助吸乳器吸出乳汁，然后再给宝宝喂母乳。

第 10 天　配方奶粉巧选择

母乳是宝宝最理想的食物，但是有很多的新妈咪由于各种原因，不能用母乳喂养宝宝，或者母乳不足宝宝吃不饱。这时候，新妈咪就要考虑选择配方奶粉了。宝宝配方奶是母乳较为理想的替代品，那么，面对市面上数目繁多的配方奶粉，新妈咪应该如何选择呢？

首先，购买前妈妈一定要了解配方奶粉的成分。配方奶粉有很多组成成分，了解这些成分的作用，对妈妈的选择很有帮助哦。如DHA，素有"脑黄金"之称，它是主要针对宝宝脑部发育所添加的一种成分，它能增殖、繁衍出很多脑细胞，脑细胞越多，宝宝的大脑发育就越好。另外像铁、锌、硫磺酸、低聚糖等等，都需要新妈咪事先了解它们的作用。另外，什么阶段添加什么成分，应该添加多少，成分之间量的比例是多少等等，妈妈都应该有一定的了解。这样，妈妈才能在众多的配方奶粉当中作出最佳选择。

其次，一定要查看外包装。在查看外包装时，妈妈应该浏览这种奶粉的配方、性能、使用对象和生产日期、保质期等信息。除此之外，还要检查产品包装有没有漏气的情况、产品有没有块状物体。如果有包装出现漏气现象或者发现产品有块状物的话，就说明该产品存在质量问题，新妈咪一定要仔细了。

最后，根据宝宝的年龄和健康需要选择最合适的奶粉。奶粉说明书上都有适合的月龄或年龄，新妈咪一定要选择宝宝的适龄奶粉。如果宝宝的健康状况不是太好，那么妈妈需要在营养医师的指导下为宝宝选择合适的奶粉。

不管是什么奶粉，关键是宝宝吃过以后没有便秘、腹泻的情况，身高和体重等指标都在正常增长，食欲、睡眠良好。再就是宝宝没有口气，没有皮疹，眼屎少。

第 11 天　给宝贝多点拥抱吧

很多新妈咪不敢过多地拥抱宝宝，怕宝宝从小养成"抱癖"。其实，拥抱是新妈咪表达母爱的一个极为重要的方式，也是宝宝感受世界美妙，感受母爱，获得心智成长的需要。抱着还不会动的宝宝，是一件母子愉悦的事情。

如果宝宝出生2个小时以内，新妈咪第一时间给宝宝一个拥抱，就能让宝宝感受到新妈咪的关怀，熟悉新妈咪的体味，足以让宝宝感觉到安全和放松。另外，对于新生宝宝来说，被拥抱和躺着相比可有意思多了。宝宝可以看到、听到更多新奇的事物，能使宝宝各方面都得到丰富、良好的刺激，有利于宝宝早期的脑发育。

有时候，宝宝躺着哭闹不休，当新妈咪抱起他之后很快就不哭了，并且能马上入睡。这很有可能是因为宝宝肠道内积气造成腹部不适，当新妈咪抱起宝宝后，憋在肠道的积气改变了位置，不适感消失，宝宝也就不再哭了。

此外，国外的一项研究结果显示，拥抱还能促进人体的免疫系统，降低血压和心率，缓解人的紧张情绪，无论是对妈妈还是宝宝，拥抱的积极作用都非常明显。由于新生宝宝的身体特别软，新妈咪在抱宝宝的时候一定要采用正确的姿势，力度也要适中，不能伤害到宝宝。

第 12 天　让宝宝睡得更香甜吧

很多新妈咪会遵循传统育儿习惯，用被单、小被子或轻薄的毛毯紧紧包裹着宝宝入睡。有一项研究报告表明，这种包襁褓的方法其实真的有助于宝宝的睡眠。

首先，新生宝宝的神经系统发育还不完善，尤其神经髓鞘还没有形成，外界的任何刺激都会让宝宝有反应，就像受到"惊吓"一样。而一个裹紧的襁褓可以稳定住宝宝的四肢，让宝宝睡得更安稳。

其次，还没有出生之前，宝宝在妈妈子宫里一直被温暖的羊水包围着，这让宝宝觉得安全。襁褓的包裹模拟了这种环境，带给宝宝一种安全感。

最后，新生宝宝的体表面积大，散热非常快，宝宝在睡觉的时候容易感觉冷，尤其在晚上和冬天的时候，寒冷的感觉会更加明显。给宝宝包一个襁褓可以让宝宝感觉暖和，从而睡得更踏实。

但是新妈咪在给宝宝包襁褓的时候一定要注意包裹的方式和松紧程度，如果包裹不好，不仅不能够带给宝宝更好的睡眠，反而会让宝宝觉得不舒服，甚至发生危险。

另外，新妈咪也要对各种说法作一个取舍，宝宝清醒的时候应该给宝宝一个宽松的空间，方便宝宝自由活动。而宝宝在睡觉时，如果温度适宜的话，就可以只给宝宝盖上小被子；如果温度过低或宝宝睡觉不安稳，就可以给宝宝包一个温暖安全的襁褓，让宝宝睡得更香甜。

第 13 天　让小宝宝睡出漂亮头型来

新生宝宝的头型会在出生后3个月以内定下来，由于新生宝宝的头骨非常软，而且生长速度快，有些宝宝因为睡姿不正确导致小脑袋变形，有的甚至变成了"招风耳"。所以，选择一个合适的睡觉姿势，就会使宝宝的头型变得平整漂亮。

大多数的新妈咪选择让新生宝宝面朝上仰睡，这种睡觉姿势可以使宝宝全身的肌肉放轻松，对宝宝的心脏、胃肠道等内脏器官的压迫最少。但是一般情况下，仰睡的宝宝头型会比较扁。所以新妈咪要慢慢给习惯仰睡的宝宝变换睡觉姿势。

有些新妈咪觉得脸型长点更好看，于是让宝宝趴着睡。但是新妈咪要根据宝宝的长相来决定。如果宝宝的颧骨不高，新爸爸新妈妈的脸型又比较扁平，宝宝趴着睡就会使颧骨凸出来，好看许多。如果宝宝的颧骨本来就高，那样反而会起到反效果。但是，新妈咪要知道，由于这个时候宝宝还没有保护自己的能力，趴着睡容易使宝宝发生意外而窒息，而且还有可能压迫内脏，不利于宝宝的生长发育。

也许宝宝侧着睡是个不错的选择。但要注意的是，新妈咪一定要记得经常帮宝宝变换侧睡的方向，这样宝宝的头型才能睡得对称。

另外，新妈咪一定要小心不能让宝宝睡成"招风耳"。因为宝宝的小耳朵非常软，即使被压到宝宝也不会哭闹，如果新妈咪太过粗心，宝宝就很容易睡成"招风耳"。所以当宝宝躺下来的时候，新妈咪一定要记得先将宝宝的小耳朵往后抚平。

第14天　宝宝现在不用小枕头

早在宝宝出生之前，家里人就给宝宝买了许多的生活用品，被子、毛巾、衣服、帽子，还有一个可爱的小枕头。新妈咪也许会想，大人睡觉要睡枕头才会舒服，小宝贝当然也要睡得舒服。可是，新妈咪的这种想法是错的，宝宝现在暂时还用不上小枕头。

对于大人来说，枕头可以支撑颈椎，并且使颈部的肌肉放松，从而睡得更舒服。这是因为成人的脊椎已经形成生理弯曲，无论我们是平躺还是侧卧，颈部都是悬空的，必须要用枕头。可是新生宝宝跟大人不一样，他们的脊柱基本上是直的，如果平躺的话，背部和后脑勺就会处在同一个平面上，而且，新生宝宝的头部的大小几乎与肩齐宽，侧卧的时候头和身体也在同一个平面上，所以新生宝宝现在不需要枕头。如果宝宝的头部被垫高了，反而会使宝宝头颈弯曲造成呼吸和吞咽困难。

如果天气冷的时候宝宝穿着很厚的衣服睡觉，而床垫又比较软，宝宝的头部会陷进床垫，这时候可以把毛巾对折2次之后，垫在宝宝头下。另外，如果宝宝有吐奶现象的时候，也可以使用这种方法。

大约在宝宝出生3个月以后，宝宝的生理弯曲开始形成了，这时候，新妈咪准备的小枕头就能派上用场了。

第15天 小鼻子堵上了

半个月左右的小宝宝鼻子常常会呼哧呼哧地不通气，明明没有感冒，可是宝宝却呼吸困难，鼻翼扇啊扇的。有时候，宝宝的鼻子里有鼻涕，当新妈咪小心地把鼻涕弄出来之后，宝宝鼻子不通气的情况没有丝毫好转。尤其在吃奶的时候，宝宝的小鼻子不够用，可是嘴巴又在忙活，宝宝只能急得哇哇大哭。

新生宝宝的鼻腔还没有发育完善，鼻腔短而小，鼻道狭窄，血管丰富，所以常常发生鼻塞。

这种状况在冬季发生的比较多，在宝宝出生后1个月就会减轻，不久就会痊愈。所以新妈咪不用太着急，应该积极采取措施帮助宝宝缓解症状。

首先，替宝宝清洁鼻腔。用柔软的布蘸上少量的温水，然后轻轻地擦拭宝宝鼻腔附近的分泌物。如果宝宝的鼻腔里面有异物，堵塞比较严重的话，可以用棉花棒蘸温水放在宝宝的鼻腔中，等到鼻腔里面的异物软化以后再用棉丝等物刺激宝宝，使宝宝通过打喷嚏的方式排出异物。但是当黏膜肿胀堵塞鼻孔的时候，就不能用这种方法。

其次，保持室内通风干燥，温度适宜，同时还应该增加湿度。新鲜的空气对缓解鼻塞有很大的帮助，而过热、干燥的空气会造成宝宝鼻塞或导致宝宝的鼻塞更加严重。

第 16 天　既怕冷又怕热

新生宝宝出生后，对外界气温的变化非常敏感，宝宝不但怕冷而且怕热。所以，保证宝宝房间的温度维持在一个恒定的状态，对新生宝宝来说是非常重要的。

新生宝宝的身体稚嫩，他们对温度的感知比大人更敏感，温度有任何稍大的变化他们都能感觉到。并且宝宝的神经系统功能不完善，体温调节能力差，再加上体表面积相对于体重又过大（每千克体重体表面积要比成年人多2.7倍），温度变化会对他们产生较大的刺激。由于宝宝的体表面积大，皮下脂肪层比较薄，当宝宝周围环境温度比较低的时候，宝宝散热快，但是身体产生的热量不足，于是宝宝会觉得冷。同时，过大的体表面积使得水分散失快，当周围温度过高，就会使宝宝体表的水分散失加快，使宝宝的皮肤变得干燥。

那新妈咪要怎样才知道宝宝房间的温度合不合适呢？

首先，新妈咪可以观察宝宝的脸色、神情，或者摸一摸宝宝的手心脚心。如果宝宝在清醒时也一副无精打采想睡的样子，同时，宝宝的鼻尖和额头皮肤发白，摸上去感觉有点凉，那有可能是宝宝觉得冷了。如果手心脚心也是凉的，那肯定就是宝宝觉得冷了。相反，如果宝宝烦躁不安，手脚乱动，而且面颊发红，一摸还有点潮，全身皮肤也都是温热的，那就极有可能是宝宝觉得热了。

其次，新妈咪可以准备一个温湿度计，能够更加直观地了解宝宝房间里的温湿情况。宝宝房间的温度最好控制在18℃～25℃，相对湿度为50%～60%最好。

第17天 小宝贝爱上洗澡啦

出生之后,新生宝宝的肌肤会接触到外界的灰尘和细菌,这时候,就应该给小宝贝洗澡啦。新生宝宝经常洗澡,不仅有清洁的作用,还能促进新陈代谢。尤其在夏天,给宝宝洗澡,对宝宝的健康有很大的好处。而且,大多数的新生宝宝都会喜欢洗澡呢。但是给新生宝宝洗澡时千万要注意,稍微掌握不好就会伤害到宝宝。

给宝宝洗澡的时间最好安排在两餐之间。刚喂完奶不要马上给宝宝洗澡,因为宝宝的食管还没有发育完全,运动量太大会导致宝宝吐奶,而且,饭后人的血液集中在胃部,而人在洗澡时血管是扩张的,对宝宝的消化也不利;当宝宝处于饥饿状态的时候也不要给他洗澡,那时候宝宝的情绪一般都不好,不仅没有洗澡的兴趣,反而还会暴发小倔脾气不配合洗澡呢。所以在两餐之间给宝宝洗澡是最好的。另外,给宝宝洗澡时,室温应在28~32℃,洗澡水的温度在38~40℃,如果没有温度计的话,新妈咪可以把水滴在手背上,只要不觉得烫手就可以。

在准备给宝宝洗澡之前,新妈咪应该先把要用的洗澡用具准备好,如宝宝的澡盆、毛巾、宝宝专用的洗发水、香皂或沐浴露、爽身粉等等。

首先,脱掉宝宝的衣服,用大毛巾裹住宝宝全身,将宝宝抱在膝上并固定好。再把毛巾浸湿,稍稍捏干后,轻轻地擦拭宝宝的脸、面额、眼睛、鼻子、嘴巴,不要忘了还有宝宝的小耳朵和耳背。然后再用一点点洗发水给宝宝洗头,用清水洗干净。

然后,打开毛巾,用手臂稳稳地托住宝宝,将宝宝放入澡盆里,注意一定不要摔着宝宝或让宝宝滑入水里。再替宝宝抹上少许沐浴露,从脖子开始，依次洗干净上、下身。新妈咪要注意，宝宝的脖子、腋下等皮肤褶皱的地方，以及宝宝的手心、手指和脚趾缝一定要清洗干净。然后让宝宝脸朝下俯卧，手臂托住宝宝的上半身，替宝宝清洗背部、臀部和下肢。

最后，洗完后再用干毛巾把宝宝包好，轻轻擦干。如果是夏天的话，还可以替宝宝拍点爽身粉。

每次洗澡的时间不要太长，4~7分钟就可以了。洗完澡后马上替宝宝穿好衣服，防止受凉。

第 18 天 宝宝对吃也有讲究

新妈咪可千万别看宝宝小就以为宝宝什么都不知道，其实小宝贝的脾气可大着呢，尤其对饮食的环境特别讲究，如果在吃奶的时候周围环境不好，宝宝可是会不高兴的。

光线会影响宝宝的情绪。新生宝宝的大脑和眼睛还没有发育完善，太过明亮或黑暗的环境都可能会对宝宝产生刺激，影响宝宝的情绪，从而影响他们的食欲。所以，新妈咪在给宝宝喂奶的时候要在光线柔和、亮度合适的环境里进行。

噪音对宝宝和新妈咪来说都是一种折磨。宝宝对声音很敏感，噪音会让他分心而无法集中精力吸吮乳汁。新妈咪也会因此产生情绪波动，影响乳汁的分泌。因此一个安静的哺乳环境显得极为重要。

冷空气能导致宝宝消化不良。如果温度过低，宝宝在吃奶的同时也会吸入冷空气，从而极有可能造成消化不良，而且，这时候新妈咪自己也要注意，不要着凉感冒了。

异味会影响宝宝的食欲。这个时候，宝宝的鼻子还没有完全挺起来，鼻梁还是矮矮的。可是，宝宝小鼻子的功能却发育得很好，对气味区分得特别清楚，只凭气味他们就能找到新妈咪。所以，宝宝在进食的时候，对周围的气味也是很挑剔的。如果宝宝在吃奶的时候闻到了刺鼻或者难闻的气味，就会严重影响他们的食欲。

宝宝也是会"看脸色"的，新妈咪的情绪也会影响宝宝进食。新妈咪有任何不愉快的情绪宝宝都能捕捉到，他们就会觉得不安，甚至哭闹。所以新妈咪在喂奶时应该保持好心情，和宝宝说说话，逗逗宝宝，宝宝的心情也会跟着好起来，吃得更好，长得更茁壮！

第19天 给小宝宝定"喂奶时间"

新生宝宝肚子一饿就会哇哇大哭，新妈咪就知道该给宝宝喂奶了。可是有的人却跟新妈咪说，给宝宝喂奶最好要定时，这样不会"惯坏"宝宝，可以培养宝宝的时间观念和忍耐力，而且，哭对于宝宝来说是一项很好的运动，可以使宝宝的心脏变得更强壮。可是事实上，给宝宝定"喂奶时间"的做法一点也不科学。

新生宝宝生长发育的速度特别快，而且，宝宝的胃也小，消化也快，所以宝宝应该频繁地吃奶而不受限制。如果新妈咪一定要宝宝按照所定的"喂奶时间"吃奶，就会打乱宝宝的生理节奏。也许宝宝不想吃奶，可是新妈咪硬要宝宝吃，可是当宝宝真的饿了，新妈咪却因为没到喂奶时间而不给宝宝吃。而且，这种做法还会伤害宝宝的感情。宝宝需要被及时满足后才会激发宝宝身体和心理上的快感，可是当宝宝怎么哭都吃不到奶的时候，他就会慢慢地放弃正确传递自己感觉和情绪的方法，结果有可能变成一个压抑、没有生气的人。

频繁哺乳可以有效地刺激乳房分泌乳汁，使新妈咪的母乳更丰沛。如果新妈咪在宝宝出生后的头几个月频繁地给宝宝喂奶，就会使乳腺趋于成熟，运作更加有效率。即使时间长了，催乳素水平下降，这些腺体也能继续制造出丰沛的乳汁。但是不频繁喂奶或者限制喂奶时间的新妈咪，在头几个月乳汁还会充沛，可是之后往往就会奶水不够。并且，有研究发现，限制吃奶不能使乳房被彻底吸空，乳汁中的脂肪含量比较低，所以被限制吃奶的宝宝通常增重不够。

所以，在头几个月，新妈咪一定不要限定喂奶的时间，宝宝饿了或新妈咪自己感觉乳房胀了，就可以给宝宝喂奶。

第20天　口腔护理的小秘密

新生宝宝的口腔黏膜上皮特别细嫩，而且唾液分泌少，所以口腔黏膜比较干燥，非常容易破溃而感染，甚至出现败血症从而危及宝宝的生命。所以新生宝宝的口腔护理也是新妈咪平时的重要护理内容之一。

首先，新妈咪要及时清洁宝宝的口腔。但是很多新妈咪都喜欢在给宝宝喂完奶后，用新纱布蘸水擦去宝宝嘴角残留的奶渍或者擦拭宝宝的口腔黏膜，觉得这样可以清洁宝宝的口腔。但是这种做法其实不妥当，纱布相对于宝宝的口腔黏膜来说还是很粗糙的，稍微不注意，纱布就会使宝宝的口腔黏膜受到损伤，而且宝宝的唾液会起到天然的清洗作用。新妈咪只要给宝宝喝少量的温开水，就能起到滋润和清洁口腔的作用。

另外，不要给宝宝挑马牙。马牙是怎么回事呢？原来胎儿在6周时，就形成了牙的原始组织，叫牙板，牙板上会形成牙胚，以后牙胚会脱离牙板而长成牙齿，断离的牙板就会被吸收而消失。有时这些断离的牙板会角化成上皮珠，其中一些出现在牙床黏膜上，看起来就像米粒大的牙齿，叫做"马牙"。马牙一般没有不适感，个别宝宝可能出现爱摇头、烦躁、咬奶头，甚至拒食，这是由于牙龈局部发痒、发胀等不适感引起的，一般不需作任何处理，在宝宝满3个月以前，马牙就会被吸收或者自动脱落。

第 21 天　从"便便"里看健康信息

也许有些新妈咪认为，只要宝宝的饮食和睡眠正常，就说明宝宝很健康。其实宝宝的排泄也会反映宝宝的健康状况，宝宝的"便便"里就隐藏了很多的健康信息呢。

虽然宝宝大便的质地是宝宝个性表现之一，即使是相同方式喂养的宝宝，他们大便的形状、颜色也会有所区别，但是，如果宝宝的大便出现明显的异常时，新妈咪就要特别注意，并及时处理。

当宝宝的大便中有大量泡沫，呈深棕色水样，带有明显酸味时，说明宝宝有可能摄入了过多的淀粉类食物，如米糊、乳儿糕等，宝宝对其中的糖类不消化引起大便异常。如果排除了宝宝肠道感染的可能性，那么新妈咪就应该调整宝宝的饮食结构。

如果宝宝的粪便中水分增多，呈汤样，水与粪便分离，而且宝宝排便的次数和量都有所增多的话，新妈咪就要明白这是宝宝病态的表现，多见于肠炎、秋季腹泻等病，应该马上带宝宝去医院治疗。

大便稀，呈黄绿色且带有黏液，有时呈豆腐渣样。这有可能是宝宝患有霉菌性肠炎。

如果宝宝的大便变稀，含较多黏液或混有血液，且排便时宝宝会哭闹不安，新妈咪应该考虑这是不是因为细菌性痢疾或其他病原菌而引起的感染性腹泻，应该及时治疗。

第 22 天 尿布选择学问大

小宝贝每天排泄次数非常多，总也离不开尿布，可是新妈咪应该选择什么样的尿布呢？

新妈咪有两种选择，一种是传统的尿布，一种是纸尿裤。新妈咪在作出选择之前，一定要先了解这两种尿布各自的优点和缺点。

传统尿布的优点是材质大多为棉布，质地柔软，不会因为摩擦而给宝宝的小屁股带来伤害，而且这种传统的尿布经过清洗后可以重复使用，不仅环保，而且还能省钱。但是这种传统的尿布同样存在缺点，棉布的材质虽然柔软，但是在宝宝尿湿后不能保持尿布表面的干爽，所以一旦宝宝尿尿或者大便，新妈咪必须赶紧更换新的尿布。但是要知道，这时候的宝宝一天尿尿的次数可以达到20次以上，想一想，这可真不是个轻松的活儿，新妈咪要不断地打开尿布、更换、包好，很辛苦也很麻烦。而且，小宝贝也会觉得麻烦呢。如果新妈咪频繁地给宝宝换尿布，宝宝就没办法安稳地睡觉，也不能好好玩。另外，换下来的脏尿布还必须及时清洗，又得花费许多工夫。

纸尿裤则在使用上极为方便，给宝宝穿上纸尿裤，就不用宝宝每尿一次新妈咪就必须更换一次了，减少了新妈咪的劳动和麻烦。而且纸尿裤大部分时间都使宝宝的小屁股保持干爽。纸尿裤的缺点也非常明显，透气性比较差，裹紧后会使宝宝觉得闷热，而且边角也不够柔软。另外，纸尿裤的使用费用也很高。还有一个问题就是，用过的纸尿裤不容易自然分解，会造成环境污染。

对于这两种尿布，新妈咪其实完全可以将这两种尿布搭配使用。在家的时候可以使用传统的尿布，到了晚上睡觉的时候或者需要出门的时候就可以选择纸尿裤，这样既发挥了各自的优点又节省了费用。

第23天　不能小看的"红屁股"

尽管新妈咪给予了宝宝精心的呵护,但可能宝宝的小屁股还是变成了"红屁股"。红色的斑点状疹子呈片状分布在宝宝两边的小屁股上,同时,宝宝显得烦躁不安,即使在睡觉的时候,也睡得极不踏实。新妈咪可千万不要小看宝宝的"红屁股"。

宝宝"红屁股",医学上叫做"尿布疹"或"尿布皮炎"。新生的宝宝排泄频繁,如果尿布没有清洗干净,或宝宝大小便后尿布更换不及时,尿液和粪便在尿布上积聚,就会分解出氨的代谢产物、产生酸性物质,从而对宝宝柔嫩的皮肤产生刺激,再加上出汗等因素,就会使宝宝出现"红屁股"。宝宝的"红屁股"如果不及时处理,可能就会出现皮肤表面糜烂、脱皮甚至感染,并且容易造成臀炎。

想要宝宝没有"红屁屁",新妈咪一定要作好预防。

首先,选择纯棉布做宝宝的尿布,并且最好用白色或浅色。棉布细软、吸水性强,而白色或浅色则有利于新妈咪观察宝宝的大便颜色。

其次,要注意清洁宝宝的臀部,并且保证臀部干燥。如果不用温水清洗宝宝的小屁股而只是擦去尿便的话,便无法保证宝宝的小屁股是干净的。一旦宝宝的小屁股还粘附有尿便,再包上尿布后,就容易变成"红屁股"。清洗完后一定要把水擦干,然后再包上尿布。也可以给宝宝拍点爽身粉,或是抹上护臀膏。

最后,要及时给宝宝换洗尿布。更换尿布一定要勤快。另外在清洗尿布的时候,应该选用刺激性比较小的洗涤用品。尿布洗完后用开水烫一烫,或是拿到阳光下晒干,都可以起到杀菌和消毒的作用。

如果宝宝已经出现"红屁股",新妈咪暂时不要给宝宝包尿布,让宝宝的小屁股暴露在空气中。如果"红屁股"严重的话,应该及时进行治疗,同时注意护理好宝宝臀部的皮肤。

第24天 小宝宝穿衣的讲究

小宝贝身体软软的,而且皮肤特别娇嫩,穿什么样的衣服和怎样穿衣服对宝宝来说都是大问题。可是,新妈咪高价买回来的一些"好"衣服穿在宝宝身上却并不舒服。

新生宝宝和大人不一样。首先,宝宝的体形特别独特,双手呈W型,双脚呈M型,肚子鼓鼓的。其次,由于刚出生,宝宝生长速度快,汗腺发育不良,排尿的次数多而且还不会控制,手脚都喜欢自由活动。所以,给宝宝买衣服应该考虑宝宝的体形特点和生理特点,所买的衣服除了不能破坏宝宝特殊的体形和宝宝自由活动之外,还要质地轻柔,通气性好,吸湿性要强。另外宝宝的上衣下摆不能折边,即呈"毛边"状,而且衣服应该系带子而不是用纽扣,打结的时候应该打在宝宝的胸前,防止硌伤宝宝的皮肤。再加上宝宝脖子比较短的特点,所以"和尚服"是最适合新生宝宝的衣服了,它的领子是中国式的斜领,不易擦伤宝宝颈部的皮肤,而且"和尚服"宽袍大袖的特点不会让宝宝的活动受限制,让宝宝能够自由生长。穿得宽松、舒适,活动不受阻碍,宝宝就会心情舒畅,从而脑细胞就会得到很好的发育。

除了衣服要选对以外,新妈咪在给宝宝穿衣服的时候动作也一定要轻柔。首先让宝宝仰卧,把"和尚服"放在宝宝的身边。然后轻轻拿起宝宝的胳膊,先穿一侧袖子,这边的袖子穿好后让宝宝侧卧,顺势把衣服的其他部分放到宝宝的背后。接着稳稳地扶住宝宝的头和肩,穿好另一侧袖子,并且把衣服其余的部分整理好。最后让宝宝恢复仰卧状态,给宝宝整理好前襟,系好身侧的带子。宝宝的下身只要换上干净的尿布就可以了，然后再根据当时室内的温度再给宝宝盖上被子或包一个襁褓。

第 25 天　让宝宝爱上运动

所有的新妈咪都希望自己的宝宝能尽早开始进行肢体锻炼，而且，很多的专家专门替1岁以下的宝宝甚至是新生宝宝设计了一些运动课程。这些出发点是好的，可是新妈咪要怎样做才能让新生宝宝主动喜欢运动，享受被运动的过程呢？

新生宝宝在吃饱睡足之后就喜欢"手舞足蹈"，这其实就是宝宝的运动了。当宝宝情绪特别高昂，自己做运动的时候，新妈咪可以有意识地给宝宝做一些练习，比如：拿出发声的玩具在宝宝面前缓缓移动，宝宝就会主动地转动头部追随，这样，不仅会让宝宝觉得新奇有趣，而且宝宝的视力、听力和头部运动都能得到一定的锻炼。

给新生宝宝运动的方法有两种：抚触和做操。

给新生宝宝一些抚触，可以刺激宝宝的淋巴系统，增强宝宝的抵抗力，改善宝宝的消化，增强宝宝的睡眠，还可以平复宝宝焦躁的情绪。更重要的是，新妈咪的抚触能让宝宝感觉到其中的疼爱和关怀。但是新妈咪在给宝宝做抚触按摩之前要洗手，指甲也要剪短，还有注意不要有饰品，以免刮伤宝宝。还要注意，动作一定要轻柔。

新生宝宝的被动操是一种全身运动，要在新生宝宝出生后10天左右才能开始做。新妈咪可以按照专门的活动课程给宝宝做被动操，动作幅度不能太大，而且一定要温柔。最重要的是，新妈咪一定要看宝宝自己的意愿，如果宝宝明明很累或是情绪低落不想做操，新妈咪应该尊重宝宝的意愿，只有宝宝自己愿意，宝宝的骨骼和肌肉才会得到锻炼。

第 26 天　宝贝也要"乐"起来

新生宝宝虽然大多数的时间都在睡觉,可是宝宝也有自己的心理活动,也想拥有快乐的心情。

有时候宝宝啼哭就是希望和新爸爸新妈咪亲近,或者给他新鲜好玩的东西或者仅仅是换换新环境。宝宝这种"享乐"的心理是一种积极的反应,对宝宝以后生理和心理的健康成长有很大的好处。所以,新妈咪应该通过多种手段满足宝宝这种"享乐"的心理。

新生宝宝天生对水有好感,和水接触会让宝宝产生快乐的感觉。当宝宝的小脐带脱落后,新妈咪就可以给宝宝进行全身的温水浴了,虽然宝宝这时候还不会"戏水",可是宝宝还是会很开心的。

新妈咪可以通过各种安全的小玩具刺激宝宝的视觉和听觉能力,可以满足宝宝追求新奇事物的心理。有时候,新妈咪甚至只要频繁地改变宝宝的睡姿也会让宝宝觉得新奇,就像和新妈咪做游戏一样。

宝宝和新妈咪之间有一种天然的独特的关系,新妈咪的充分关注对宝宝的心理发展很重要。宝宝清醒的时候新妈咪尤其要关注他的表现,如果这时候他能看见新妈咪的脸,尤其新妈咪还对着宝宝微笑并对他轻声说话,宝宝就能把声音和形象联系起来,这样会使宝宝觉得很快乐。特别是在给宝宝喂奶的时候,新妈咪的注视会让宝宝更加快乐。

第 27 天　宝宝头发少怎么办

不少宝宝在刚出生的时候头发稀稀拉拉，而且又黄又软。每当新妈咪看到其他头发浓密的宝宝，再看到自己的宝宝头发稀少时，总免不了要发愁，要是以后宝宝的头发还是长不起来可怎么办呢？

其实新妈咪完全不用发愁，宝宝出生时头发少，长大后头发不一定少。宝宝的头发的生长也有早有迟，有快有慢。宝宝的头发会随着年龄的增长而逐渐浓密起来，等到2岁的时候就会长得很多了。

有些老人会告诉新妈咪，不要给头发少的宝宝洗头发，一洗头，也许把宝宝本来就不多的头发洗没了。其实，我们在洗头发的时候掉的头发都是自然代谢的头发，就是不洗头，那些头发照样也会掉，宝宝也是如此，所以不用担心洗头会把宝宝的头发洗掉。相反，如果长期不给宝宝洗头发，油脂和汗液的刺激会使宝宝头皮发痒，细菌容易繁殖从而引起继发感染，反而会影响宝宝新头发的生长。平常的日子，可以每天给宝宝洗一次头，只要用清水冲洗就可以了。如果碰上大热天，宝宝头皮上油脂和汗液分泌过多时，一天可以给他洗两三次，可以用宝宝专用的洗发水。在给宝宝洗头的时候，新妈咪一定要注意保暖。

如果新妈咪希望宝宝的头发长得更好，可以为宝宝提供全面充足的营养，营养通过血液循环供给毛发根部，使宝宝的头发长得更结实。另外，新妈咪可以多带宝宝晒太阳，紫外线的照射不仅有助于杀菌，还可以促进头皮的发育和头发的生长，而且，适当的新鲜空气对宝宝头发的生长也很有好处。

第28天　要不要剃"满月头"

很快宝宝就要满月了，在全家人喜气洋洋地给宝宝准备满月酒席的时候，也许家里的老人也在催促新妈咪去给宝宝剃个吉祥"满月头"。"满月头"，就是在宝宝满月的那天把胎毛剃光，是老一辈流传下来的风俗，据说会使宝宝以后的头发又黑又密，还会给宝宝带来福气。对于这个说法，新妈咪到底是应该信还是不信呢？

其实，从科学的角度看，头发多少、粗细、生长快慢与剃不剃胎毛并没有直接关系，只与宝宝的生长发育、营养状况以及遗传因素有关。相反，由于宝宝的皮肤非常薄嫩，抵抗力弱，给宝宝剃刮头发的时候容易损伤宝宝的皮肤，引起皮肤感染。如果细菌侵入头发根部破坏了毛囊，不但头发会长不好，反而会导致脱发。所以，在宝宝出生后一个月的时间里，新妈咪最好不要给宝宝剃胎毛，等宝宝长到一定时期，胎毛就会自动脱落。

如果宝宝出生时头发浓密，并且当时正好是炎热的夏季，那么为了防止宝宝出现湿疹等皮肤病，可以适当地替宝宝修剪头发，但是不要剃光头。如果宝宝已经长了湿疹，也不能剃刮宝宝的头皮。给宝宝修剪头发要在气温合适的情况下进行，要选在较为凉爽的日子，最好不要选择夏季，夏季高温容易诱发各种感染病。其次修剪头发的环境要干净，不要在发廊等公共的理发场所，而且所用的剃刀一定要干净，最好是一次性的。

第 29 天　宝宝的哭声是一门语言

宝宝来到新的环境，是从啼哭开始的，宝宝的这次啼哭也让新妈咪新爸爸特别振奋，可是在接下来的日子里，宝宝太过频繁的哭闹有时会让新妈咪新爸爸觉得很疲惫。其实宝宝每次啼哭的原因和啼哭的节奏都不一样呢，宝宝现在还不会说话，只能通过啼哭的方式告诉新妈咪，所以新妈咪一定要学会这门语言，听懂宝宝到底在说什么。

很多时候宝宝都是因为饿了才哭的。这时候的哭声带有一种乞求感，往往会由小变大，而且保持一定的节奏，如果新妈咪用手碰碰宝宝的面颊，宝宝就会马上转过头来，而且会有吸吮的动作。

当宝宝尿湿了觉得不舒服的时候同样会哭，但是只是轻声地哼哭，不会掉眼泪，一般是在宝宝睡醒的时候或者吃完奶之后，哭的同时小腿还会蹬被子。

如果宝宝的哭声非常突然而且尖利、急促的话，说明宝宝觉得疼痛，这时新妈咪应该仔细地检查被褥、衣服有没有异物，看宝宝的皮肤是不是被蚊虫叮咬了。如果宝宝的哭声持续不断，而且又有种悲切的感觉，那也表示宝宝现在不舒服。

有的时候宝宝大声哭起来了，可是当新妈咪过来查看的时候，却发现宝宝并没有任何不对劲的地方，再仔细听听宝宝的哭声发现，宝宝这时候哭起来一点也不刺耳，反而声音特别响亮，抑扬顿挫，节奏感也很强。其实这种哭法，是宝宝运动的一种方式，每天可能会进行4~5次，没有伴随症状，也不会影响宝宝的饮食和睡眠。

第 30 天　每天都要干干净净

新生宝宝的新陈代谢非常旺盛,容易产生污垢,除了给宝宝洗头洗澡之外,平时的皮肤清洁也很重要,所以新妈咪每天都要给宝宝清洁皮肤,这样才能让宝宝每天都是干干净净的。

和大人一样,宝宝也要每天洗脸。相对于洗澡来说,洗脸确实是件小事情,当新妈咪给宝宝洗脸的时候,宝宝只要躺着就可以了。每天早上,新妈咪醒来之后,要记得用温水给小家伙洗个脸,现在就要开始养成良好的卫生习惯。毛巾和脸盆都必须是宝宝专用的。为了防止洗脸水进入宝宝的耳道引起炎症,新妈咪应该在把毛巾沾湿以后,用手把毛巾稍微挤一下,使毛巾不再流水。给宝宝洗脸的动作要轻柔,首先从眼睛开始,当擦过一只眼睛后要把毛巾换一面擦另外一只眼睛,然后将毛巾在水中清洗一下,再擦前额、面颊和嘴部,最后拧干毛巾把宝宝面部的水分吸净。

宝宝的小手不但经常紧紧攥着,而且不管碰到什么东西都喜欢把东西抓在手里不放,因此宝宝的手心和指缝里常常有脏东西,所以每天早晚各一次的洗手是非常必要的。如果宝宝的小拳头握得紧,不肯松开,新妈咪可以轻抚宝宝的手背,这样,宝宝的小拳头就会自然而然地张开了。然后新妈咪要用湿毛巾把宝宝的手心、手背、指缝处擦干净。

第 31 天　我的小宝贝满月了

在新妈咪的精心呵护下，宝宝终于满月了。新妈咪在高兴的同时是不是也发现了宝宝的成长变化呢？

满1个月的宝宝，小脸圆鼓鼓的，两颊丰满红润，肩膀和臀部显得比较狭小，脖子还是短短的，肚子圆圆的，整个身子也总是呈屈曲的状态，两只小手握着拳。这时候，宝宝能注视眼前活的物体。当新妈咪注视着宝宝并且和他说话的时候，宝宝也会跟着张张小嘴巴，模仿说话的动作呢。宝宝除了哭以外还能发出低低的叫声，而且还能随意控制。同时，宝宝也开始初步表现出自己的力量。当新妈咪把一根手指放入宝宝手中时，宝宝能紧紧握住它；俯卧时，宝宝的小下巴可以抬起来几秒。

宝宝还不会说话，只能通过哭声来表达。宝宝喜欢周围的人跟他说话，没人理他的时候他会感到寂寞而哭闹；遇到很大的陌生的声音会让宝宝觉得害怕而哭起来；如果有东西刺激了宝宝幼嫩的肌肤，让他觉得不舒服就会哭闹，以此向新妈咪表示自己的不满；饿了、尿湿了也会通过哭声提醒新妈咪。

这时候宝宝一天的大部分时间都是在睡眠中度过的。每天可以睡18～20个小时，其中大概有3个小时处在深度睡眠里，睡得十分香甜。

第二个月

小宝宝越来越有秩序感了

第 32 天　别让拥抱变成伤害

满月以后，宝宝被抱起的次数多了起来。但是宝宝的整个身子还是软绵绵的，头抬不起来，四肢和腰部也无力。如果新妈咪在拥抱宝宝的时候粗心大意，就很有可能会伤害到宝宝。

如果想抱起宝宝，新妈咪可以使躺在床上的宝宝面向自己，将左手轻轻插到宝宝的下背部和臀部，然后托起，再用右手轻轻地插入宝宝的头部下方，轻轻地把小脑袋放入肘窝里。只要宝宝的腰部和颈部在一个平面上，新妈咪采取横抱或斜抱的姿势都可以。另外，新妈咪也可以竖直抱起宝宝，左手仍托住他的臀部和腰部，以支持宝宝的体重，右手则托住宝宝的头颈部，将宝宝的头慢慢靠向自己的左肩部，让宝宝能够趴在自己的肩膀上。但是要注意，竖抱的时间不能太长，以免使婴儿感到疲劳。

将宝宝放下时更应小心谨慎。新妈咪的手要一直扶住他的身体，然后轻轻地、慢慢地把他放下，直到将宝宝的身体完全放到床上，新妈咪才能拿开双手。而且，新妈咪这时应先轻轻抽出宝宝臀部下面的那只手，并去抬高宝宝的头部，以便将放在宝宝头颈部的那只手抽出来，再轻轻地将宝宝的头放下。

不管用何种姿势抱满月的宝宝，新妈咪都应该保护好宝宝的头颈部和腰部，以免造成意外伤害。还要注意的是，千万不能用力地摇晃宝宝，这可能会造成宝宝头部毛细血管破裂，甚至死亡。

第 33 天　新妈咪的饮食"雷区"

坐完月子，新妈咪的身体基本复原了，母乳分泌也越来越旺盛，不用担心宝宝不够吃，所以新妈咪的饮食不再需要特殊准备了。但是，新妈咪食物中的营养成分都可能通过乳汁进入宝宝的体内，所以在饮食上，新妈咪除了要饮食均衡、营养全面外，一定要注意避免以下一些雷区：

巧克力。巧克力中可可碱会渗入母乳并在宝宝体内蓄积，而可可碱能伤害神经系统和心脏，并使肌肉松弛，排尿量增加，使宝宝消化不良、睡不安稳、哭闹不停。

药物。一般来说，新妈咪口服或注射任何药物都能通过乳汁进入宝宝体内，只是药物的浓度会降低很多。但是宝宝还小，自身免疫功能差，还是很容易出现药物反应的。所以，如果新妈咪在哺乳期间要用药，就一定要听取医生的意见。

腌制食物。如果新妈咪吃了腌制的食物，其中高浓度的亚硝酸盐就会进入乳汁中，宝宝可能会出现口唇青紫、头晕、心慌、恶心呕吐的现象，一旦宝宝出现这种情况，新妈咪就要及时送宝宝去医院治疗。

味精。新妈咪要注意少吃味精，尤其是在宝宝满3个月以前。如果新妈咪在摄入高蛋白饮食的同时，再食用过量的味精，就会有大量的谷氨酸钠通过乳汁进入宝宝体内，减少宝宝对锌的吸收。同时还会造成宝宝智力减退，生长发育迟缓等不良后果。

第 34 天 给小耳朵多一点训练吧

一出生，宝宝的小耳朵就能听见声音了。当宝宝其他的器官还在积极发育的时候，宝宝的小耳朵早在出生的时候就发育完善，可以正常使用了。如果新妈咪可以适当地给宝宝做一些听觉训练，就能让宝宝拥有灵敏的小耳朵哦。

首先，新妈咪可以给宝宝做听觉定位练习，让宝宝听得更远。先拿出一个发声的小玩具，比如拨浪鼓，在离宝宝的小耳朵大概1米的地方轻轻晃动它，发出声音，吸引宝宝的注意。等到宝宝被吸引住出现专注的神情后，再把拨浪鼓拿远一些，然后重复刚才的过程。接着慢慢拉开距离，直到宝宝听不到了，不再看波浪鼓。经常这样练习，新妈咪就会发现自己的宝宝能听得越来越远。

另外，经常温和地对宝宝说话，提高宝宝的听力水平。新妈咪在说话的时候要注意声音不能太大，而且要抑扬顿挫，最好还有丰富的表情。这样，促使宝宝调动全部感官帮助自己理解。一段时间后，我们就会发现宝宝的听力水平提高了。

同时专家提出，宝宝的听觉中枢会在第一年逐渐固化，所以，如果新妈咪现在就多给宝宝听一些外文歌曲，可以使宝宝以后的外语学习更加轻松哦。

如果一些玩具和音乐太吵、太闹，就会让宝宝觉得心烦，也许宝宝会大哭表示抗议。这个时候，新妈咪要马上停止这些声音，让宝宝的小耳朵好好休息一会儿。

第 35 天　新爸爸新妈妈齐动手

照顾新生宝宝可是个艰辛的工作，所以，新爸爸当然也要责无旁贷地负担一部分工作。要想做一个合格的新爸爸，那就马上行动，先从配合新妈咪给宝宝换尿布开始吧。

首先，新爸爸要帮助新妈咪做好准备工作，除了干净的尿布、湿纸巾和毛巾之外，最好还准备一块干净的防水软垫，长1米，宽半米就可以了。把软垫铺平在床上后，让宝宝平躺在软垫上。接下来的整个过程里，新爸爸在旁边都要注意防止宝宝从床上滚下来。

然后，新妈咪要解开宝宝的脏尿布，一只手将宝宝的双脚向上抬高，另一只手用湿纸巾擦拭宝宝的小屁股。记住，要由前往后擦拭哦，尤其是女宝宝更应该这样擦洗，另外，注意腹股沟处和其他褶皱处也要擦拭干净。若宝宝有"红屁股"，新妈咪可以用温水清洗小屁股之后再用毛巾把水吸干。擦干净后，用脏尿布把所有的污物包起来收走。然后分清尿布的前后面，全部打开以后，把尿布垫在宝宝的小屁股下面，调整好位置后就可以包起来了。

最后，检查尿布的松紧度是否合适。如果新妈咪能够轻松地把双手食指放入尿布和宝宝的皮肤间，就应该适当地调紧，如果不容易放入就说明包得太紧，也要再调整。

也许在新妈咪给宝宝更换尿布时，宝宝会烦躁不安甚至是哭闹不休，这时候新爸爸可以逗逗宝宝，和宝宝做一些亲密接触，分散宝宝的注意力，让宝宝更配合新妈咪的动作。

第36天　纸尿裤的选择有技巧

小宝贝长大了，好多亲戚在满月酒席上看过他之后，都催着让新妈咪带着小宝贝去串门呢。宝贝外出，纸尿裤是必不可少的，但是，该给宝宝购买什么样的纸尿裤呢？

首先，当然是要看大小合不合适。在选择纸尿裤的大小时，新妈咪应该根据宝宝的体重来选择。宝宝的纸尿裤分为出生型、小型、中型、大型、加大型五个型号，如果新妈咪仔细看包装的话就会发现，每个型号都有一定的体重范围，新妈咪可以找到适合自己宝宝体重的纸尿裤。不同品牌的纸尿裤尺寸标准不完全一样，新妈咪如果不放心的话，可以先少量买，试用不同的品牌，看看大小有什么差异之后，再给宝宝选择大小最合适的纸尿裤。一般情况下，当宝宝的体重已经接近所买纸尿裤标示的上限时，新妈咪就可以给宝宝更换大一号的纸尿裤了。

其次，纸尿裤的设计一定要好。有些纸尿裤穿上去会勒着宝宝的大腿，所以新妈咪在选择纸尿裤的时候一定要注意技巧，选择设计合理、舒适的纸尿裤。一是腰围和腰贴的设计。有些纸尿裤是360度弹性腰围及腰贴设计，宝宝动作再大也能随时贴体自如。而且，因为宝宝大部分时间都在躺着，为了防止尿液后漏，应该选择后腰处高一些的纸尿裤。二是防漏隔边的设计。好的防漏设计不仅能有效防止渗漏，而且还能最低程度地减少对宝宝肌肤的刺激，不会在宝宝的大腿上勒出红印。

最后，一定要看纸尿裤是否适合宝宝的皮肤。好的纸尿裤应该柔软、无刺激、吸水能力强、透气性高。根据宝宝的皮肤特点，新妈咪首先要考虑纸尿裤的材质（包括腰围和粘贴胶布）是不是足够柔软，它会不会对宝宝产生大的刺激。吸水能力强、透气性好的纸尿裤能使宝宝的小屁股始终保持干爽，避免出现"红屁股"。

新妈咪还要做的就是根据季节和具体的需要灵活地选用不同的纸尿裤。夏天应该选择轻薄的纸尿裤，可以使宝宝更凉快；冬天则可以选用表面最能保持干爽的纸尿裤，防止宝宝受凉；而在外出的时候，新妈咪就应该选择吸水力最强的纸尿裤了。

第 37 天　聪明宝贝大脑发育好

不要看宝宝好像总是一副懵懵懂懂的表情，其实宝宝的大脑正在飞速地发展，每天都有很大的进展哦。如果新妈咪想挖掘宝宝的潜能，养育一个聪明的宝宝，首先就要了解宝宝大脑的发育过程。

大脑有两个迅速发育的阶段。

第一个阶段是胎儿期。胎儿期是大脑细胞增长数量的时期。当宝宝出生时，大脑已经有大约100亿~180亿个脑细胞，接近成人脑细胞的数量。也就是说从怀孕到出生，宝宝大脑细胞的数量就已经长好了，达到成人的水平了。

第二个阶段是宝宝出生至3个月。这个阶段是大脑长质量的时期。脑细胞的体积开始增大，形态也发生了变化。出生之后，由神经细胞连接的"突触"开始形成，并且它的数量会在宝宝三个月的时候达到高峰。有了"突触"，神经细胞间才能传递信息，大脑才能有效地接受感官的刺激。同时，包围神经纤维的髓鞘也开始形成，它可以使神经元准确而快速地传递信息，这样，大脑才能有效地控制身体的各个部分，才有了学习的能力。在这个阶段里，大脑的发展速度是最快的，每一天都有新的进展，可谓日新月异。

大部分的新妈咪都知道要给宝宝的大脑提供充足的营养，宝宝才会更聪明。但是，新妈咪不知道的是，有时候环境对宝宝大脑的作用更大。因此，为了宝宝身体和心智的健康成长，新妈咪在考虑宝宝大脑营养的同时，不要忘了给宝宝一个良好的环境。

第 38 天　新妈咪生病后还能喂奶吗

每一个进行母乳喂养的新妈咪都会想尽办法给宝宝最好的母乳。但是母乳喂养并不总是一帆风顺的，就在新妈咪辛苦地照顾宝宝的时候，新妈咪生病了。这时候，新妈咪也许慌了，不管病情严不严重，新妈咪首先想到的是，自己病了是不是不能给宝宝喂奶了？

首先，新妈咪不要太担心。实际上，如果新妈咪所患的只是轻微的疾病，是可以继续哺乳的，只是哺乳时要注意适当的隔离。如果新妈咪患的是呼吸道感染，那新妈咪就要戴上口罩；如果是皮肤病，新妈咪要避免自己的患病处与宝宝的皮肤接触。只要不是乳房局部感染，一般情况下，病菌是很难通过乳汁进入宝宝体内的，相反，新妈咪对抗这种病菌产生的抗体却可通过乳汁进入宝宝体内，增加宝宝对疾病的抵抗能力。因此，如果新妈咪和宝宝不幸同时患病，宝宝的症状总是比新妈咪的症状轻。

生病后，一般的药物新妈咪是可以吃的，但是不管什么药以及剂量多少一定要听从医生的建议。吃过药后，新妈咪应该在停药2～3天后再重新开始哺乳，避免乳汁中残留药物成分。另外，新妈咪也不用担心母乳量会因此减少，因为在这段时间里，乳房得到恢复，乳量反而会增加，而且这次增加的速度会远远超过宝宝出生后第一次哺乳的时候。

第 39 天 宝宝有了重大发现

在这个月,宝宝有了识别自己和外界的能力,于是有一天,宝宝突然"发现"了自己的手。

对宝宝来说,这显然是个重大的发现,因为没过多久,宝宝就喜欢上了玩自己的手。小家伙看着自己的小手,觉得这可真是个奇形怪状又吸引人的东西。这个东西在宝宝眼前不停地乱晃,宝宝左看看,右看看,充满了好奇。这时候,宝宝显然还不知道怎么控制自己的手,只能无意识地让它晃动在自己的眼前。慢慢地,宝宝已经能很好地控制自己的手以后,还是常常把手举到自己眼前呆看,并不时地碰碰自己的小脸。但是,如果手不小心碰到了宝宝嘴巴,宝宝就会开始"吃手"。有些新妈咪看到宝宝"吃手"后,觉得宝宝不是个讲卫生的好宝宝,这可真是冤枉宝宝了。宝宝最初是以舌头感知外界物体的,有些宝宝会用这种特殊的方式认识自己身体的各个部位,所以,"吃手"可是宝宝智力发展的信号。

宝宝玩自己的手是一个重要的心理过程,新妈咪不仅不应该强行干涉,还应该帮助宝宝更好地认识和控制自己的小手。如果宝宝还没有"发现"自己的手,新妈咪可以给宝宝的手腕拴上一个小球或小铃铛,通过增加手的视觉和听觉吸引力来使宝宝更容易"发现"它。同时,新妈咪还可以抚摸宝宝的小手或是把手指放到宝宝手里,促进宝宝的抓握反射。

第40天 小小指甲也要精心呵护

就在宝宝快乐地玩自己的手时,问题来了:由于指甲太长,宝宝把自己的小脸蛋抓得到处都是小伤痕。而且,指甲长了容易藏污纳垢,宝宝吃手指的时候,把细菌也带入了体内。这时候,新妈咪就该给宝宝剪指甲了。

宝宝的指甲长得很快,每天都会以0.1毫米的速度生长。因此,新妈咪一般一周给宝宝剪一次指甲就可以了,如果发现指甲有劈裂,就要马上修剪。给宝宝剪指甲最好在宝宝熟睡的时候进行,因为熟睡中的宝宝对外界的敏感度会大大降低,新妈咪就可以放心地进行修剪了。

给宝宝修剪指甲之前,新妈咪一定要选择一个好的修剪工具。对于新妈咪来说,宝宝指甲钳是个不错的选择。这种指甲钳专门针对宝宝的小指甲而设计,安全实用,而且修剪后的指甲有自然的弧度。另外,新妈咪还可以选择专用的宝宝指甲剪。这种指甲剪灵活度高、刀面锋利,可以一次顺利修剪成型。并且这种指甲剪的顶部是钝头设计,即使宝宝突然有动作,新妈咪也不用担心会被戳伤。

给宝宝修剪指甲要特别注意可能存在的安全问题。新妈咪应该一个指甲一个指甲的剪,并且一定要抓稳,防止宝宝突然动作时误伤宝宝的指甲。同时,要避免把边角剪得过深而使宝宝两边后长出来的指甲嵌进肉里,成为"嵌甲"。另外,新妈咪一定要把指甲尖角修圆,还要及时发现并仔细处理肉刺。最后,不要忘了清洗宝宝指甲里的污垢。

第 41 天　宝宝的眼睛不能"闪光"刺激

小宝贝一天一天在成长，新妈咪当然要把这些点滴用相机拍下来留作纪念了。可是，房间里的光线往往都比较暗，拍照总也拍不出好的效果。当碰到这样的情况时，有些新妈咪就会把闪光灯打开。但这些新妈咪不知道的是，闪光灯也许会损伤宝宝的视力。

这个阶段的宝宝，视网膜上的视觉细胞功能还处于不稳定状态，强烈的电子闪光对宝宝的视觉细胞产生冲击或损伤，影响宝宝的视觉能力。照相机离宝宝的眼睛越近，电子闪光对宝宝眼睛的损伤就越大。所以，新妈咪在给5岁以内的宝宝（尤其是6个月以内的新生宝宝）拍照的时候，要尽量避免用闪光灯拍照。

那么，如果室内光线不足，新妈咪要怎么给宝宝拍照才能既不损害宝宝视力，又能很好地记录下宝宝可爱的瞬间呢？

新妈咪完全可以发挥聪明才智，自己制作几个反光板，利用自然的侧光、逆光补充光线。先将一块纸板剪成合适的形状，然后将稍大的锡箔粘在纸板上，再稍微修整一下，这样，反光板就做好了。在给宝宝拍照的时候，只要将反光板立在自然光源的对侧，再调整好角度，让反射光照到宝宝的脸上、身上就可以了。

此外，新妈咪可以靠拍照技术来弥补，如调整相机的感光度、改变闪光灯的照射角度或者使用慢速快门、开大光圈拍摄，这样也可以给宝宝拍出效果很好的照片哦。

第 42 天　宝宝要做检查啦

不知不觉，宝宝已经来到这个世界42天了，这42天是他们的关键适应期。在这期间，由于宝宝身体娇弱，再加上新爸爸新妈咪缺乏养育知识，所以宝宝极容易出现生病、感染等状况。这时候，新妈咪应该带宝宝去做健康检查了。为宝宝做一个健康检查，不仅是对宝宝既有状况的一个检测，更对宝宝以后的健康养育起着至关重要的指导作用。

宝宝的"42天检查"，是分娩后宝宝的第一次健康检查，包括常规检查和神经系统的检查。

常规检查的项目包括测量身长（应该增长4～6厘米）、体重（应该增长1000克左右）、头围（应该增长2～3厘米）和心肺检查（听心跳、肺部呼吸声是否正常）。这是宝宝生长状况的最基本指征，这些指标的记录与监测，对于指导新妈咪更好地养育宝宝有很大的帮助哦。

神经系统检查主要针对宝宝的运动发育能力和神经反射两方面进行检查。这时候，宝宝应该有一定的运动能力，不仅要能竖直固定自己的小脑袋，还要在俯卧的时候依靠肩部和颈部的力量抬起自己的小下巴。同时，宝宝的出生反射，如觅食反射、拥抱反射，应该慢慢消退。相反，宝宝的行为反射要开始建立起来了，要慢慢地能集中注意力、可以注视眼前的东西并能追视它。这是对宝宝出生后大脑发育、智力发育的重要检测。

第 43 天 练习抬头方法多

宝宝现在已经可以抬头了,所以新妈咪要注意宝宝的锻炼,千万不要错过了给宝宝训练体格的最佳时机哦。

每次喂完奶后,新妈咪可以竖直抱起宝宝,并轻轻拍打宝宝的背部,这样不仅可以防止宝宝吐奶,还能锻炼宝宝颈部的力量。刚开始,竖抱的时间只能维持大概2秒钟,然后慢慢地延长竖抱的时间,到月底的时候新妈咪就可以每次竖直抱起宝宝30秒了。同时,还可以用另外一种抱法:让宝宝的背贴着新妈咪的胸部、小脸朝外,这样宝宝的面前是一个广阔的空间,许多新奇的东西会吸引宝宝,宝宝就会更主动地练习竖头了。

另外,新妈咪可以经常让宝宝趴在床上,然后逗引宝宝抬头,反复几次。多进行这样的练习,宝宝抬头的时间就会逐渐延长,抬头的角度也会越来越大,最后稳定在45度。俯卧抬头练习不仅锻炼了宝宝颈部的力量,也锻炼了宝宝背部的肌肉力量,增加了肺活量,同时,多抬头还能使宝宝接触更多的外部刺激。但是,每次俯卧的时间最好不要超过2分钟。

如果新妈咪经常在宝宝面前慢慢走动,宝宝的视线就会追随新妈咪,这样可以很好地帮助宝宝练习转头。同时,新妈咪还可以配合宝宝的视觉、听觉的练习,利用一个色彩鲜艳或新奇的小玩具吸引宝宝的注意力,让宝宝在视线追随或听力追随的情况下练习转头。

第44天 宝宝越来越有"秩序"了

在宝宝刚刚能看见身边的世界时,他就会受到身边环境的影响,通过感受环境,宝宝能够发展自己的认识,建立自己的心理小世界。所以,环境中的事物会形成宝宝心灵的一部分,这也就是宝宝的秩序感了。

出生后的头两年里,宝宝对秩序非常敏感,这是宝宝通过外在秩序形成内心秩序的特殊时期。当宝宝才一个多月的时候,新妈咪也许就会发现宝宝的这种秩序感了。当宝宝看到一些东西摆放在恰当的位置时,他就会显得特别高兴和兴奋。相反,如果东西摆放得不恰当,宝宝就会出现失望、焦躁不安甚至苦恼的情绪。

秩序感是宝宝的一种需要,当它得到满足时,就会产生真正的快乐。同时,秩序感使宝宝能认识到周围环境中每样物品所处的位置,并能记住它们应该分别摆放在哪儿。这就意味着,宝宝在适应周围的环境,也在所有的细节上支配环境,这样宝宝才会觉得平静快乐。所以,新妈咪千万不要忽略了宝宝对环境的要求。

首先,保持周围环境的整洁和规律。宝宝身边的物品一定要摆放得整齐、有序、容易识别,而且不要经常改变物品的固有位置。

此外,要注意观察宝宝的表现,及时发现宝宝的特点。宝宝对秩序的敏感性有一个大致的时期,但是具体到每一个宝宝,敏感期的时间长短和敏感程度并不都是一样的。如果宝宝无缘无故地发脾气,那也许就是宝宝对周围秩序被破坏的一种抗议了。

第 45 天　温柔呵护宝宝的小屁股

为了使宝宝的小屁股一直保持舒适干爽，新妈咪选择了最优质的尿布，为宝宝的小屁股营造了一个健康透气的环境。同时，新妈咪也特别勤快，总是及时地为宝宝更换和清洗尿布。但是，宝宝的小屁股还是常常沾上尿便，使宝宝受到刺激。这对新妈咪来说，可真是一个不小的打击。那怎样才能更好地呵护宝宝的小屁股呢？

首先，新妈咪要先摸清楚宝宝每天大小便的大概情况。宝宝每天排尿的次数是多少，一般隔多久小便一次，新妈咪都应该留意观察。同时，宝宝每天大约什么时间排便次数多，每天到了这个时间新妈咪就要格外注意了，如果发现宝宝有出现脸涨红、瞪眼、使劲儿、发呆等神态时，一般就表示，宝宝要大便了。

在掌握了宝宝大小便的规律之后，新妈咪要有意识地训练宝宝有规律地排便。通常在哺乳后后10～20分钟之间，新妈咪可以试着给宝宝把尿，一边抱起宝宝做出排便的姿势，一边发出"嘘嘘"的声音，慢慢地，宝宝就会对"嘘嘘"声形成条件反射，新妈咪可以通过这个声音控制宝宝的便溺时间。同样的，当宝宝有要大便的表现时，新妈咪可以把宝宝抱到便盆前，用"嗯嗯"的声音使宝宝形成条件反射，久而久之宝宝一到时间就会有便意了。新妈咪在训练宝宝排便规律时，一定要有耐心，训练往往要坚持一段时间之后才能看出效果。

第 46 天　男宝宝和女宝宝是不同的

由于男生和女生存在生理上的差异，所以新妈咪在给宝宝清洗小屁股的时候，应该根据宝宝的性别，选择相应的清洗方法。

男宝宝通常有在解开尿布时尿尿的习惯，所以当新妈咪给男宝宝解开尿布的时候，应该有意识地停一会儿，而不是急着取走脏尿布。新妈咪在清洗完男宝宝的小屁股后，还要清洗大腿根部，由内往外地顺向擦洗。接着，应用手轻轻将睾丸托起，清洁男宝宝的睾丸。当清洁阴茎时，新妈咪应顺着他身体的方向擦拭，而且不需要用力去擦洗包皮。最后，当清洁完男宝宝的肛门后，新妈咪就可以给他擦干小屁股包上尿布了。

至于女宝宝，新妈咪除了要给她做日常的清洁外，还要每天替她清洗外阴。给女宝宝清洗外阴不必使用特殊的清洗液，只要用清水由前往后清洗，防止肛门内的细菌进入阴道就可以了，但是，切记不能清洁阴唇部位。同时，女宝宝的盆和毛巾一定要专用，而且要将水、毛巾和盆上的细菌彻底杀灭。新妈咪可以先把毛巾放在盆里，然后倒入沸腾的水，等温度降到40℃左右时再使用。然后再依次清洁女宝宝的肛门、大腿根部等处。同样，等女宝宝的小屁股干燥后再给她包上尿布。新妈咪还要注意的是，尽量不要给女宝宝穿开裆裤，而且一定要用尿布或纸尿裤，并且注意经常更换。

第 47 天　宝宝吐奶，新妈咪巧应对

有时候新生宝宝在刚吃完奶以后会突然吐奶，奶水顺着嘴角一滴一滴地往下流。摸摸宝宝的额头和身体，宝宝并没有发烧，很正常。面对这种情况新妈咪该怎么处理呢？

宝宝吃进去的奶由食管进入胃内，胃与食管连接的门叫贲门，与肠道相接的门叫幽门。由于宝宝的胃容量小，食管松弛，胃部基本上是水平的，幽门括约肌发育比较好，而贲门括约肌发育比较差，所以宝宝胃部的消化蠕动会引起奶水倒流。这是生理性吐奶，一天会有1~2次，吐奶的时候，宝宝自己会调适呼吸及吞咽动作，不会发生危险。但是新妈咪完全可以改善喂养方式，避开宝宝吐奶的诱因，减少宝宝吐奶的次数。

首先，避免宝宝在吃奶的过程中吸入空气。如果是母乳喂养的宝宝，要确定宝宝含住整个乳头，没有空隙；如果用奶瓶给宝宝喂奶，就应该让奶水完全充满奶嘴。一旦宝宝不小心吸入空气，新妈咪应该马上将宝宝竖直抱起，并轻拍他的后背让他打嗝，把吸入的空气吐出来。

其次，尽量让宝宝少食多餐，两餐间隔时间也不能太短，避免宝宝胃部食物过多。

然后，喂完奶以后，不要让宝宝过度嬉戏或运动。

最后，当宝宝喝完奶后，不能马上让他平卧，而要稍稍抬高宝宝的头部，并维持半个小时左右。

如果宝宝大量吐奶，新妈咪一定要注意防止宝宝呛奶，当宝宝呛奶严重或吐奶异常时，新妈咪应该马上带宝宝去医院。

第 48 天 呼噜呼噜有问题

有时候,当新妈咪抱着宝宝时,会听到宝宝发出呼噜呼噜的痰鸣声,那种感觉就像自己抱着一只猫咪,摸着他的背脊时感到"猫喘"一样。新妈咪一下就提高了警惕,但是,宝宝除了发出痰鸣声以外,其他方面都很正常。这是怎么一回事呢?

2个月左右的宝宝支气管比较小,而且这时候宝宝还不会咳嗽吐痰,所以,当宝宝的呼吸道内的分泌物比较多的时候,就会导致宝宝积痰从而发出呼噜呼噜的痰鸣声。积痰只是一种短期内特有的现象,而且,积痰的宝宝精神好、食欲佳,根本就不是一副生病的样子。所以,新妈咪不用太过紧张,完全不用带宝宝去医院检查或给宝宝进行药物治疗。等宝宝长大一点后,他自然就会咳嗽吐痰了,也就不会因为积痰而发出呼噜呼噜的声音了。

一般情况下,如果宝宝比较胖,更容易发生积痰,当宝宝转换体位、咳嗽或吐奶后,呼噜声会自然减轻。如果宝宝出现积痰的现象,新妈咪在细心照顾宝宝的同时,最好多带宝宝进行户外活动,通过室外空气浴让宝宝的皮肤和气管黏膜受到冷空气的刺激从而获得锻炼。这样,过一段时间宝宝自然就会好了。

第 49 天 酸酸甜甜的味道

一个多月后,新妈咪可以给宝宝喂一些鲜榨果汁了。

对色彩缤纷、酸酸甜甜的果汁,宝宝通常都会表现出十足的兴趣。喝果汁不仅可以使宝宝大饱口福,还能为宝宝的健康提供很多营养素,包括果糖、矿物质、胡萝卜素和维生素等。另外，水果对宝宝的排便也有独特的作用。西红柿或苹果有使大便变硬的功能，如果宝宝有轻微的腹泻，新妈咪可以给宝宝喂这两种果汁。相反，如果宝宝有些便秘，则可以给宝宝喂一些柑、橘、西瓜、桃子等水果的果汁，这些水果有使大便变软的功能。

商店里卖的现成的果汁一般都含有各种添加剂，所以如果有时间的话，新妈咪亲自动手为宝宝榨果汁会更营养、更卫生哦。

首先，把手、水果和要用的各种工具洗干净。然后，把水果切成小块（葡萄、草莓、樱桃可以保持原样）后，捣烂或挤压。最后，将果汁过滤出来。在这个过程当中，新妈咪需要注意的是，榨果汁剩下的固体残渣不能浪费，要一起给宝宝吃，这样可以使宝宝吸收更多的纤维素。

刚开始喂的时候，新妈咪应该将果汁用凉开水稀释1倍，第1天只喂1汤匙，以后可以逐渐增加，大概1天喂3次，每次30～50毫升。新妈咪一定要注意，不能给宝宝喂太多的果汁，更不能以果汁代替水。虽然喝鲜榨果汁好处多多，但是如果宝宝喝过量反而会导致宝宝出现果汁综合征。另外，喂果汁的时间也要合适，不能安排在宝宝吃奶前后。

如果宝宝不爱喝果汁，怎么喂都不肯喝的话，新妈咪千万不要勉强宝宝。

第50天 宝宝睡觉不开灯

这个时候，宝宝已经可以自己躺着睡觉了。为了防止宝宝睡觉的时候发生意外，不少新妈咪都习惯让宝宝的房间一直开着灯，方便自己随时察看宝宝的睡眠状况。其实这是一种不健康的生活习惯，不仅会影响宝宝的睡眠质量，而且还会影响宝宝的视力发育。

经研究发现，任何人工光源都会产生一种微妙的光压力，如果这种光压力长期存在，就会使人，尤其是新生宝宝表现得焦躁不安，心绪不宁，以致难以入睡。而且，宝宝适应环境变化的能力还很差，如果宝宝长期在强烈的灯光下睡觉，就会使宝宝昼明夜暗的生物钟规律受到干扰，从而使他们分不清白天和黑夜，不能很好地睡眠。此外，还会进一步影响宝宝的网状激活系统，使他们每次睡眠的时间缩短、睡眠深度变浅从而容易被惊醒。

另外，让宝宝长久在灯光下睡眠，对宝宝的视力发育极为不利。在宝宝睡觉时熄灯，可以使眼球和睫状肌获得充分的休息，相反，如果宝宝长期暴露在灯光下睡觉，光线就会对宝宝的眼睛产生持续不断的刺激，眼球和睫状肌便不能得到充分的休息。对于新生宝宝来说，这很易造成视网膜的损害，影响宝宝视力的正常发育。

因此，当宝宝睡觉时，新妈咪一定要把灯关掉，如果实在不放心，可以准备一个发红光或者发黄光的小夜灯，但是要远离宝宝头部，而且光线不要对着宝宝的眼睛。

第51天　爱活动就去户外吧

宝宝越来越大了，醒着的时间也就多了。所以天气好的时候，新妈咪可以带着宝宝出去看看，保证宝宝有一定的户外活动时间。

户外活动对宝宝的生长发育很有好处：

首先，可以使宝宝接触到新鲜的空气和阳光，增强宝宝的免疫力，提高对外界环境的适应性。其次，宝宝多进行户外活动不仅能带给宝宝一种新鲜感和愉悦感，还可以增进宝宝的食欲，促进宝宝晚上的睡眠。另外，经常呼吸冷空气能促进宝宝鼻黏膜功能的发育，增强宝宝皮肤的抗冻能力，使宝宝的身体越来越健康。最后，适当的紫外线照射后，可以使宝宝的身体产生维生素D，有利于宝宝对钙、磷的吸收，预防佝偻病。

户外活动的好处虽然多，但是如果新妈咪没有选择一个好的活动场所，不仅不利于宝宝的健康成长，反而会给宝宝带来危害。新妈咪带宝宝进行户外活动时，最好选择比较开阔安静、绿化较好、空气清新的场所，如公园。相反，宝宝不适合去人群集中、声音嘈杂的地方，如拥挤的广场和街道。宝宝现在还很娇弱，在那样的地方，宝宝感染疾病的概率比较高。

第 52 天　新妈咪户外哺乳，可以不尴尬

当着别人的面给宝宝喂奶总会让新妈咪觉得很尴尬，所以，当新妈咪想带宝宝出门时，总会有顾虑。有时候，看到那些有经验的妈妈在公共场合很自然地给宝宝喂奶时，新妈咪就会不由得心生钦佩。

其实，简单地说，新妈咪自己觉得不安才是妨碍自己在公共场所哺乳的最大障碍。如果新妈咪能够克服自己的心理障碍，尝试户外哺乳，就能和宝宝一起享受外出的乐趣了。

新妈咪要清楚地知道，不管是在室内还是户外，给宝宝喂奶都是一件对宝宝有宜的事情。所以，就算被别人发现自己在喂奶时，新妈咪也完全不用觉得难为情，而且，别人通常只会给予新妈咪钦佩和鼓励哦。

如果怕自己走光，新妈咪可以多带一件宽松的外套或是披肩。而且，目前市场上有专门的哺乳装，这种哺乳装能起到很好的隐蔽作用，防止走光。

除了万全的装备以外，新妈咪还可以采取一些小策略。首先，防止宝宝过度饥饿，以免宝宝大哭大闹引来众人的注目。其次，在宝宝含住乳房的那一刻将身体背对他人，或借助其他物体进行遮挡。最后，要防止宝宝淘气。有些宝宝比较淘气，吃奶吃到一半的时候会中途松开乳头冲着你微笑，或者吃奶时总喜欢推高新妈咪的衣服。所以，新妈咪最好穿上哺乳装，并且在喂奶的时候握住宝宝的小手。

第53天 宝宝天生就有"爬"、"走"能力

不要看宝宝整天躺着,吃吃睡睡,新妈咪一定不知道,其实自己的宝宝已经能"爬"和"走"了。这是宝宝与生俱来的动作能力,是先天遗传的条件反射。

事实上,宝宝"爬"和"走"的能力分别是宝宝的"爬行"反射和踏步反射。在宝宝精神状态好的时候,新妈咪可以让他俯卧在床上(在两次吃奶之间比较合适),然后用双手抵住宝宝的足底,这时候新妈咪会发现,虽然宝宝的头和四肢还不能离开床面,但宝宝会用全力向自己头部的方向蹭行,有时一股劲儿能蹭行30厘米呢。如果新妈咪把双手放在宝宝的腋下同时注意托住宝宝的头部,把宝宝的身体竖起来,让他的脚接触床面,宝宝就会做出踏步向前的动作。

可是新妈咪不要高兴得太早,如果不进行强化练习,这种先天的反射能力保持一段时间后最终会消失。但是,如果让宝宝在拥有这些条件反射的时候经常练习的话,这个先天的行动模式就会逐渐被宝宝的大脑掌控,最后成为一种宝宝可以自由控制的随意行动。所以,想要使宝宝更自然更有效地获得"爬"和"走"的能力,新妈咪就要常常给宝宝做强化练习。

第54天 小身子更要好好保温

宝宝的体温调控能力还很差,怎么保持宝宝的体温也是新妈咪要操心的问题。不少新妈咪想当然地以为宝宝一定要比大人穿得暖他才不会觉得冷,

可是事实上，给宝宝穿太多的衣服，尤其是在暖和天，会对新生宝宝适应外界温度的调节机制发育产生不利影响。

如果宝宝觉得太冷了或是太热了，通常都会通过发脾气或哭闹来告诉新妈咪，这时候，新妈咪可以用手背伸到宝宝的衣服下面，摸摸宝宝的各个地方，测试一下宝宝的冷暖。如果太冷了，新妈咪最好把小宝贝抱到暖和的地方去，如果有必要，新妈咪要用自己的体温温暖宝宝。

需要新妈咪特别保护的是宝宝的头。大量的热量会从宝宝的头上散发，而且由于宝宝的头发少，能起到的保护作用也小。所以在宝宝1岁以内，天气凉的时候最好给他戴顶帽子，而在大热天出门时，要给宝宝戴顶带檐的帽子，以保护宝宝的头、脸和眼睛。

另外，宝宝在睡觉的时候也需要特别保暖。熟睡之后，宝宝的温度适应机能变得迟缓，因此新妈咪一定要特别注意。如果在比较凉的天气里，新妈咪想推着宝宝车带宝宝外出散步时，要记得额外带条毯子或小薄被，宝宝睡觉的时候就给他盖上。而如果晚上宝宝在比较冷的的房间里睡觉，新妈咪最好给宝宝穿毛绒睡衣来保暖。

当然，如果宝宝觉得太热，新妈咪也应该及时地给宝宝减衣服。

第 55 天 家人支持很重要

2个月的宝宝正处于脑细胞迅速发展的第2个高峰的前夜，而保证母乳喂养是促进宝宝脑发育的最重要的因素。但是，新妈咪的营养状况和情绪等因素都会影响母乳的分泌，所以坚持母乳喂养，需要全家人的支持。

情绪对母乳的分泌非常重要。也许不少新妈咪都会有这样的经历，一旦自己心情不好，奶水就会减少。所以这需要所有家庭成员的理解和协助，尽量让新妈咪随时保持愉快、轻松的心情。其中，新爸爸的作用至关重要。新爸爸在帮助新妈咪照顾宝宝时，更应该体贴妻子、关心妻子、爱护妻子，这样新妈咪才会没有压力，才能真正保持心情舒畅。

照顾宝宝是一个繁重的工作，宝宝一哭，新妈咪就必须去照看宝宝，给宝宝喂奶、换尿布或者哄宝宝，新妈咪的时间和精力几乎都花费在照顾宝宝上了。所以，家人还应该给新妈咪更多的帮助。

首先，要及时为新妈咪提供充足的营养，满足新妈咪的营养需求。家人可以给新妈咪多做一些流质食品；如果新妈咪容易感到饥饿，就应当适当地给她加餐。

其次，要尽可能主动地为新妈咪分担一些外围工作，如购物、洗刷、准备食物等，这样，新妈咪就能把有限的时间尽可能地用在养育宝宝上了。

第 56 天　宝宝会用微笑来谈心

有时候，当新妈咪漫无边际地同宝宝说话的时候，宝宝也许会对新妈咪眉开眼笑。宝宝的笑瞬间就能让新妈咪欣喜若狂，于是会想办法让宝宝多笑一笑。这样，新妈咪和宝宝之间的"交谈"就开始了。

慢慢地，宝宝笑的次数越来越多了。每次新爸爸新妈咪对宝宝说话或对宝宝微笑时，宝宝都知道这是友好和亲近的表示，不仅会回以微笑，同时还会手舞足蹈，特别兴奋的样子。小家伙的微笑是新妈咪最大的慰藉和鼓励，让新妈咪这段时间以来的辛苦和疲劳一下就消散了。

微笑，不但说明宝宝非常快乐，也是宝宝身心健康的标志。新妈咪和宝宝之间的"交谈"可以使宝宝学到两条宝贵的人生经验：

第一，宝宝知道，自己的微笑可以换来别人的微笑，使别人更快乐，也更喜欢自己。

第二，宝宝会意识到，微笑是一种沟通方式，通过微笑，他可以与别人更好地沟通。

　　宝宝需要自己喜爱的人在他身边，和他说话，对他微笑，给予他充分的爱。所以新爸爸新妈咪要关注宝宝的表情，如果宝宝笑了，一定要及时地给宝宝鼓励和反馈，这相当于在今后接触和驾驭世界方面，赋予了宝宝一个良好的开端。

第57天　宝宝安睡，新妈咪有良方

　　随着宝宝的成长，宝宝的睡眠时间有所减少。但是，宝宝的睡眠还是非常重要的，宝宝睡得好才能吃得好、玩得好、长得好，所以新妈咪除了给宝宝提供良好的睡眠环境外，也要采取一些小方法使宝宝晚上睡得更香甜。

　　首先，新妈咪要合理地安排宝宝白天的活动。不能让宝宝在白天睡太长时间，否则到了晚上该睡觉的时候，宝宝可能还是精力充沛，没有丝毫睡意。相反，尽可能地让宝宝在白天玩得高兴，这样，宝宝晚上自然会睡得香甜。但是，晚饭和临睡前不能让宝宝吃得太饱，也不能让宝宝太兴奋。

　　其次，帮助宝宝进入睡眠。临睡前，给宝宝洗一个舒服的温水澡，会对宝宝的睡眠有帮助。新妈咪也可以尝试给宝宝放一些舒缓、轻柔的音乐，或用温柔的声调给宝宝讲故事，通过这样的方式舒缓宝宝的情绪，让宝宝慢慢进入睡眠。

　　最后，使宝宝白天和晚上所处的环境有"显著的区别"。一到晚上，宝宝房间的光线要暗下来，新妈咪和新爸爸要尽量保持安静，避免吵闹。慢慢地，宝宝就会把这样的环境和"睡觉"联系起来，养成按时睡觉的好习惯了。当宝宝的睡眠习惯逐渐好转的时候，新妈咪仍然不能掉以轻心，不能随意破坏宝宝的规律。

第58天 自己的宝宝自己带

由于工作原因，也许很多新妈咪身体刚刚复原就不得不回到工作岗位上，只能让家里的老人或专门雇请一个保姆来带宝宝。但是，不管是由老人带还是由保姆来带，都比不上新妈咪亲自带宝宝。新妈咪自己带宝宝，对宝宝各方面的发展都有极大的好处。

首先，在宝宝个性心理发展上，新妈咪自己带宝宝有着无法比拟的优势。宝宝在新妈咪的子宫里和新妈咪生活了近10个月，他们彼此之间有一种心灵的契合和呼应，也就是我们常说的"母子连心"，无论是新爸爸还是其他看护人，都无法取代新妈咪与宝宝彼此之间心理上的亲密。

其次，自己的宝宝自己带，宝宝的需求才能最大限度地被满足。新妈咪可以本能地察觉宝宝的需要和可能会面临的危险，也只有新妈咪才能本能地给宝宝一种安全感和满足感，所以，宝宝身心的健康成长需要新妈咪不间断地关怀。而且，对新妈咪来说，照顾培育宝宝，本身就是一种幸福。

如果新妈咪准备自己带宝宝，就要弄清楚育儿的内容，不要觉得担负起所有的家务是责无旁贷的。新妈咪是是宝宝最需要、最依赖的人，所以为宝宝穿衣、喂奶、洗澡等细致的工作可以由新妈咪来做，但是洗衣和清洁等工作就可以交给新爸爸或其他家人了。

第59天 跟宝宝玩一玩拉绳游戏吧

宝宝现在的表情越来越丰富，也越来越活泼好动了，清醒的时候，宝宝手脚总在不停地乱动。这时候新妈咪当然也要把握好机会,协助宝宝做一个好玩的拉绳游戏,让宝宝得到更好的锻炼。通过这个游戏,宝宝的四肢、听觉与视觉都会得到一定的锻炼呢。

在开始游戏之前,新妈咪要把所有的准备工作做好。准备一个颜色鲜艳、结实的氢气球,然后在气球底下挂上一个小铃铛,再给气球和铃铛系上一段1米多长的松紧带。

新妈咪要替宝宝选择一个最佳的游戏时间。最好是宝宝已经吃过奶,而且换过尿布的时候,这个时候宝宝一般都会觉得轻松舒适,心情也会很愉快,很适合让宝宝玩游戏。

一切准备就绪之后,新妈咪就可以带宝宝玩游戏啦。首先,让宝宝保持舒适的姿势躺好之后,把氢气球和铃铛用松紧带系到宝宝的脚腕上。这时候宝宝的目光可能一直跟随着鲜艳的氢气球了。然后,轻轻地挪动宝宝的腿,让氢气球和铃铛晃动起来,并发出响声。最后,用支架固定氢气球,使宝宝能够看到它,但够不到它。新妈咪可以多挪动宝宝的腿,吸引宝宝的注意力与好奇心。

在宝宝玩游戏的时候,新妈咪要防止松紧带在宝宝脚上缠绕过紧。另外,如果宝宝显得不耐烦,新妈咪应该及时停止游戏,让宝宝好好休息。下一次游戏时,新妈咪要把气球系在宝宝的另一条腿上(或者手腕上),交替训练宝宝的双腿和双臂。

第 60 天　宝宝黑白颠倒了怎么办

小宝宝身高除了与遗传、营养、锻炼诸因素有关外,还与生长激素的分泌有重要关系。生长激素分泌过少,极有可能造成宝宝的身材矮小。而生长激素的分泌有其特定的节律,一般在22时至凌晨1时为分泌的高峰期。如果睡得太晚，对于正在长身体的宝宝来说，很有可能会影响到身高。

其实宝宝之所以出现日夜颠倒的现象是情有可缘的，因为宝宝在妈妈肚子里过了那么久不分昼夜的生活，出生后总得需要些时间来适应白天与夜间的现象，对此，爸爸妈妈要有耐心，其实只要过几个礼拜宝宝就不会如此了。如果父母想缩短这个适应过程，不妨试试以下方法：

首先，应该让宝宝将日夜区别清楚。具体方法是，白天把宝宝放在宝宝车里睡，带宝宝出门走走。如果在房里睡的话，不必刻意弄暗室内光线，或降低音量。当宝宝醒来时，逗一逗宝宝，让宝宝兴奋起来，到了夜晚，宝宝累了自然就睡了。

其次，可以尝试限制宝宝白天的睡觉时间，一次不要超过3~4小时。如果不容易弄醒宝宝，可以帮宝宝脱掉衣服，抚弄宝宝的脸，或是搔宝宝的脚心。等宝宝稍微清醒时，可用说话或把玩具拿到他的视野范围内的方法，进一步刺激宝宝的反应。

再次，下午五六点钟后，不要让宝宝睡觉。当宝宝午觉醒来时，一定逗引他多玩一会儿。白天的时候，房间里的光线要尽量明亮一些。保持房间里面一直有声音，可以播放一些轻柔的音乐。给宝宝固定的睡眠暗示，每次睡眠前都做相同的事情，做完就让宝宝睡在床上。例如先给宝宝洗一个温水澡，然后给他喂奶、换尿布。每天坚持这么做，以后每次做这些事情的时候就会有一个暗示传递给宝宝：我该睡觉啦。

在设法改变宝宝日夜颠倒的毛病时，千万不要抱有让宝宝白天不睡，夜里能安安静静睡个好觉的想法，因为这样会适得其反。其实，即使小宝宝在白天睡得很久也是一件好事，这表示宝宝的睡眠状况良好。改变宝宝日夜颠倒的毛病需要一个过程。

第三个月

宝贝,快乐地翻个身吧

第 61 天 宝宝有大进步哦

这个月宝宝的各种能力都已经开始发展了,进步很大哦。

新妈咪可以明显地发现,宝宝的身体有劲儿了。俯卧时可以用小手把身子支撑起来,虽然还有些摇晃,但能坚持大约10分钟,而且也能将头抬起来约5厘米呢;如果把宝宝竖直抱起来,宝宝的头部不但能颤颤巍巍得停止片刻,而且还能转动90°左右;宝宝现在还能控制自己的小手,可以抓握东西,高兴的时候还能挥舞双手。这时候宝宝的眼睛清澈了,眼珠的转动灵活了,哭的时候有眼泪了。同时,宝宝的视力也有明显的增强,不仅能注视细小的物体,视线还能追随它,注意的时间也逐渐延长。

宝宝的听力也有了迅速发展。宝宝已经能辨别出声音的方向,能安静地倾听周围的声音,喜欢轻快柔和的音乐,更喜欢听爸爸妈妈对他说话,并能表现出愉快的表情。

当宝宝哭闹时,妈妈如果哄他,即使声音不高,宝宝也会很快地安静下来;如果宝宝在吃奶时听到妈妈的说话声,便会终止吸吮的动作;宝宝对突如其来的响声和强烈的噪音表现出害怕和不愉快,还可能因此受到惊吓而啼哭。

这个时期的宝宝对爸爸妈妈的声音很敏感,也非常乐于接受。

第 62 天 快乐的小宝贝

进入第三个月,就在新妈咪越来越得心应手的时候,宝宝总会用自己欢快的笑脸回应新妈咪。新妈咪在欣喜的同时常常也会好奇,是什么让宝宝那么快乐呢？

人类最早的快乐，是一种最基本的生理需要得到满足的快乐。心理学家说，人在一生当中能否体验到较大程度的快乐，在幼时的生活中就决定了。所以，关注宝宝的健康，满足宝宝的需求，不仅现在能带给宝宝一种满足的快乐，还有助于宝宝以后拥有更多更大的快乐。

吃，是这个阶段宝宝最重要的活动，也是宝宝最主要的快乐的来源。口唇的吸吮是宝宝的一种本能动作，如果这种行为受到限制或被剥夺，宝宝就无法享受这种本能的快乐，从而可能会给宝宝幼小的心灵蒙上一层难以消除的阴影。所以，新妈咪给宝宝喂奶，不仅要及时，还要足量。宝宝天生知道自己该吃多少，所以新妈咪不用担心宝宝会吃撑。新妈咪要知道，宝宝吸吮不只是为了饱腹，还为了得到快乐。

排泄，是宝宝另一个本能的生理需求，也是宝宝快乐的来源。顺畅地排便不仅能告诉新妈咪宝宝很健康，也表示宝宝能够正常地体验排泄带来的快乐。

当然，宝宝快乐的原因不只这些，舒舒服服洗了澡，和新妈咪相依偎或得到新妈咪的抚触都会让宝宝觉得快乐、舒适。并且，新妈咪和宝宝的快乐是可以相互传染的，宝宝快乐新妈咪当然高兴，而新妈咪心情愉快也同样会带动宝宝的快乐。

第 63 天　爱笑的宝宝聪明又健康

宝宝笑的次数越来越多了，有时候宝宝自己会突然微笑，而当新爸爸新妈咪特意逗他笑的时候，宝宝也从来不吝啬，每每都向新爸爸新妈妈展示自己迷人的微笑。

有一种说法叫"爱笑的宝宝多聪明"，从大脑的发育和神经学的角度来看，这种说法是比较科学的。当宝宝的生理需求得到满足后，宝宝就会"无人自笑"，这是一种心理反应。宝宝受到外界刺激而发出微笑，被称为"天真快乐效应"，是宝宝与他人交往的第一步，对宝宝的大脑发育来说是的一种良性刺激，在精神发育方面也是一次飞跃。因此，天真快乐效应被誉为智慧的一缕曙光。这两种笑都有益于宝宝大脑的发育。

另外，笑被医学专家称为"器官体操"，是一种类似于原地踏步的良好锻炼方法。宝宝的生长发育离不开运动，但是宝宝的活动能力非常有限，所以发笑是一项适合宝宝的运动。发笑时，宝宝的面部表情肌在运动，同时胸部与腹部肌群参与共振，这样，既活动肌肉、骨骼与关节，又对多种内脏器官起到"按摩"与"锻炼"的作用，促进宝宝内脏器官的发育。

笑不仅是开启宝宝智力之门的一把"金钥匙"，也是一种良好的体育锻炼。所以，新妈咪在让宝宝吃饱睡足的同时，一定要多关注，并用欢快的语言、表情以及玩具等促使宝宝发笑。

第 64 天　宝宝的新内衣

宝宝的生长速度很快，现在身体比刚出生的时候长大了许多，原来的衣服不太合适了。这时候，新妈咪应该给宝宝准备新衣服了。

给3个月大的宝宝挑选内衣时，新妈咪不仅要想到宝宝需要频繁地换尿布，还要考虑到一点，这时候宝宝的腿脚活动增多了。所以，下摆宽松的长袍状内衣会比较适合宝宝。新妈咪还可以给宝宝选购蛙型连体内衣，方便宝宝蹬腿，还能避免宝宝翻滚时内衣下摆纠结在一起。并且，新妈咪所买的内衣最好是偏扣设计，这样可以有效呵护宝宝的小肚子，防止宝宝着凉。

除了款式要适合宝宝，衣服是否安全也是新妈咪必须要考虑的。

太过粗糙的布料会伤害宝宝幼嫩的肌肤，尤其是宝宝腋下、手腕等处的皮肤更容易因为摩擦而受到伤害。新妈咪可以把衣服放在自己的脸颊旁边感受一下。除此之外，新妈咪还要检查一下，看看衣服的袖口和裤脚的松紧是否舒适。

新妈咪在选择内衣时还要注意衣服的颜色和气味。如果新衣服特别白，甚至白得发蓝，则往往含有荧光剂（一种漂白作用的化学物质），对宝宝的皮肤有害；如果衣服闻起来有一种刺鼻的味道，让人觉得不舒服，就很有可能残留甲醛或其他化学添加剂。

另外，在一些小细节上，新妈咪也不能大意。宝宝的内衣不管是纽扣还是系结都一定要牢固，避免掉落后被宝宝吞下去。如果是有纽扣的内衣，最好是布包扣。另外，宝宝的内衣尽量不要有花饰和配件。

第 65 天　小鼻子又堵上了

这个月的宝宝比以前有劲儿了，高兴的时候，就会手舞足蹈，小胳膊小腿胡乱晃动，自己也可以玩得不亦乐乎。但是细心的新妈咪发现，宝宝在玩的时候偶尔还会呼哧呼哧地喘气。当新妈咪仔细看看宝宝的小鼻子时发现，原来小鼻子里被鼻牛儿堵住了。

这时候，新妈咪不要急着拿棉棒给宝宝清理鼻牛儿。宝宝现在还很小，并不适合用棉棒，因为棉棒比较硬，如果在清理鼻牛儿时宝宝受到刺激后猛然转头，就很可能会被棉棒弄疼。所以新妈咪要自制一个纸捻。纸捻的做法很简单，只要用适量手纸捻成条状，刚好保持条状但又不能太硬。纸捻做好后，新妈咪再预备一点温水就可以开始帮宝宝清理鼻牛儿了。

首先，新妈咪要确定鼻牛儿的的大致位置和宝宝鼻腔的堵塞情况。然后，等宝宝情绪稳定或睡着的时候，抱起宝宝，把纸捻用温水蘸湿，在宝宝鼻孔入口处轻轻旋转，让水分充分滋润鼻腔，最好让少量水滴沿鼻腔壁往内流进去一点，但是不能把纸捻伸往鼻孔深处，以免水滴直接流入鼻腔引起呛咳。最后，等鼻牛儿沾水软化后，想办法让宝宝打喷嚏把软鼻牛儿打出来，或者用新的纸捻在宝宝的鼻腔内轻轻旋转，把鼻牛儿粘出来。

第 66 天　规律作息早养成

有时候亲戚朋友到访，新妈咪总会忍不住跟他们谈起宝宝的种种趣事，并且会越说越兴奋。等到宝宝终于哇哇哭起来时，新妈咪才一拍脑袋记起来：哦，宝宝这时候该睡午觉了。

宝宝的生活越来越有规律了，新妈咪也因此渐感轻松，但是，这时候新妈咪可要注意，即使自己由于种种原因不能按时作息，也要尽量保证宝宝的生活有规律。这不仅有助于宝宝的健康，还对宝宝心理世界的建设有积极的作用。

宝宝也有自己的"生物钟"，知道什么时候应该休息而什么时候应该醒来。新妈咪要了解宝宝的自身规律，再根据具体的季节变化，为宝宝制定一个合适的活动日程和作息时间。接下来，新妈咪要和宝宝一起认真地执行这个计划。

"每天睡到自然醒"是人生的一大幸福，所以，新妈咪应该尊重宝宝的这种幸福，如果没有特殊的原因，宝宝什么时候起床最好由宝宝自己决定，而不是按照自己的意愿或拘泥于一些权威的建议。

有了宝宝后，新妈咪的生活要因为宝宝而作出一定的改变。通常情况下，一个负责任的妈妈会为了宝宝更客观、更清醒地评价自己，从而获得更全面的认识。宝宝的出生，在改变新妈咪的生活的同时，也在一定程度上提高了新妈咪的心智。

第 67 天　音乐是开启宝宝智力的一把钥匙

一直以来，音乐以其生动活泼的感性形式给我们以美的享受。同时，音乐还能净化心灵、陶冶我们的情操。对于宝宝来说，音乐不仅有助于宝宝以后气质的养成，还对宝宝智力的开发大有好处。

我们的大脑分为左、右两个部分，两个大脑各司其职，分管不同的领域。人类在幼儿时期，左、右脑之间便会开始形成一个神经网络。这个神经网络会直接对我们智力的发展产生影响，而且如果网络一开始建得并不精良、稳定，以后想要将其改造成高品质的神经网络是非常困难的。而音乐，则能良好地沟通左、右脑，构建高品质的神经网络，对宝宝智力的发展有着重要的作用。

如果宝宝经常聆听优美的音乐，那么丰富美妙的旋律和节奏，便会自然而然地融入宝宝的右脑中，使宝宝在以后的各个方面都能自然地流露出优美的节奏旋律感，并且，宝宝的思维也会因此更加缜密。

因此，有选择、有计划地给宝宝进行音乐教育、熏陶，对宝宝长大后的气质、审美等都有很大的影响。所以，新妈咪可以为宝宝选择不同的音乐，作为配合宝宝不同的活动内容的背景音乐，并且要注意根据实际情况调节音乐的音量。如给宝宝进行体能训练时，新妈咪可以为宝宝选择欢快的、节奏感强的乐曲，音量可以稍大一些；当宝宝觉得困倦想睡觉的时候，新妈咪则可以放一些轻柔的催眠曲或小夜曲。

第68天 奶瓶选择要合适

奶瓶是新妈咪养育宝宝必不可少的重要装备，但是面对市场上各式各样的奶瓶，新妈咪应该怎么选择呢？

从材质上看，市场上奶瓶的主要材质有玻璃和PC两种。玻璃奶瓶的耐热性好、容易清洗，但是强度不够、容易破碎，而且刻度容易磨损。PC，是一种俗称太空玻璃的无毒塑料，它的特点是轻巧、不容易破碎。所以，如果宝宝比较小，而且新爸爸新妈咪在家亲自喂养时可以用玻璃奶瓶；新妈咪要带宝宝出门时，或当宝宝更大一点，想自己拿奶瓶时，塑料奶瓶就要开始派上大用场了。

新妈咪在挑选奶瓶的时候，一定要注意奶瓶的外观。新妈咪首先要看奶瓶的透明度，透明度越高就越能清楚地看到奶瓶里奶的容量和状态。同时瓶身最好不要有太多的图案和色彩，尽管商家说明印刷油墨安全无害，但能减少的潜在危害要尽量减少。其次，所选的奶瓶硬度要高。如果奶瓶的材质太软，一遇高温就会变形。最后，还要察看奶嘴的基部。宝宝在吸吮的时候，嘴唇会抵住这里。为此，奶瓶这一部位的设计也将直接影响宝宝的接受度。

很多新妈咪都喜欢买容量比较大的奶瓶，觉得这样更划算也更方便。但是，这种想法是不对的，容量大的奶瓶容易使新妈咪产生错觉，总会觉得宝宝没吃饱，于是给宝宝喂过量的奶。所以，新妈咪应该根据宝宝的一次食量来挑选。

第 69 天　好奶瓶要配好奶嘴

有了合适的奶瓶，新妈咪当然还要配上合适的奶嘴。

市场上的奶嘴有橡胶制的，也有硅胶制的。橡胶奶嘴富有弹性，质感与真的乳头很接近；硅胶奶嘴没有橡胶的异味，容易被宝宝接纳，而且不易老化，抗热、抗腐蚀的能力比较强。

如果新妈咪细心一点就会发现，原来奶嘴的小孔也有很多型号。奶嘴孔型不同，说明它的用途也是不同的：

圆形孔型。这种孔型分为小号（S号）、中号（M号）和大号（L号）三个型号。小号适用于还不能控制奶量的新生宝宝；中号适合于2~3个月、用S号吸奶费时太长的宝宝；大号适合于用前两种奶嘴喂奶时间太长，但量不足、体重轻的宝宝。

Y字型孔。这种奶嘴适合给可以自我控制吸奶量，边喝边玩的宝宝使用。

十字型孔。除了可以用来吃奶以外，还可以用来饮果汁、米粉或其他粗颗粒饮品。

另外，奶嘴的外型设计也是新妈咪不能忽略的重点。一个好的奶嘴，它的外观应该具备以下几项：

首先，吸头形状应该接近新妈咪的乳头，同时中间弧度也要与乳房相似，这样的奶嘴才是最适合宝宝的奶嘴。

其次，为避免宝宝在吸吮过程中奶嘴产生凹陷，奶嘴的空气孔应该使奶水出量保持稳定。

最后，奶嘴的基底应该较宽、柔软度高，且吸头与基部距离不宜过长。这样的奶嘴比较有弹性，同时，也不会影响宝宝上下腭的发育，避免宝宝形成暴牙。

第70天 防止"病从口入"

奶瓶、奶嘴关系到宝宝的"入口"安全,所以新妈咪一定要注意保持奶瓶和奶嘴的清洁。一般来说,奶瓶每次用完都应该进行清洗,而且每天都要消毒一次。

最好在宝宝喝完奶后马上清洗奶瓶。新妈咪首先要把残余的奶液倒掉,冲洗奶瓶,然后倒入清洗液,用奶瓶刷把奶瓶的各个角落都清洗干净,注意不要漏掉瓶颈和螺旋处。清洗奶嘴时,新妈咪要把奶嘴翻过来,用奶嘴刷仔细清洗,小心不要弄破靠近奶嘴孔的地方。同时,还要注意清洗奶嘴孔里的奶垢,保证奶嘴上的出奶孔保持通畅。洗完后,再用水冲洗干净。

一般,奶瓶的消毒方式分为煮沸法和蒸汽式两种。

如果采取煮沸法进行消毒,新妈咪要准备一个专门的煮锅。把奶嘴和奶瓶盖拿下后,将奶瓶放入锅内,煮沸。注意:塑料奶瓶最好放进煮沸的水里,玻璃奶瓶则可以放在没有煮沸的水里。再次,水烧开后5~10分钟再放进奶嘴、瓶盖等,盖上锅盖再煮3~5分钟关火。塑料奶瓶不宜煮太久,所以水滚后立刻放进奶嘴等再煮3~5分钟即可。最后,水凉了以后,用奶瓶夹取出奶嘴、瓶盖等,放在干净的器皿上倒扣晾干,放置在通风、干净的地方,盖上纱布或盖子。

目前市面上有很多电动蒸汽锅,妈妈可以按照自己的需求来选择。消毒方法只要遵照说明书来操作就行了。需要注意的是,使用蒸汽锅消毒前,要先吧奶瓶、奶嘴、奶瓶盖等物品彻底清洗干净。

消毒的时候要看奶瓶的耐温标示,在购买的时候,也需关注一下。如果不耐高温的话,最好还是使用蒸汽锅来消毒。

第71天 不要动我的睫毛

绝大多数的新妈咪都希望自己的宝宝拥有又长又翘的睫毛。于是，在听说给宝宝剪睫毛可以使宝宝的睫毛长得更长更密之后，便决定给宝宝剪睫毛。其实，这样的说法和剃满月头会使头发更浓密的说法一样，也是不可取的。

人的睫毛对眼睛有保护作用，可以遮挡灰尘或过强的光线。如果人为地给宝宝剪掉睫毛，在新睫毛长出来以前，宝宝的眼睛很容易受到伤害。睫毛和胡须一样，会越剪越硬。给宝宝剪掉睫毛后，刚长出的新睫毛不仅非常短，而且很粗硬，容易刺激宝宝的眼睛，使宝宝出现怕光、流泪等异常症状，甚至还会引发眼部感染。粗硬的睫毛还会减弱睫毛原有的生理作用，使得宝宝不能及时作出眨眼反射。同时，新睫毛很可能会长成倒毛，会给宝宝眼睛的带来极大的安全隐患。并且，在剪睫毛的过程中，如果宝宝的眼睑眨动或者头部摆动，都可能对宝宝造成伤害。

事实上，宝宝的遗传状况和营养状况才是影响睫毛生长的因素，剪睫毛并不会使自己的宝宝长出漂亮浓密的长睫毛。并且，宝宝的眉毛和睫毛通常在3个月到半年之间就会自动脱落，所以，新妈咪还是让宝宝的眉毛和睫毛自然脱落为好。

第72天 宝宝手上真的有"蜜"吗

自从宝宝发现自己的手以后，宝宝就越来越喜欢自己的手了，没事就喜欢抱着两个小拳头往自己的嘴巴里送，还会发出"吧唧吧唧"的响声呢。难怪老人都说宝宝的手上有"二两蜜"。

吃手是宝宝发育过程中的正常现象，是心理发展的自然阶段，但是如果宝宝频频地吃手，会伤害到自己手部的皮肤。所以，在满足宝宝"玩手"欲望的同时，新妈咪可以设计一些活动来分散宝宝的注意力。

用触觉体验分散宝宝的注意力是一个不错的方法。当宝宝在津津有味地吃着自己的一只小手时，新妈咪可以打开宝宝的另一个小拳头，让宝宝的手指头全部伸展开来，然后从手心往手指尖摩擦移动，逐个抚摸他的手指。这样的触觉体验会让宝宝觉得十分有趣，从而成功地转移宝宝的注意力。

替宝宝清洗手指也可以转移宝宝吃手的兴趣。把手指轻轻地放入宝宝的手掌中后，新妈咪还要在宝宝的小手心里轻轻地来回转动，同时一边按摩一边和宝宝说说话："洗洗手，香喷喷！"新妈咪的脸和声音会让宝宝觉得安全和放松，从而把这种感觉与洗手联系起来，于是就会增加对洗手的兴趣。

另外，结合视觉、听觉等方面的训练，设计游戏增加宝宝的这些感觉体验，并带动全身一起活动，多方面的刺激能转移宝宝的注意，各种能力都得到加强。

第 73 天　新妈咪外出不超时

宝宝的各项活动越来越有秩序了，新妈咪在感到欣慰和高兴的同时，偶尔也会怀念以前自由自在的生活。所以，有些新妈咪就会趁着宝宝熟睡的大好时机出去溜达溜达。可是，一离开宝宝，新妈咪就总觉得不踏实，担心宝宝睡觉醒了看不到自己怎么办，或者新爸爸或其他人照顾不过来怎么办。

3个月大的时候，宝宝的感觉有了基本的发展，对环境的安全感正在形成中，所以，新妈咪最好全天都陪伴在宝宝的身边，及时满足宝宝的各项需求，帮助宝宝形成这种安全感。如果新妈咪想出门的话，即使宝宝在熟睡当中，也应该找一个人代替自己照看宝宝，或者把外出的时间控制在2个小时以内。

新妈咪是宝宝的"安全保证"，如果睡醒之后看不到新妈咪，宝宝可能就会有所警觉，继而就会产生焦虑和恐惧的情绪，并会对周围环境感到不安全，这种体验是宝宝日后消极情绪体验的基础。所以，新妈咪外出，一定要控制好时间。这样不仅能减少宝宝体验不良情绪的机会，还有助于宝宝保持轻松愉快，形成积极乐观的心态。新妈咪外出回来后，也应该首先和宝宝打个招呼，这样，他就会很高兴，也会很安静。

一直到8个月左右或者更久，宝宝的这种安全感才会完全形成。之后他的心理需求要点转向形成对照料人的信赖，所以妈妈照料的重点要及时调整。

第 74 天 手摇铃铛真开心

在玩手的过程中，宝宝的手在快速地发展，不只是手的结构在发生变化，宝宝的手部力量和准确行动的能力也在与日俱增。因此，设计一个相应的游戏来帮助宝宝练习手部和上肢的精细动作，是很有必要的。

游戏开始前，新妈咪只要准备一些能发出不同响声的小铃铛和一个可以悬挂铃铛而且高度适当的支架就可以了。

准备好了以后，新妈咪和宝宝就可以开始玩游戏啦。一开始，新妈咪要让宝宝舒服地躺好，并调整好支架的高度，让宝宝的手刚好可以够到。然后轻轻摇动一个铃铛，等宝宝熟悉这个声音之后，把这个铃铛系在支架上，注意一定要系结实，以免宝宝扯下来砸到或者吓到宝宝。

接着，新妈咪再用手触碰这个铃铛，让它发出声音，或者轻轻地抓着宝宝的小手去触碰它。之后要不断重复触碰过程，并且不断鼓励宝宝自己伸手去触碰晃动的铃铛。

玩游戏的时候新妈咪一定要循序渐进。当宝宝能够主动伸手的时候，新妈咪就可以拿出另一个铃铛，重复上面的过程了。之后，新妈咪可以逐渐增加小铃铛的数量，用不同的铃铛保持对宝宝的吸引力。但是，不要频繁增加铃铛，而要给宝宝充足的时间自己摸索。一开始，新妈咪可以抓着宝宝的手，让宝宝不断地参与进去。等宝宝有兴趣了之后，宝宝就会独自摸索，享受游戏的乐趣了。

第75天 小枕头派上用场了

这个月宝宝的成长和进步已经带给新妈咪不少惊奇和欣喜，但是，如果新妈咪足够细心，还会发现宝宝身体变化的一个大秘密哦。原来，宝宝的体形已经开始悄悄地发生了改变：宝宝的颈部开始向前弯曲，后枕部和肩部、臀部不在一条直线上了。这说明，宝宝的这个生理弯曲告诉新妈咪，可以给宝宝睡小枕头了。

现在给宝宝睡小枕头，可以使宝宝睡得更舒适。当宝宝平躺时，小枕头会垫高宝宝的头部，使宝宝的头、颈、胸在处在同一个平面上，放松宝宝颈部的肌肉。如果小枕头在垫高宝宝的头部时，还能使宝宝的鼻尖和下巴处在最高点的话，宝宝的呼吸道就会达到最大的畅通。

凡是宝宝用的东西都要讲究，小枕头当然不能例外。首先，小枕头高度要合适。这时候，宝宝的小枕头的高度最好为3厘米左右，而且新妈咪以后还要根据宝宝的生长速度及时地调整枕头的高度。其次，枕套应该选用柔软吸汗的棉布，并且要经常拆洗和晾晒。宝宝的小脑袋很容易出汗，睡觉时甚至会浸湿枕头。如果枕面上汗液和头皮屑混合，便容易粘附一些过敏原，不仅会散发出不好闻的气味，还容易诱发哮喘病和皮肤病。最后，枕芯要松软，但是不容易变形，可以用无污染的谷糠或泡过并晒干的茶叶末等物填充。

第 76 天　新妈咪严把清洁关

养育宝宝需要大量的时间和精力,所以新妈咪在精心照顾宝宝的时候,也许在不知不觉中就忽略了种种清洁工作,于是,给很多疾病提供了入侵的机会。那么,从现在开始,新妈咪就要提高警惕,严格把守清洁这一关了。

首先,给宝宝创造一个清新洁净的环境。污浊的空气可能会引起宝宝缺氧,不仅影响宝宝的身体和精神状况,还会加速病菌繁殖,增加宝宝感冒、脑炎等疾病的感染机会。如果房间没有清扫干净,地上、床上的灰尘容易沾染宝宝的身体,从而引起宝宝不适或者皮肤过敏;空气中的尘土会妨碍宝宝呼吸、容易引发呼吸道疾病(鼻塞、打喷嚏、咳嗽等)。

其次,保证宝宝的全身干净舒爽。如果新妈咪在给宝宝清洁皮肤时粗心大意的话,就有可能引起宝宝出现过敏、湿疹、尿布疹等症状,严重时会滋生寄生虫。除此之外,宝宝的口腔清洁也是很重要的,如果口腔清洁不彻底,宝宝有可能出现溃疡和其他消化机能疾病。

最后,要及时对宝宝日常接触的事物进行清洁和消毒。新妈咪每天都要清洗宝宝的毛巾、玩具、用过的衣物等,而尿布、污染的床铺以及新妈咪的双手等要随时清洗。另外不要忘了,每周给宝宝的被褥、玩具等进行一次消毒。

第 77 天　宝宝,你吃饱了吗

就在宝宝越来越让人省心的时候,新妈咪想做的事情也越来越多,所以新妈咪的情绪时好时坏。这样一来,新妈咪的奶水也受到了影响,有时候充沛得外溢，有时候一天都不会饱满。那这个时候，新妈咪怎么知道宝宝有没有吃饱呢？

首先，新妈咪可以从宝宝下咽的声音来判断。如果宝宝平均每吮吸2～3次，新妈咪就可以听到咽下一大口的声音，而且这样能够持续大约15分钟的话，就说明宝宝吃饱了。相反，如果宝宝只是光吮吸而没有吞咽或是咽得少，就说明新妈咪的奶量不足，宝宝没有吃饱。

其次，宝宝吃完奶后的表现也能告诉新妈咪宝宝有没有吃饱。吃饱后的宝宝有一种满足感，会发出微笑或者安静入睡。如果宝宝吃完奶后还哭，或者咬着奶头不放，都说明宝宝没有满足。

另外，宝宝大小便的次数也能反映这个问题。宝宝吃得好，排泄的次数也会增多，所以如果宝宝每天尿8次以上，大便4、5次（用奶粉喂养的宝宝次数可能会少一些），就说明宝宝吃饱了；尿量不多，大便也少，而且呈绿稀便就说明宝宝没吃够。

最后，宝宝体重的增减最能说明问题了。足月的新生宝宝头1个月会增重720～750克，第2个月体重会增加约600克，以后每个月增加500克左右。如果宝宝的体重增加不够，或者减轻了，就有可能是新妈妈奶水不够。

第78天 宝宝健康有记录

有些新妈咪有记日记的习惯，所以，从宝宝出生到现在，新妈咪发现并解决的很多问题，以及宝宝的其他点滴都被新妈咪记在自己的日记里。但是，这样查阅起来并不方便。新妈咪不妨给宝宝建一个健康档案，按照一定的格式详细地记录宝宝的每一点进步和出现过的问题，这样，新妈咪不仅可以重温宝宝的成长过程，万一宝宝生病，这个档案还能给医生提供参考。对很多新妈咪来说，如何给宝宝建立一个有效的健康档案是一个不小的难题。

所以，新妈咪可以请教保健医生。根据医生的要求，一份完善有效的健康档案应该包括以下几个内容：

第一，是宝宝的生长和发育情况，包括身高、坐高、体重、头围、胸围等指标。新妈咪可以通过这些数据，随时了解宝宝的发育水平。

第二，是宝宝接种疫苗的记录。它包括接种疫苗的医院、医生、日期、疫苗名称和接种反应等。

第三，是宝宝的病历收藏部分。除了宝宝每次生病的详细情况以外（包括时间、病因、病情、处方、注意事项等），各种化验单、检查报告也要保留好并且贴上来。

第四，是宝宝过敏史。比如食物过敏、药物过敏等，不仅可以作为医生的参考，还能避免宝宝再次过敏。

第五，是家族病史。主要记录父母的健康状况以及家族遗传病等。

第六，是宝宝的心理发育状况。包括宝宝的每一个进步，如第一次笑，附上照片会更好哦。

第 79 天　咿咿呀呀学发声

这个月，大部分的宝宝会开始咿咿呀呀的发声。这个历史性的时刻表示宝宝马上就要进入语言学习的"实践"阶段了。

在发声前的一段时，宝宝喜欢盯着别人的嘴看，而且眼神专注、肆无忌惮，甚至能把人盯得不好意思。平时新妈咪和宝宝说话说得越多，宝宝的这种回应就会产生得越早。

宝宝的第一次发声常常会模仿新妈咪某句话的尾音，比如跟宝宝玩过游戏之后，新妈咪看着兴奋的宝宝，于是开心地对宝宝絮叨起来，也许还会说："宝宝真可爱。"宝宝一边回给新妈咪一个微笑，一边努力地动着自己的小嘴，学着新妈咪说话的样子。忽然，就在新妈咪再一次夸赞宝宝可爱的时候，宝宝的嘴里也跟着发出了一个短促而且模糊的声音"嗷"。之后，宝宝可能还会发出"哦哦"、"嗯嗯"等音，它们表达了宝宝参与谈话的愿望和行动。

这时候新妈咪要抓住这个时机，和宝宝做发声小游戏：当他轻轻地随着一句话的话头应答时，新妈咪要重复或者模仿他的发音，这样可以激起宝宝更大的兴趣，引导他继续尝试发声；当宝宝能清楚地发出"啊"、"哦"之类的韵母时，新妈咪可以在前面加上声母示范，如，当他发"啊"音的时候，新妈咪可以教他念"爸"、"妈"等字。有趣的是，很多宝宝发出的第一个完整的音很可能是"哒"。

第80天　安度宝宝"认人"期

当其他亲戚朋友或周围邻居抱起宝宝的时候，宝宝很可能会大哭表示抗议。这时候，新妈咪不要觉得宝宝不懂礼貌，反而应该感到高兴，这说明，宝宝开始"认人"了。

心理学家认为，3岁以前儿童认识外界事物时，总是把事物当做一个综合的整体——图谱来接受，而不是对事物的某些特征进行分析辨认。当宝宝3个月大的时候，宝宝开始有了社会认知能力。由于新妈咪或亲近他的人总是反复出现在宝宝的眼前，所以，宝宝对这些脸孔产生了记忆。如果宝宝从其他人当中认出了他们，就会表现得天真活泼，甚至手舞足蹈。如果是陌生人，宝宝就会因为"认生"而表示不乐意或又哭又闹。这既是宝宝的一种社交欲望，也是一种自我保护的能力。

当宝宝的认识能力逐步提高时，这种"认生"的现象会逐渐好转。但是，在宝宝认人的这段时期，新妈咪不要贸然地让宝宝接触生人。如果家里有客人想看宝宝时，新妈咪要陪着客人一起出现在宝宝面前。而且，新妈咪要先开口,用温和的语气把客人介绍给宝宝。在宝宝面前,新妈咪不要高声和客人谈论太久,以免让宝宝觉得受到了冷落。新妈咪还要注意,不要让很多生人一下子出现在宝宝的面前。送客人走的时候,新妈咪不要和客人一起离开宝宝的视线,比较妥善的做法是新妈咪抱起宝宝,一起送客人离开。

第81天 宝宝尿液的颜色正常吗

照顾宝宝,哪方面都马虎不得。那么,宝宝的小便,新妈咪有没有留意过呢?宝宝一天尿尿的次数很多,有些新妈咪就发现,有时候宝宝前后所尿的尿液的颜色并不相同,也许之前是清澈透明或略带柠檬黄色,但几个小时之后的尿液却变得浑浊起来。这种情况正常吗?

一般来说,尿液会保持一定的浓度,所以尿液颜色比较固定。正常尿液的颜色一般呈淡黄色,而且透明清亮,但是尿色也会因为饮水、出汗、食物和活动量的不同而出现深浅变化。

如果宝宝尿液是透明或呈浅柠檬黄,那么,这表示宝宝体内水分充足,宝宝很健康;如果宝宝的尿液是不透明的浅黄色,则说明宝宝体内缺水或者尿液在宝宝的身体积聚的时间比较久,通常宝宝的第一次晨尿便是这样的,而且气味也比较重;如果宝宝的尿液放置久了后变成浑浊的白色,新妈咪也不用太担心,这是尿液中一些不稳定的代谢废物产生了氧化反应,是正常的。

一些疾病会导致宝宝尿液的颜色出现特殊改变,所以新妈咪给宝宝使用的尿布和便盆等最好选择白色,便于观察宝宝尿液的颜色,了解宝宝的健康状况。如果宝宝的尿液颜色加深,如红色尿、黑褐色尿或乳白色尿,并且伴有有很重的气味的话,新妈咪就要提高警惕,及时带着宝宝的尿样去医院检查。

第82天 宝宝"枕秃"了

最近,宝宝的头发出问题了,后脑勺有一圈光秃秃的,使宝宝的小脑袋看起来就像是一个分了上下两个半球的奇怪的"地球仪",很是显眼。这是怎么回事呢?宝宝的头发怎么那么"多灾多难"呢?

宝宝的这种情况叫做"枕秃"。这时候的宝宝大部分的时间都只能躺在床上,小脑袋和枕头接触的地方很容易发热出汗。出汗后,宝宝的头部皮肤容易发痒,所以宝宝经常会左右摇晃脑袋,通过与枕面摩擦来"对付"头部发痒的问题。时间一长,宝宝枕部的头发就容易被磨掉而发生枕秃。除此之外,其他原因也有可能引起宝宝发生枕秃,如新妈咪在怀孕期间营养摄入不够、宝宝的小枕头太硬、宝宝缺钙或宝宝处在佝偻病的前期等。

枕秃关乎宝宝的形象,在新妈咪看来,也是一个很重要的问题。所以,新妈咪要及时排除各种引发宝宝枕秃的因素,积极帮助宝宝解决这个问题。

首先,加强护理。新妈咪要注意,不要让宝宝留太长的头发,还要勤给宝宝洗头。同时,随时关注宝宝的枕部,一旦发现有潮气,就要及时给宝宝更换枕头,保证宝宝头部一直干爽。

其次,调整温度。宝宝房间内的温度应该适当,如果温度过高,不仅会引起宝宝出汗,让宝宝觉得不舒服,同时还很容易引起疾病的发生。

第83天 给宝宝晒晒太阳

阳光充足的时候,新妈咪可以抱着宝宝去外面晒太阳了。宝宝多接触空气和阳光,可以提高宝宝对外界环境的适应性,并且还能促进宝宝体内钙的吸收和骨骼的发育。可是,晒太阳并不是那么简单的,如果晒得不当,反而会让宝宝晒出问题。那么如何带宝宝晒太阳呢?

首先,晒太阳时间段要选择好。一般情况下,晒太阳以上午9~10点和下午4~5点时最为适宜。上午9~10点的时候,阳光中的红外线强,紫外线偏弱,可以促进新陈代谢;下午4~5点时紫外线中的X光束成分多,可以促进肠道对钙、磷的吸收,增强体质,促进骨骼正常钙化。中午的阳光强烈,对宝宝的皮肤不好。

其次,新妈咪还要知道晒多久最好。不要觉得春天的阳光轻柔,最好的时候让宝宝多晒晒太阳不会对皮肤造成危害。其实,让宝宝晒太长时间是不合理的,宝宝的皮肤脆弱娇嫩,长时间晒太阳可能会导致宝宝皮肤干燥、粗糙、起红疙瘩甚至苔藓等皮肤病症。所以,每次带宝宝晒太阳的时间最好不要超过半个小时,一天不超过一个小时。

最后,去哪晒和怎么晒也是一个大问题。如果新妈咪想要宝宝晒得更健康,最好带宝宝去一些绿化较好、空气清新的公园晒太阳,隔着玻璃晒太阳实际上没什么作用,当然,更不能带宝宝去靠近广场,那里空气污浊,汽车尾气和太多的粉尘对宝宝呼吸道不好。到室外的时候,很多新妈咪怕宝宝着凉,给宝宝穿很厚的衣服,甚至裹着小被子,但是那毫无作用,反而可能引起不适甚至生病。晒太阳的时候,宝宝的头、手、脚以及能露的地方尽量露出,但要以宝宝暖和为主。宝宝的脸部及眼睛最好面朝怀内,避免阳光的直射。

晒太阳时宝宝会损失一部分水分,所以晒完太阳之后家长应及时给宝宝补充水分。可以选用宝宝补水润肤霜。

第84天 与大自然亲密接触

现在，越来越多的新妈咪意识到，让宝宝多亲近自然对宝宝的生长发育有极大的好处。所以，天气暖和的时候，很多新妈咪都会带着自己的宝宝去花园或者森林里，让宝宝聆听鸟儿的啼鸣，尽情地享受户外的阳光和满眼的绿意，而不是一直让宝宝待在温暖的室内。

亲近大自然是人类的本性，而且在自然空间里，有柔和的阳光、新鲜的空气、丰富的色彩、芬芳的泥土和潺潺的流水，这些都会激活宝宝的脑细胞对知觉的辨识，对宝宝的各方面发展有极大的帮助。同时，大自然还能带给宝宝丰富的感官刺激，有利于宝宝感知觉的发展，如色彩对视觉的刺激、清新空气对嗅觉的刺激、流水声和鸟叫声对听觉的刺激、接触大自然的触觉刺激等。

不要觉得生活在城市里就不能让宝宝回归自然、享受自然了。其实，城市生活也能充满自然气息。如果留意一下，新妈咪也许会发现，路边的野草丛中零星地点缀着几朵小花，墙根下时不时传来几声蟋蟀叫，小区附近晃荡着几只无家可归的野猫。新妈咪可以带着宝宝走进这些生命，野生的动植物会很快引起宝宝的注意。

宝宝时期是培养宝宝丰富感受性最重要的时期，此时，新妈咪带宝宝亲近大自然，培养其丰富的感受性，也有利于宝宝以后的学习。

第 85 天　生命在于运动

新妈咪都很看重宝宝的健康，总希望给宝宝均衡全面的营养让宝宝更加健康地成长。而运动，作为增强宝宝抵抗力的最佳方法，却一直被很多新爸爸新妈咪忽视着。其实，多做运动对宝宝的成长发育有很大好处哦。

保持适当的运动和锻炼，不仅能强化宝宝的心脏和增强肌肉的强健度与身体的柔韧性，同时还能消耗多余的热量，从而使宝宝保持适当的体重。在运动过程中，人体内会分泌内啡肽，这种化学物质能使宝宝产生愉快、兴奋的情绪。

另外，运动还能促进宝宝内心世界的发展和智力的发育。通过运动，宝宝可以分清楚自己和外部环境的关系，产生自我意识；宝宝在运动中能获得更多的、更准确的感觉信息。这些内容是宝宝建立心理世界、发展智力的基础。

宝宝运动能力的发展从3个月开始进入关键期，这个时候宝宝不仅要重复练习前面已经发展起来的能力（如伸手抓物等），以保持继续发展，同时还需要学习抬头和翻滚。在练习的时候，新妈咪要给宝宝足够大的活动场地和充足的时间

每个宝宝对运动的需求量是不一样的。有的宝宝一天活动半个小时就不想再运动了，而有的宝宝活动了1个小时还不肯停歇。对此，新妈咪要留意宝宝的运动需求特点，合理安排宝宝的运动时间。

第 86 天　宝贝，快乐地翻个身吧

当宝宝趴着时，他能自觉并自如地抬起头，而且头到胸部都能够抬起来；而当宝宝仰卧的时候，宝宝喜欢把脚向上扬，或者总是抬起脚摇晃；有时候，当新妈咪在宝宝身边时，他会抓住新妈咪的衣服，拉扯着做出起身的动作。这一切都在暗示新妈咪：宝宝想翻身了。所以，新妈咪要读懂宝宝的暗示，并帮助宝宝练习翻身。

练习的时间最好选在两次喂奶中间，而且是宝宝情绪好的时候进行。

宝宝现在开始喜欢侧着睡了，也许这时候宝宝已经有翻身的意识了，只是因为没有掌握要领或者实在翻不过去。所以，新妈咪可以轻轻牵着宝宝的胳膊，往他侧身的方向拉他，同时教他转动腰部和屁股，或者用玩具逗引宝宝翻身去抓。

当宝宝呈俯卧位后，宝宝会很自然地抬头，并且左顾右盼，还不时地用肘部撑着前胸，抬一抬胸部，很努力地想翻起身。也许在新妈咪看来，宝宝这些笨拙的行为动作真像是在"受苦"，可是实际上，宝宝从中体验到快乐，并由此开发了他的各种能力。这时候，新妈咪帮他推一下小屁股，就能让宝宝体验到翻过去的过程和乐趣了。

虽然宝宝翻身只是一下子的动作，但是在这之前，宝宝需要多次反复的练习。十几天后，宝宝就能够自己翻身了。

第 87 天　小家伙的嗅觉原来这样惊人

尽管宝宝的各项功能一直在不断的发展，但如果和大人比起来还差得很远呢。如果新妈咪这样想，那可真是小看了自己的宝宝。新妈咪不知道，小家伙原来有着惊人的嗅觉能力，在宝宝的视力和听力充分发展之前，嗅觉为宝宝提供了重要的环境信息。

像大多数动物一样，宝宝也通过嗅觉来获得各种信息，比如分辨食物和场地是否安全或是来者是自己的同伴还是敌人。所以，嗅觉可以引导、保护宝宝，在宝宝的生活中起着重要的作用。事实上，就算是嗅觉退化的成人，嗅觉也在我们的社会交往中起着举足轻重的作用。尽管我们没有明显意识到，但我们有时候往往会因为不喜欢某个人身上的气味而厌恶这个人，或是因为喜欢他身上的气味而对他心存好感。

清新纯净的环境有助于宝宝嗅觉本能的发挥，保持宝宝嗅觉的敏感性。因此，新妈咪要为宝宝创造一个良好的嗅觉环境，不仅要注意保持室内空气流通，还要消除任何浓重和有毒的气味。同时，除了香水外，空气清新剂、蚊香等产品也要尽量少用或者不用。

当带着宝宝进行户外活动的时候，新妈咪应该尽量带宝宝去绿化比较好的地方，让宝宝在呼吸洁净空气的同时，也能闻到每一种植物独特的气味。清新的植物气味能让宝宝更加亲近大自然。

第88天　怎么呼吸暂停了

空闲的时候，新妈咪喜欢在宝宝身边躺下来。对新妈咪来说，静静地看着宝宝熟睡的模样是一种幸福。可是有些新妈咪在无意间发现宝宝的呼吸有些不对劲，宝宝好像是用肚子在鼓气，并且一时快一时慢，一会儿深一会儿浅，有时竟然停下来了。宝宝这样不会出什么事吧？

宝宝的呼吸方式和大人不太一样，宝宝呼吸主要靠膈肌的升降来调节气压，于是，宝宝胸廓的运动并不明显，而当膈肌上下运动时，宝宝的肚子会随之鼓起和瘪下来，看起来就像在用肚子呼吸。

这时候的宝宝，呼吸道比较狭小，而且肺部的空气存储量也比较小，所以宝宝每次呼气或吸气的量都很少。可是，另一方面，宝宝的新陈代谢非常旺盛，身体需要大量的氧气。因此，宝宝只好通快呼吸频率来满足自己对氧气的需求。宝宝每分钟的呼吸次数为35～40次；是成年人的呼吸频率的2倍以上。除此之外，宝宝的呼吸中枢发育还不健全，不能很有节律地控制呼吸频率，所以就会出现宝宝呼吸节奏和深度不规则的情况，这是正常的，随着宝宝大脑功能的逐步健全，这种现象就会慢慢消失。如果宝宝的呼吸每分钟超过60次或低于20次，新妈咪就要及时带宝宝去看医生。

第89天　预防佝偻病

当宝宝体格快速发育时，骨骼的生长速度也加快，钙、磷代谢明显增加。这时候，医生也许会提醒新妈咪：要保证宝宝吸收足够的维生素D，预防宝宝得佝偻病。那么,什么是佝偻病呢?

佝偻病是宝宝常见的营养缺乏症。由于宝宝的生长发育和骨骼生长的速度快,当维生素D缺乏时,体内钙、磷代谢失常,钙盐不能沉着在骨骼的生长部分,导致骨骼发生病变,甚至有可能影响神经、肌肉、造血、免疫等组织器官的功能,对宝宝的健康危害较大。

佝偻病多自3个月左右开始发病,早期常有间断的表现症状,如夜惊、多汗、烦躁不安等,如果不予治疗,2岁时会有中度的骨骼变形。

所以,新妈咪要积极采取措施,预防佝偻病。

首先,尽量让宝宝吃母乳。母奶中所含的钙、磷比例适当,宝宝容易吸收其中的维生素D和钙。

其次,及时给宝宝补充维生素D。如果宝宝每天的维生素D摄入量可以满足宝宝的生理需要量,多能预防佝偻病的发生,但是,剂量一定要听从医生的建议。

最后,多晒太阳。维生素D的摄入,只有经过太阳紫外线的照射后,才能被人体真正吸收,才能帮助钙的转化吸收,所以,晒太阳是非常必要的。而且,晒太阳经济、方便又安全,可认为是防治佝偻病的良好措施。一般如每天坚持晒太阳2小时左右,就能满足小儿对维生素D的需要。

第 90 天　训练宝宝握力的小方法

在训练宝宝的握力之前,可以多给宝宝触摸一些不同质感的玩具或物体,如光滑的塑料玩具、软而易挤压的玩具、拿在手里会变形的玩具或表面坑坑洼洼的玩具等。让宝宝的手尽可能多地增加一些触觉的感受,这将会有利于下一步的握力训练。

训练宝宝的握力,可以参考以下方法:

抓手指法。在训练宝宝的握力时,妈妈可以把自己的大拇指或食指,放在宝宝的手心里让宝宝自己抓握,等感觉到有一定的握力后,再把手指从宝宝的手心向外拉,看宝宝是否还能去抓。

拉线法。第三个月的宝宝可能还不会自己拉线,但可以买一些带拉线的玩具,最好是一拉线就会动或发出响声的玩具。开始训练的时候,妈妈可以把线放到宝宝手里帮宝宝拉,玩具的活动或响声会刺激宝宝的兴趣,经过多次训练宝宝就会自己玩耍了。

抓悬挂物法。在宝宝小床的上方,低低地悬挂一些色彩鲜艳的小小软塑动物或其他东西,先晃动悬挂物引起宝宝的注意,然后拉着宝宝的手帮他抓,慢慢地逗引宝宝自己伸手去抓。也可以妈妈或爸爸用手把拴绳的玩具有意塞到宝宝手里,然后趁宝宝没有抓牢的时候,突然把玩具提起来,以此来刺激宝宝的兴趣,经过几次刺激之后,宝宝就会主动挥舞小手去抓了。

抓球法。这是一个一举两得的训练方法。不仅可以训练宝宝手的握力,而且还可以训练宝宝眼睛的追视力。训练的时候,先让宝宝趴着,然后把一个色彩鲜艳的球,从宝宝的手可以抓到的地方慢慢滚过。刚开始球从一侧滚到另一侧时,宝宝会专心地看,经过几次重复之后,宝宝很快就会伸手去抓那个球。

第 91 天 宝宝湿疹要预防

也许一夜醒来之后,新妈咪就发现宝宝的脸上长出了一些小红点。起初的时候,这些小红点不太多,但是蔓延的速度却很快。没几天,宝宝的小脸蛋、颈背和四肢都长了红斑,厉害的时候还会流水,然后结痂。新妈咪看着真是心疼。

宝宝的这种情况是"奶藓",医学上叫作"湿疹",是一种过敏性皮肤炎症。宝宝的呼吸道黏膜保护功能还不健全,吸入空气中的化学性粉尘、烟雾、花粉等可能引起宝宝的皮肤过敏,从而出现湿疹。另外,当宝宝出现消化不良、喂养过度、大便干结等情况时,也有可能会诱发奶藓。

大多数的湿疹不影响宝宝的饮食和睡眠,也不影响其发育,能自发消退。所以,如果宝宝的患处没有明显红肿,宝宝也没有明显的烦躁情绪,就可以暂时不用给宝宝擦药,只要涂一些有润滑作用的宝宝护肤品,保持皮肤滋润就可以了。如果宝宝的瘙痒症状明显,小手又抓又挠,那么新妈咪就该及时给宝宝用药了。但是要记得,用药一定要征询医生的意见。另外,还要尽量减少水洗,可用湿纸巾擦拭皮肤,因为水洗会加重奶藓症状。

宝宝的湿疹重在预防,所以新妈咪不仅要避免宝宝接触刺激性的物质,还要注意宝宝的皮肤和周围环境的清洁。

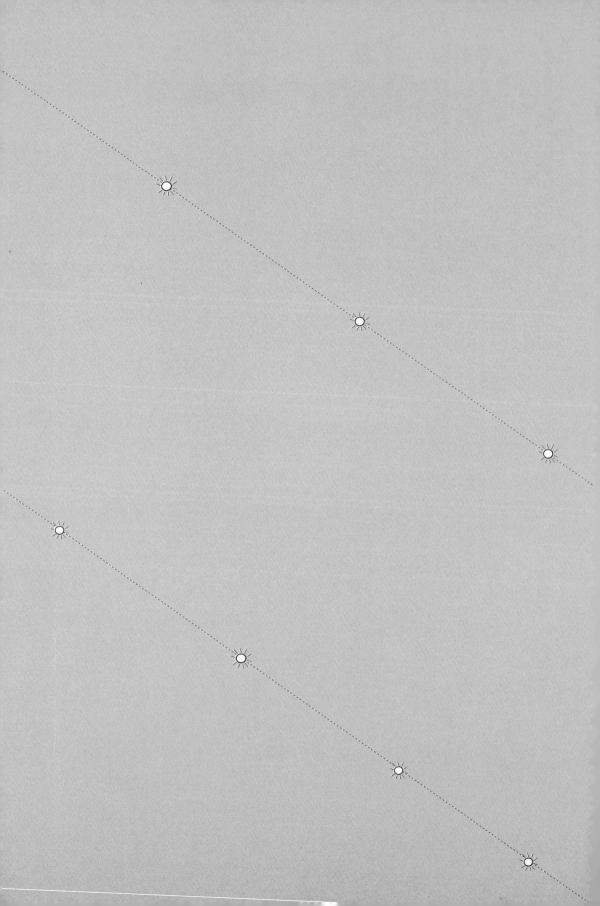

第四个月

宝宝能跟妈咪玩躲猫猫了

第 92 天　宝宝的世界有了颜色

宝宝从出生开始，就处在一个五彩缤纷的世界里。但是，一开始，宝宝眼中的世界却是黑白灰交织的。一直到4个月左右，宝宝的视觉系统才发育成熟，对色彩有了感受能力，宝宝眼中的世界才渐渐有了各种色彩，周围环境对宝宝越来越有吸引力了。

有了对颜色的感受能力后，宝宝的眼神变得格外明亮，并且会对平日里一些毫不出奇的东西显示出极大的兴趣。这时候，如果一开始就培养宝宝敏锐的色彩感觉和对颜色的和谐搭配的意识与美感，对宝宝的智力发展和培养绘画兴趣都大有好处。因此，新妈咪可以给宝宝布置一个颜色和谐美观的房间。

宝宝的房间要以一个颜色为主，另外选一个颜色作为副色，避免颜色过于斑斓；尽量使用纯正的颜色，便于宝宝日后进行颜色识别学习；如果房间大面积使用饱和色，容易让宝宝产生视觉疲劳，而多使用绿色则能使宝宝的眼睛放松，舒缓疲劳。

另外，宝宝衣服的颜色也应该多一点，各种色系的衣服都要有，否则宝宝很可能因为长期看同一个色系而发生视觉迟钝。同时，新妈咪还可以在宝宝的视线内摆放些色彩鲜艳的玩具，刺激宝宝的视觉和大脑发育。

第 93 天　宝宝开始有情绪反应了

对宝宝期的宝宝，妈妈或爸爸如果还以为宝宝只会哭喊、睡觉和吃奶，别的什么也不懂的话，那就大错特错了。其实，据心理学家对500多名宝宝进行观察后发现，宝宝出生后的最初情绪反应有两种，一种是愉快，即反映生理需要的满足；另一种就是因生理需要未获得满足或其他不适表现出来的不愉快，其中最主要的反应形式就是哭叫。

从第三个月开始，宝宝的情绪反映逐渐丰富，到了第四个月时，就开始有了欲望、喜悦、厌恶、愤怒、惊骇和烦闷六种情绪反应。

随着月龄的增加，宝宝的情绪会逐渐复杂起来。其中，表现最突出的就是微笑。微笑即是宝宝身体处于舒适状态的生理反应，也是表示宝宝的一种心理需求。从这个月开始，宝宝对妈妈或爸爸情感的需要，甚至超过了饮食。如果宝宝不是饿得厉害的话，妈妈的乳头已经不是灵丹妙药了。如果妈妈或爸爸对宝宝以哼唱歌曲等形式加以爱抚，宝宝或许会破涕为笑。所以，妈妈或爸爸应时刻从环境、衣被、生活习惯、玩具、轻音乐等方面加以调节，注意改善宝宝的情绪。

第 94 天 给宝宝一个舒适的睡眠

宝宝的作息渐渐有了规律，不仅晚上的睡眠时间越来越长，就连睡觉时也越来越乖了。而且，这时候宝宝还能翻身，向着自己喜欢的方向侧睡了，有时候甚至还能自己进入睡梦之中呢。

宝宝现在平均每天的睡眠时间长达14个小时，除了晚上的正常睡眠外，宝宝白天只睡两三次短觉。这时候，每个宝宝的睡眠状况也许会存在差异：有的宝宝一天只睡10个小时，有些却可以睡大约18个小时。这样的差异更多是由居室环境和养育方式造成的，新妈咪不用担心太多。

当宝宝甜蜜地进入梦乡时，宝宝也以飞快的速度在成长。当宝宝睡觉时，宝宝的大脑的脑量在发育，等到宝宝长到3岁的时候，他的大脑就会长到成年人大脑重量的75%。同时，宝宝的身体里会产生生长激素，这些生长激素不仅可以使宝宝的体重很快增加，脑袋和胸腔也会相应地扩展以支撑脑部的发育，心肺功能更完善。另外，宝宝的免疫系统也是在睡眠中建立的。

睡眠对宝宝的生长如此重要，所以新妈咪要给宝宝一个舒适的睡眠环境。首先，新妈咪要保证宝宝的睡眠安全。当宝宝睡觉时，宝宝的床铺要整理干净，不能有零碎、坚硬甚至尖锐的东西，还要防止宝宝从床上翻滚下去。其次，要减少外界光线、声音、蚊虫等对宝宝的刺激和干扰。

第 95 天　宝宝也会做梦

宝宝在一天天地长大，他的生活内容也渐渐丰富起来。新妈咪发现，小家伙就连睡觉的时候也不安分，虽然闭着眼睛，可是表情却很丰富呢，又是微笑又是皱眉，有时还撅起小嘴做着怪相。莫非，宝宝是在做梦吗？

当宝宝还是8个月大的胎儿时，他就已经有完整的睡眠周期了，所以，宝宝是会做梦的。一般来说，宝宝的梦与白天的活动有关，如果宝宝白天觉得劳累、过饱、受到惊吓或发生其他意外等，宝宝就容易做梦。同时，从宝宝的睡眠表现来看，宝宝做的梦有愉快的好梦，也有让宝宝害怕的噩梦。宝宝梦境的好坏与他的健康有密切的关系：愉快的梦说明宝宝身心健康，相反，长期都是噩梦则预示宝宝身心不适。如果宝宝被噩梦惊醒后，哭叫着不敢入睡的话，新妈咪最好马上把宝宝抱入怀里，给予宝宝一种安全感，让宝宝放心地入睡。

新妈咪可以采取一定的措施，帮助宝宝做个好梦：

1.宝宝入睡前，不要让宝宝吃得太饱，此外，还要防止宝宝出现较大的情绪波动。

2.减少对宝宝身体的各种刺激，如声音和光线，同时给宝宝洗个温水澡有利于身体放松，帮助睡眠；

3.宝宝睡觉时不要给他穿太多衣服,寝具的温度也要适宜;

4.与宝宝保持最合适的距离,既让宝宝心情舒畅有安全感,又便于自己及时照顾宝宝。

第96天　宝宝手上的健康秘密

宝宝的小手渐渐圆润起来了,也更加有力更加灵活了。不只是宝宝喜欢玩自己的小手,就连新妈咪也会时不时握着宝宝的手,又摸又亲的。但是新妈咪还不知道,宝宝的手里还有着身体成长的一些秘密哦。

其实,我们的手上经络穴位丰富,这些穴位是我们身体状况的反射区。所以,如果新妈咪经常给宝宝按摩这些穴位,那对宝宝是有很大的好处的。

内劳宫:内劳宫穴位于手掌心,也就是我们握拳时中指指尖按压的位置。如果宝宝有发热症状,新妈咪可以按摩宝宝的内劳宫穴,这样能使宝宝清热泻火。

全息穴:第二掌骨是全身主要部位的全息穴,从上到下密布着十几个穴位,分别对应头、颈、心、肺、肝等器官,轻轻揉按这些穴位,就能增强这些器官的机能,同时能提高宝宝的免疫力。

大鱼际:大鱼际是位于大拇指下方鼓起的肌肉区,这个部位是胃肠反射区。宝宝的肠胃的问题通过这个部位的颜色变化反映出来,并且,揉按它还能促进宝宝的消化功能。

宝宝的手和器官都在发育中,还很娇嫩,因此新妈咪给宝宝按摩的力道一定要轻,就像是在抚摸宝宝或者给宝宝挠痒痒。

第 97 天　新妈咪的好帮手

如果这时候新妈咪的产假马上就要结束了，那新妈咪最好现在就开始给自己找一个帮手，便于在将来接替自己照顾宝宝时能从容地解决问题。新妈咪绝对不愿意让自己的宝宝受一点委屈，所以，怎么选择一个好帮手也成了新妈咪要操心的问题。

一般来说，新妈咪首先想到的都是家里的老人，不管是宝宝的奶奶还是外婆，似乎都是不错的选择。老人家有着一种对自己晚辈的发自内心的爱，并且有着丰富的经验，也有耐心。但是有些时候，她们的养育理念可能会过于保守，也更容易溺爱宝宝。如果家中的老人不方便带宝宝而经济条件比较宽裕的情况下，新妈咪也可以考虑找一个年轻的保姆。保姆年轻、听话，能按照新妈咪的要求及时帮助宝宝训练和活动，但是从另一方面来看，保姆缺少照顾宝宝的经验，有时候也会欠缺耐心和责任心。保姆的性格、兴趣和生活习惯都会在一定程度上影响宝宝，因此新妈咪在选择保姆时一定要格外留心。

对新妈咪来说，如果能让老人和保姆一起照顾宝宝的话，那是最理想的。老人丰富的经验会给宝宝周全的照顾，而年轻保姆的朝气则能带给宝宝积极的影响。

第 98 天　宝宝的内在力量不能小看

宝宝有着惊人的内在力量，比如独特的兴趣、注意力和敏锐的观察力，并且还会进行分析。新妈咪是不是觉得很不可思议呢？自己的宝宝还不能说话，也不能随意行动，他真的有这样"惊人"的能力吗？新妈咪这回又小看了宝宝一回。

宝宝其实可以分辨很多的影像，不光是事物本身，还有动作，甚至包括事物与事物间的联系。在我们还没有察觉的时候，宝宝就已经得出自己的观察结果，并把这些结果装进自己的小脑袋啦。假设一个刚满月的宝宝，出生之后只见过两个男人，一个是他的爸爸，一个是他的叔叔，这两个人长的相似，并且从来都没有同时在宝宝面前出现过。但是，如果突然发现这两个人在一起的话，小家伙就会表现得很惊奇，看看这个，然后又转头看看另外一个，就这样看了好长时间。很显然，小家伙尽管才1个月，但是已经知道这两个人是不同的人了。

这时候，宝宝已经认得新妈咪和新爸爸了。如果宝宝听到他们的声音，或者看到他们的脸，宝宝就会很兴奋。相反，如果他们走开了或者冷落了宝宝，那宝宝就会以哭闹表示抗议。这说明，宝宝已经能够清晰地表达自己的喜好和愿望了。

第99天 所有预防针都要打吗

从出生到现在，宝宝已经挨了好几针了，但是，预防接种证上却还有好多疫苗没有打。面对名目如此繁多的预防针，新爸爸新妈咪常常一头雾水，这些预防针难道宝宝都要打吗？

一般来说，宝宝的预防针包括计划免疫疫苗和自费疫苗。

目前，我国规定纳入计划免疫、有统一免疫规程的疫苗只有5种，即卡介苗、脊髓灰质炎疫苗、百白破三联疫苗、麻疹疫苗、乙肝疫苗。这5种疫苗是宝宝必须要打的，其购置经费由政府负担，个人只需交少量或免交接种服务费。

其他如预防水痘、流感、狂犬病等疾病的疫苗属于自费疫苗，是地方卫生防疫机构根据疾病发生和流行的特点、规律向公众推荐的疫苗。对于这些疫苗，新妈咪要仔细斟酌。有专家指出，预防针并不是打得越多越好，一些疫苗在提纯过程中可能会产生异体蛋白抗体，从而造成过敏反应。

如果新妈咪实在拿不定主意，要不要给宝宝选择自费疫苗的话，可以从以下因素来考虑：

1.当地是否出现某种传染病流行。

2.以前是否接种过。除了流感疫苗保护期只有一年，其他大多数疫苗都有比较长的保护期，不必重复接种。

3.是否属于重点保护人群。例如：流感疫苗和肺炎疫苗的重点保护人群是65岁以上的老年人、7岁以下的幼童和体弱多病的人；甲肝疫苗重点接种人群是没有感染过的儿童及餐饮业工作人员、经常接触甲肝病人的医务人员和经常出差、饮食卫生没有保证的人。

4.有无接种禁忌症。每种疫苗的使用说明书上都开列有禁忌症，即什么情况下不能接种。

第100天 主角的烦恼

这一天，宝宝满100天了。按照传统，这一天新爸爸新妈咪是要隆重地给宝宝庆贺的，一些亲戚朋友也会赶过来看望宝宝。在这一天里，宝宝可是名副其实的小"主角"呢。但是"主角"也有"主角"的烦恼，这一天来的人实在太多啦，害得宝宝都不能正常地休息了。而且，那么多的客人都需要新爸爸新妈咪招呼，结果反倒让我们可爱的小"主角"受到冷落了。

其实，对宝宝来说，他人的祝贺和礼物一点儿也比不上自己吃好、睡好来的重要。宝宝并不能享受众人祝贺的快乐，他现在只需要规律的生活和新妈咪的时刻陪伴。这种闹哄哄的场面反而会干扰新妈咪满足宝宝的需要。太多生人不但会让宝宝觉得害怕,而且新妈咪也不方便在众人面前给宝宝喂奶,就连宝宝要睡觉都不好安排。所以,新妈咪要赶紧想个好法子,既能答谢亲朋好友又不会过于影响宝宝。

另外,如果亲友过多的话,新妈咪还要注意防止传染。宝宝现在还小,抵抗力差,所以新爸爸或新妈咪应该提前与亲友沟通,防止宝宝受到任何传染。同时,新妈咪还可以在门口显眼的地方摆上洗手盆和消毒皂,还有一次性鞋套,新爸爸或新妈咪要亲自带领客人洗手和换鞋套。

第101天 自由成长最快乐

自从有了宝宝后,新妈咪逢人就会高兴地谈论自己的宝宝。当几个新妈咪聚在一起,每个新妈咪都会暗暗地拿自己的宝宝和别的同龄的宝宝作比较。往往一比较之后,新妈咪就会觉得自己的宝宝身高比不上这个宝宝,或者发育得没有那个宝宝早。事实上,新妈咪这种"望子成龙"的想法会给自己和宝宝带来一种压力。新妈咪应该相信:自然成长的宝宝才是最快乐的宝宝。

宝宝的身心发展有自己的规律和特定的敏感期,如果新妈咪根据这些来安排宝宝的锻炼和学习,就会有事半功倍的效果。而如果只是一味地攀比,希望宝宝的各项学习内容都能提前完成的话,不但会有事倍功半的反效果,甚至还会损害宝宝的身体,甚至给宝宝留下心理阴影。

新妈咪对宝宝的爱是天生就有的,但是,新妈咪难免因为自己的竞争意识、虚荣心等杂念而破坏宝宝自然生长的规律,从而导致了各种问题的产生。所以,新妈咪要经常清理自己的思想,问问自己对宝宝的感情是不是纯洁永恒的母爱。如果自己的宝宝生来就十分弱小,甚至是残疾的,自己还会这样爱他吗？自己的爱是不是真的完全无私，没有丝毫投资心理？当自己给宝宝喂奶、陪宝宝玩的时候，自己有没有想让自己的宝宝比别人更强的想法。

第 102 天　纸尿裤会导致男宝宝不育吗

很多新妈咪都习惯让宝宝在晚上睡觉的时候穿上纸尿裤。而且，现在宝宝外出的次数越来越多了，纸尿裤更是必不可少。所以，纸尿裤就成了宝宝的重要装备。可是，最近新妈咪听说，纸尿裤会导致男宝宝将来不育。这个说法听起来真是可怕，男宝宝真的会因为穿纸尿裤而导致将来不育吗？

给宝宝使用纸尿裤，确实会提高阴囊内的温度，但到目前为止，没有证据可以证明纸尿裤与男性不育症有关。男性不育症是一种多因素引起的疾病，遗传、发育、环境等方面都可能是病因。大量事实显示，睾丸即使在腹腔内的温度条件下（37℃）维持1～2年也不会造成不育。而使用纸尿裤平均阴囊温度并没腹腔的温度高，只有35.7～36.4℃。

另外，根据胚胎生物学的基本原理，宝宝时期阴囊内只有在胚胎时期形成的精原细胞存在，还没有精子形成。这些精原细胞首先分裂成精母细胞，再分裂成精子细胞，最终精子细胞才会分裂成精子，这个发育过程发生在青春期。因此，男宝宝在使用纸尿裤时阴囊内还没有发生精子的形成过程。

所以，新妈咪完全可以放心，男宝宝穿纸尿裤会导致将来不育的说法是不正确的。

第 103 天　爱宝宝，也爱工作

这几个月下来，新妈咪带宝宝越来越顺手了，和宝宝的感情也越来越深了，可是，新妈咪离重回工作岗位的时间也越来越近了。这对很多新妈咪来说都是一个大问题，新妈咪真不想离开自己的宝宝回去上班，宝宝肯定也不想离开自己。这该如何是好呢？

任何一位女性，不管她的性格温柔和顺还是强硬彪悍，从她怀孕开始，她的内心世界就会发生一些微妙的变化，等真正做了新妈咪后，她就会变得更温和、更宽容，并表现出极大的耐心，这就是所谓的母性的力量。母性往往会使新妈咪更多地考虑自己的宝宝，但是母性的多少也是因人而异的。

如果宝宝任何一个细微的动作都会让新妈咪觉得新奇而有成就感，而且在和宝宝共同相处时，新妈咪的内心是满足而快乐的话，新妈咪会愿意担负照顾宝宝、维护宝宝身心健康的使命，并想让宝宝感受自己的爱。这样的新妈咪也许会更倾向于当一个全职妈妈，以便于自己更好地照顾宝宝。

如果新妈咪需要工作挣钱，或者热爱工作，有了工作自己才会有自信，才能感到自我价值的话，那么在重回工作岗位和照顾宝宝的选择当中，新妈咪也许会更倾向于重回工作岗位。

第 104 天　宝宝照镜子

宝宝开始对周围有认识了，不少新妈咪喜欢把宝宝抱到镜子前。当宝宝看见镜子里也有一个一模一样的新妈咪时，一脸的疑惑和惊奇。同时，宝宝也对镜子里那个小宝宝产生了兴趣，小手不时地摸一摸，拍打一下。看着宝宝这些动作，新妈咪心里甭提多高兴了。

照镜子对宝宝有积极的影响。首先，照镜子可以帮助宝宝认识自我。一开始，宝宝还不能意识到镜子里的宝宝就是自己，在反复的观看和触摸中，宝宝才会发现：原来这个小宝宝就是自己呀。其次，照镜子对宝宝视力和触觉的发展有好处。在宝宝认识自己的过程中，宝宝会对着镜子里的自己哈哈大笑，甚至还会伸出小舌头去细细"品尝"镜子，这些是宝宝视力发展、触觉发展的一个过程，应适当给予指引。最后，照镜子有利于发展宝宝的情感和社交能力。当宝宝对着镜中的自己做出各种行为或哇哇喊叫时，实际上就是宝宝初步学会对他人关爱，和周围环境交流和信任的体现。

新妈咪可以和宝宝做几个简单的小游戏，让宝宝更好地和镜子里的"伙伴"交流，加快宝宝的认识过程。

游戏1：新妈咪抓起宝宝的小手，指着镜子里的"新妈咪"说"这是妈妈"，然后再指着镜子里的宝宝告诉他，这是宝宝。同时，逗他与镜子中的自己碰碰头、拉拉手，告诉宝宝镜子里的"小朋友"就是他自己，并向着镜子里的小朋友呼唤宝宝的名字。

游戏2：指着宝宝在镜子里的身体部位，并给宝宝讲解这是什么部位。让宝宝学习完后，摸一摸自己的鼻子、嘴巴和小耳朵等。

第105天 "乖"宝宝未必好

宝宝长大后就越来越好动了，一醒来就咿咿呀呀地喊，手脚扑腾着要妈妈抱，而且抱起来后还不断地望着门口，一心想到户外去。有时候新妈咪难免有些急躁，觉得自己的宝宝不乖，不像有些乖宝宝，既不哭也不叫，整天都安安静静的。其实，宝宝太乖未必是一件好事情。如果自己的宝宝过分乖巧，有时甚至让新妈咪忘了他的存在的话，新妈咪就要关注宝宝是否存在发育迟缓或智力不良的现象了。

发育迟缓或智力不良的宝宝在4个月时可能会有以下表现：

身体发软，自发运动少，或是身体发硬，长时间保持一种姿势：这些表现在1个月时就可以看出来，如果持续4个月以上，则可能是有脑伤、智力低下或肌肉系统疾病；

头不稳定：俯卧不能抬头或坐位时头不能竖直，这往往是脑损伤的重要标志；

手握拳或不能伸手抓物：小手还不能张开，或拇指内收，一般还伴有头围异常和强迫性身体扭转，这样的宝宝也有脑损伤的可能；

斜视及眼球运动不良，也可能提示脑损伤的存在；

反应迟钝，不能微笑或大笑，6个月时叫他的名字没有反应；体重增加严重不足、吸吮无力，很可能是智力低下。

只要不是先天性的运动发育迟缓或智力低下，宝宝在经过适当的早期干预和康复治疗后，基本能恢复正常；如果是由于脑损伤造成的迟缓则需要先治疗宝宝的脑损伤，脑部损伤发现越早越好，越早干预补救效果越好。

第 106 天　宝宝会对嘴巴发音感兴趣了

现在，宝宝对说话已经越来越有兴趣了。当新妈咪跟宝宝说话时，宝宝会好奇地观看新妈咪的嘴型，仔细聆听发出来的声音，自己的小嘴巴还不时地张一张，有时候竟然还能发出一些含混不清的声音呢。所以，新妈咪一定要抓住这个大好时机，给宝宝展示自己"神奇的嘴"。

一看见新妈咪说话，宝宝就会挣扎着向新妈咪这张"神奇的嘴"靠近，甚至还会伸手去抓。对此，新妈咪可千万不要觉得宝宝是在调皮捣蛋，那可真是冤枉宝宝了。宝宝现在的已经完全被这张"神奇的嘴"迷住了,这让宝宝迫切想了解这一切。那么,新妈咪就暂时充当宝宝的一个"活道具"吧。

首先,新妈咪要离宝宝足够近,让宝宝能够摸到自己的脸。

其次,当宝宝的小手在自己脸上或嘴边摸索的时候,新妈咪不要制止他。

另外,新妈咪可以发出一些简单的音,向宝宝演示嘴的细微运动。

当宝宝摸索了几次了之后,宝宝就会对嘴巴发音感兴趣了。此时,新妈咪可以用夸张的嘴型发出各种各样的声音。这时候,宝宝对新妈咪模拟动物的叫声特别有兴趣,如小鸭子"嘎嘎嘎"的叫声。

第107天 宝宝冷不冷,摸摸后脖子

由于宝宝的体温调节功能比大人差,所以怕宝宝受凉就成了新妈咪的通病:冬天,怕风吹着,从头到脚捂起来;夏天,也怕肚子着凉,多热的天都把上衣掖到裤子里。其实,只要学会把握宝宝的冷热指标,新妈咪大可不必这样紧张:即判断冷热,摸后脖子!

通常新妈咪都会摸摸宝宝的小手小脚来判断他们是冷还是热,可是,手和脚反映的却不是准确数据。睡觉时,宝宝的手脚不会老老实实待在被子里,若在冬季,即便身上盖得再多,也会因室内温度低而有一丝微凉的感觉;而在夏季,则有可能因为温度高而显得有一些热乎乎。若家长按这个感觉给宝宝添加衣物,肯定就会出错。

判断宝宝冷热应该摸后脖子。

手脚属于循环的末端,反映的数据也会因为传输路程过长而导致一些信号损失。相对地,后脖子所反映的温度数据会更准确一些。因此,平时只要摸摸宝宝的后脖子,即可判断出他们所穿衣物是否合适。当然,还要保证宝

宝露在外面的手脚不能是冰凉的。

一般来说，活动能力差一点的宝宝，只要比大人多穿一件衣服就可以了；好动的大宝宝，则要根据他们的活动量进行调整。此外，让宝宝多吃富含蛋白质、脂肪的食物，通过饮食让他们自身产热，抵御寒冷；同时，让宝宝多运动能促进血液循环，增强体温调节功能。

第108天 新妈咪给宝宝买几个小围嘴

宝宝的口水还是流个不停，虽然新妈咪总是及时地给宝宝擦去口水，但是宝宝的衣领还是常常被口水沾湿。这时候，有人建议新妈咪给宝宝买几个小围嘴。

市面上的围嘴各式各样，从款式上看，有罩衫式的，也有背心式的，还有的颈后面系带式的；从颜色和图案来看，每个围嘴也各不相同，但都很可爱。面对这么多可爱的小围嘴，新妈咪应该怎么选择呢？

新妈咪首先要考虑的当然是围嘴的实用性了，所以给宝宝买的小围嘴重量不应该太重、要穿戴方便，而且大小要合适。另外，新妈咪不要为了美观而给宝宝买装饰了很多花边的围嘴，宝宝的小围嘴只要大方实用就可以了。

纯棉的围嘴表面吸水性强，而且柔软透气，是一个不错的选择。如果围嘴的底层有一层不透水的塑料贴面就更好了，不管是宝宝喝水还是流口水，新妈咪都不用担心宝宝的衣服会被沾湿。要注意的是，不要给宝宝用塑料、橡胶或者油布做成的围嘴，宝宝穿了不仅不舒服，还可能引起宝宝过敏。

在使用围嘴时，新妈咪还要注意几个问题。第一，围嘴不要系得太紧。尤其是颈后系带式的围嘴，在宝宝独自玩耍时最好摘下来，防止宝宝拉扯造成窒息。第二，不能把围嘴当手帕使。围嘴并不干净，不合适用来给宝宝擦口水或眼泪。最后，围嘴应该经常换洗，并保持整洁和干燥。

第109天　为上班时的哺乳作准备

也许新妈咪下个月就要开始上班了,但宝宝的母乳喂养计划却不能因此而中断。在上班时间跑回家给宝宝喂奶是不可能的,所以,新妈咪这个月就要为此作好准备了。

新妈咪在上班前要做的第一件事情就是,让宝宝接受奶瓶。可能有些宝宝到现在还不能接受奶瓶,对此,新妈咪不要急躁,要给宝宝适应的时间。新妈咪可以把母乳挤在奶瓶中,并在奶嘴上抹上一点母乳,让宝宝嗅到熟悉的母乳的气味。如果实在不行,新妈咪可以饿他一会儿,然后轻声哄劝,多尝试几次,宝宝就会慢慢接受了。

母乳的珍贵是其他配方奶粉无可取代的,所以新妈咪要跟宝宝分开时,要为宝宝存储备一些母乳,由代替自己照顾宝宝的人将这些母乳用奶瓶喂给宝宝吃。

同时,新妈咪还需要练习挤奶的技巧。挤奶并不是一件麻烦的事,直接用手挤或者用吸奶器吸都可以。在挤奶前,新妈咪要洗干净双手,对要用的器具进行消毒(如吸奶器、奶瓶等),挤好后要记得标明日期。每次挤奶时,最好是双侧乳房交替进行,例如,一侧乳房先挤5分钟,然后再挤另一侧乳房,总时间以20分钟为宜。

此外,新妈咪还要让宝宝提前适应新的喂奶时间。在上班的前一段时间,新妈咪就要根据上班后的作息时间重新调整哺乳时间。早上上班之前和下班回来以后,新妈咪可以亲自给宝宝喂奶,而其他时间,则可以有接替的照顾人给宝宝喂挤在奶瓶里的母乳。

第110天 宝宝能追着物体看了

有了色彩视觉能力后,宝宝的视力又有了很大的进步:宝宝的视觉范围和能看距离进步很大,他已经能够看到远处的景物了。并且,这时候宝宝的视力还有一个特点,那就是宝宝容易"看见"活动着的物体,而一些静止不动的事物他却会"视而不见"。针对这一特点,新妈咪可以为宝宝设计一个小游戏,加强宝宝的视觉能力。

首先,准备一个中等大小的颜色鲜艳的小皮球(直径约为15厘米左右),让宝宝俯卧在床上或干净的地毯上。然后用皮球在宝宝眼前晃动,成功地吸引宝宝的注意之后,不时变换皮球的位置,让宝宝练习抬头,锻炼颈部和上肢的力量。接着推动皮球,让皮球慢慢地滚向远方,让宝宝追着皮球看。在这个过程当中,新妈咪要仔细地观察宝宝的表情和眼球的运动,及时地调整皮球的滚动速度和距离。经过反复的练习之后,新妈咪可以逐步加快皮球的速度或是增大皮球的滚动距离。

除了练习之外,新妈咪还可以多带宝宝去户外活动。户外有各种活动的事物,如飞过的小燕子,突然蹿出的小猫,和主人出来溜达的宠物狗等,这些都会引起宝宝的兴趣。

第111天 宝宝也欢迎"全职奶爸"

当新妈咪面临是上班还是照顾宝宝的重大矛盾的时候,有些新爸爸也许会自告奋勇地向新妈咪要求承担照顾宝宝的重任,立志要做一个"全职奶爸"。新妈咪可千万不要小瞧了新爸爸，在照顾宝宝这一方面，新爸爸还有着独特的优势呢。

有研究表明，宝宝早在两个月大的时候，就能分清楚过来抱他的人是男性还是女性了。如果是新爸爸来抱他，他就会全身紧张，心跳和呼吸加快，准备好和新爸爸"疯一场"。这种外在刺激对宝宝的大脑发育很有好处。

虽然新爸爸在细节照顾上没有新妈咪细心，偶尔还会"忽视"宝宝面对的困难，可这恰好给了宝宝自由发挥的机会，并由此得到更好的锻炼，有利于宝宝养成独立自主和勇敢的性格。

新妈咪总怕自己的宝宝受到任何伤害，因此当宝宝面临困难和挑战时，总会预先帮助宝宝处理。但是新爸爸则不同，新爸爸会倾向于鼓励宝宝自己坚持，给宝宝一种自信，这对宝宝以后的发展极为有利。

尽管有了"全职奶爸"的照顾，有着强烈母性力量的新妈咪当然也不会当甩手掌柜，也会给宝宝关注和照顾。这样一来，宝宝既能得到新妈咪的细心呵护，又能得到鼓励，发挥自己的潜能。

第112天 好玩的打哇哇

自从迷上了"神奇的嘴"以后，宝宝的语言能力进步非常快，已经能发出简单的大叫，体会发出声音的快乐了。因此，新妈咪可以和宝宝玩玩这个打"哇哇"的游戏。

当宝宝又开始咿呀咿呀叫唤的时候，新妈咪迅速地拿起宝宝的一只手，把手背堵在宝宝的嘴上，然后迅速拿开，发出"哇"的一声吼，再堵上又拿开，不断地重复，让宝宝发出连续的"哇哇哇"的叫声，直到宝宝的一口气用完。

通常情况下，在玩这个游戏的时候，新妈咪和宝宝会一起笑起来。当宝宝从游戏中感受到乐趣的时候，宝宝就会主动重复刚才的动作。但是刚开始，宝宝掌握不到要领，需要新妈咪不断地帮助他，及时把宝宝的手拿到嘴边并快速地拍打。数次重复后，宝宝就会懂得大吸一口气，并主动发出叫声要求与妈妈进行这个游戏。但是，要在几个月以后，宝宝才能独立完成这个游戏。

从这个时候开始，打"哇哇"就成为多数宝宝的一个保留节目，直到四岁，宝宝还会因为一起打"哇哇"而笑个不停。而且，在恰当的时候，发出这个有趣的声音，还会扭转局面，化解宝宝的愤怒或悲哀的情绪，所以，新妈咪从现在开始，就让宝宝学会快乐的打"哇哇"吧。

第113天　定时把尿的秘密

新妈咪已经比较熟悉宝宝的排泄规律了，但是宝宝还是会经常用出其不意的尿便把新爸爸和新妈咪搞得手忙脚乱的。因此，新妈咪要定时给宝宝把尿，尽早培养宝宝有规律地排便。定时排尿便不仅能给新妈咪带来便利，还可以使宝宝的肠胃活动具有规律性，膀胱储存功能及括约肌收缩功能明显增强。

在把尿之前新妈咪应该摸清楚宝宝大小便的规律。宝宝一般在喝水、吃奶后十多分钟就有尿了，这时，新妈咪就应该开始把尿训练，双手把住宝宝的两腿，发出"嘘嘘"声促使宝宝形成排尿反射，逐步养成习惯，一般白天应在睡前、醒后、喂奶前后定时给宝宝把尿。

把尿的姿势要正确，宝宝的头和背部要靠在新妈咪身上，而新妈咪的身体不要过于挺直，否则容易疲劳。不要把得过勤，否而会造成尿频。如果宝宝不配合新妈咪也不要着急，因为他也需要时间来适应。

经过一段时间的训练后，宝宝就会习惯在固定的时间便便，并且在便便前用特有的表情、动作或者声音，发出明确的信号，新妈咪就可以随时处于戒备的状态了。

第114天　宝宝能跟妈咪玩躲猫猫了

宝宝的大脑在不断的发展，而且这时候，宝宝的知觉有了很大的进步，所以宝宝能跟新妈咪玩躲猫猫了。

"躲猫猫"是新妈咪常跟宝宝玩的一种游戏，经常和宝宝玩躲猫猫的游戏可以提高宝宝的知觉能力，教宝宝认识到"事物的永存性"。这种"事物的永存性"指的是，虽然有时候我们看不到某些事物，但实际上它们仍然存在，并没有消失。比如，我们看到一个苹果，然后拿毛巾把苹果盖住一半以后，我们就只能看见半个苹果了，但是我们知道，另外半个苹果还在。

玩游戏时，新妈咪可以先让宝宝躺着或者靠着被子坐着，然后拿起一块小毛巾靠近宝宝，让宝宝看清楚你的脸，并跟宝宝说："我是妈妈。"然后新妈咪可以用毛巾蒙住自己的脸，同时一边问宝宝："我是谁？一边观察宝宝的反应。如果宝宝表现得很惊惧，新妈咪就把毛巾拿开，露出自己的脸；如果宝宝是好奇的表情，那么新妈咪就可以慢慢增加遮挡的部分。在游戏过程当中，新妈咪要一直给宝宝轻松喜悦的语音提示。

随着游戏的反复进行，新妈咪还可以用小毛巾轻轻蒙住宝宝的脸，再迅速地拿开，同时嘴里说："宝宝在哪里？"也可以弯下身躲到床下后，再突然探出头来，嘴里对宝宝说"我在这里。"这样，游戏反复进行之后，宝宝兴趣仍然会很高。

第 115 天　宝宝为什么老打嗝

兴奋的时候，小家伙喜欢咧开嘴大笑。可是笑过之后，宝宝经常会出现打嗝的现象，打得厉害的时候，甚至把吃进去的奶都带出来。面对这种情况，很多新妈咪都弄不明白，更不知道要怎样才能帮助宝宝。

人的胸腔和腹腔之间有一层薄薄的肌肉，成为"膈肌"，它分隔胸腔和腹腔，起到分隔和保护胸、腹器官的作用。宝宝以腹式呼吸为主，膈肌还是宝宝呼吸肌的一部分。当膈肌收缩、膈顶下降时，胸腔扩大，引起吸气动作；膈肌松弛、膈顶上升时，胸腔容量减少，引起呼气动作。膈肌的运动由体内的植物性神经控制，不用意识控制，自主进行。但是当宝宝吃奶过快或吸入冷空气时，都会使植物性神经受到刺激，从而使膈肌发生突然的收缩，导致迅速吸气并发出"嗝"声。6个月以内的宝宝都会经常打嗝，笑、哭、受凉、吃进冷空气都会引起宝宝打嗝。这是一种常见的现象，只要程度不是很厉害，就不用担心，新妈咪可以抱起宝宝，轻轻地拍打宝宝的背部，并给宝宝喂点热水。如果打嗝让宝宝很痛苦，新妈咪可以用一只手的食指尖在宝宝的嘴边或耳边轻轻地挠痒，一般到宝宝能发出哭声，打嗝就会自然消失。因为嘴边的神经比较敏感，挠痒可以使神经放松，打嗝也就自然消失了。

第 116 天　矿物质，科学补

这个月，很多宝宝都进行了矿物质微量元素检查。对于矿物质这个名词，新妈咪还觉得很陌生，那么，什么是矿物质呢？矿物质对宝宝的健康又有哪些重要的作用呢？要怎么给宝宝补充矿物质呢？

矿物质是人体内无机物的总称，包括微量元素和宏量元素，和维生素一样，是人体必需的元素。而且，矿物质是人体无法自行产生、合成的，因此，必须通过饮食补充矿物质。但是，如果矿物质的摄入量过大的话，反而会危害健康。

通常情况下，新妈咪只要饮食合理，营养均衡，就可以保证奶水中矿物质充足。如果宝宝出现生长缓慢、抵抗疾病的能力差、腿经常抽筋等症状时，新妈咪应该去医院给宝宝测定头发或血液当中各种矿物质的含量，以便有针对性地为宝宝补充矿物质。

新妈咪在给宝宝补充矿物质时，要注意几个问题：

首先，新妈咪一定不能有"多多益善"的想法而同时给宝宝补充多种矿物质。只有当宝宝缺少某种矿物质时，才给宝宝补充那一种。此外，补充的矿物质一定不能过量。

其次，当发现宝宝缺少某种元素时，新妈咪也要检查自己是不是也缺乏这种元素。如果是，主要的补充任务就可以由新妈咪来担负，然后通过母乳补给宝宝。另外，如果通过饮食补充之后宝宝的某种元素还是不足的话，新妈咪可以根据医生的建议酌量补充营养保健品或药品。

第117天 宝宝有双灵敏的小耳朵

宝宝的小耳朵正处在迅速发展过程中，听力非常灵敏。当宝宝睡觉时，一些稍大的声音都会使宝宝从睡梦中惊醒，甚至哭起来。宝宝一哭，新妈咪也变得紧张起来，看来以后当宝宝睡觉的时候，自己还应该更小心一点。

在宝宝的成长过程中，一些刺激是必要的。宝宝出生后，感官的敏锐度会逐渐加强，听觉就是其中重要的一个部分，所以一些声音的刺激是宝宝适应现实环境的必要训练。惊吓是宝宝听到大的声响的正常反应,对此,新妈咪不需要太过紧张。

为了让宝宝更好地适应现实生活,新妈咪应该多让宝宝听一听生活中的各种声音,如人说话的声音,开门关门的声音,汽车开过的声音等等。但是如果声音太过嘈杂的话,最好不要让宝宝听到。

除了自然的声音外,新妈咪还可以人为地给宝宝创造一个美妙动人的声音环境。轻柔的音乐不但能刺激宝宝的听觉,还可以使宝宝保持愉快的情绪;发声的小玩具会吸引宝宝的注意力,刺激宝宝的感官能力和运动能力的发展;新爸爸新妈咪的声音对宝宝来说是最重要的,效果也是最好的,而且,多和宝宝说说话有利于拉近彼此间的距离。

第118天 学习语言从名词开始

宝宝越来越爱出声了,总是咿咿呀呀地对着新妈咪"说话",新妈咪也迫不及待地想和宝宝进行"交流"。但是,要想取得好的效果,新妈咪还要掌握一些小技巧。

宝宝的学习能力是有限的,现在还只能理解单个的"词",所以急切的新妈咪不要一个长句一个长句地和宝宝聊天。和宝宝交流对话,首先要从简单的词开始。宝宝最先学习的往往都是名词,如"爸爸"、"妈妈"等称呼。除了家里人的称呼以外,新妈咪还可以尽量让宝宝学习一些常用的名词,如"眼睛"、"鼻子"、"手"、"灯"等。

同时,新妈咪在给宝宝作示范的时候速度一定要放慢,不断的重复,并作适当的时间间隔,给宝宝学习和回应的时间。此外,新妈咪还可以利用宝宝经常接触的事物帮助宝宝加深理解,比如,拿着宝宝的玩具小鸭子,不断地跟宝宝说:"小鸭子,小鸭子。"然后把玩具小鸭子放到宝宝的手中。如果宝宝忽然发出一个声音时，新妈咪不要因为太过高兴而模仿宝宝错误的发音哦，这样，以后就很难纠正宝宝的错误读音了。

第119天　宝宝对音乐的感受能力

从第4个月开始，宝宝就已经具有了初步的音乐记忆力并对音乐有了初步的感受能力。当听到一首美妙动听、欢快活泼的歌时，有的宝宝不但能随着音乐舞动自己的的四肢，对不同的音乐表现出较为明显的情绪，还会对这首歌的旋律、节拍有所记忆，这些宝宝对音乐有着较强的感受力。而有的则宝宝则没有明显的情绪变化。

音乐能陶冶一个人的性格和情感，从小培养宝宝对音乐的感受力有助于宝宝以后学习音乐、提高音乐修养。

如果想训练宝宝对音乐的感受能力，新妈咪或新爸爸可以结合平时的生活起居，让宝宝听一些柔和悠扬、舒缓高雅的音乐，或者模仿小猫、小狗、小鸟的叫声，或让宝宝听大自然中风吹树叶、雨打芭蕉的声音，激发宝宝聆听音乐的兴趣和愉悦、兴奋的情绪。

同时，新妈咪和新爸爸还可以有计划地让宝宝欣赏一些经典的轻音乐或反复聆听某一首乐曲，增强宝宝对音乐的感受力和记忆力。但是要注意的是，对宝宝音乐感受能力的训练时间不能太长，每天可以控制在10～20分钟左右。如果训练的时间太长，就会引起宝宝的听觉疲劳，甚至使宝宝对音乐产生一种厌烦感。此外，新妈咪还要注意，不要选用噪音较大的音乐，一般情况下，民乐或轻音乐都是不错的选择。

第120天　打开小拳头，妈妈怎么做

手和宝宝的大脑发育关系密切。手的动作能促进神经系统的发育，而且对诱导宝宝心理发展起了前提的作用。妈妈们只要把握好宝宝的小手，可以得到很多意想不到的好处哦。

手指分开后，可以随心所欲地摆弄各种物品，使宝宝能够主动地学习和从事各种活动，知觉和具体思维能力得到发育。通过手部动作，宝宝和环境产生了互动，帮助宝宝建立自己和环境互动的概念，这种互动的经验对宝宝今后的发展意义重大。

生活中，时常打开宝宝紧握的双拳，会让他有舒展手指的轻松感觉；洗澡的时候别忘记洗宝宝的小手。把手指尖轻轻伸进宝宝的手掌里，在小手心里轻轻地来回转动，边清洗边按摩；喂奶的时候把宝宝搂在怀里，把手指伸进他的手心里，大手握小手，轻轻地摸一摸，缓缓地摇一摇；轻轻抚摸、张开宝宝的拳头，让小手掌触摸妈妈的乳房和妈妈的脸；不停地和宝宝说说话。吸吮妈妈的乳汁、感觉妈妈肌肤的温暖，宝宝满足又舒服。

游戏时间：给宝宝的手指作按摩。

1.宝宝吃饱喝足、心情愉快的时候，可给宝宝的小手作按摩，肌肤温柔的触感能刺激宝宝的触觉神经，使宝宝身心放松，小拳头很容易就松开了；

2.拿起宝宝的手掌，轻轻掰开拇指，再将手指一起打开，闭拢，再打开，边做边说话、唱歌。握住宝宝的手指，轻轻地一根一根打开，再一根一根合拢，轻柔地抚摸；

3.鼓励宝宝频频"出拳"，练习手眼协调，触碰、抓拿东西。

第121天 宝宝的专属儿童房

宝宝的进步要依靠新妈咪的细心教导和反复练习,但是,成长环境对宝宝的进步同样有着重要的作用。4个月的时候,宝宝已经可以从环境中自主学习了,因此新妈咪该着手为宝宝布置一个适合宝宝成长的房间了。

宝宝的房间是宝宝生活的主要场所,所以房间里的所有装饰和物品都应该根据宝宝的需求来安排。当然,如果宝宝是和新爸爸新妈咪住同一个房间,新妈咪也要安排一些家具专门存放宝宝的衣服和各种用品,并且尽量空出一个地方给宝宝活动。

房间的装饰应该是儿童化的,并且能满足宝宝不同阶段的发育和发展需要。例如,当宝宝有了对色彩的感受能力后,新妈咪要把房间布置成一个色彩和谐美观的小天地。在这个阶段,房间的装饰应该有利于宝宝的感觉学习和运动练习,所以,宝宝的床要安全而又便于悬挂玩具,房间里要为宝宝预留一块空地并铺上大块的地垫。如果房间里能挂上漂亮的图片或其他饰物就更好了。

如果可以的话,给宝宝准备一个充满阳光的小角落,让宝宝可以自由快乐地玩耍、休息,或是将来养几个漂亮的小盆栽。

第五个月

小家伙学会"察言观色"了

第122天 妈妈要上班了

这个月，很多新妈妈都要怀着矛盾的心情重回工作岗位了，一方面新妈咪期待着重新工作，另一方面新妈咪也舍不得离开自己的小宝贝，生怕没有自己在身边，宝宝会不适应。其实，新妈咪不用担心太多，尽管放心地上班吧，小家伙只要能吃饱喝足，早晨和晚上还能看见新妈咪他就会觉得满足了。

相信新妈咪在上班以前已经妥善地安排好合适的人照顾宝宝了，自己肯定也为上班期间的哺乳作了充分的准备。那么，接下来，新妈咪就开始实施自己制订的上班期间的哺乳计划吧。

新妈咪要保证泌乳的次数不少于3次（包括喂奶和挤奶），否则乳房就不能得到充分的刺激，从而使得母乳分泌量越来越少，不利于新妈咪延长母乳喂养的时间。早在上班前，新妈咪就安排自己在早晨和晚间亲自给宝宝哺乳，这意味着，新妈咪在上班期间至少要收集一次母乳。

所以，上班时，新妈咪每天都要携带干净的吸奶器、奶瓶（2个）和保鲜袋。而且，新妈咪挤奶的时间间隔最好是3个小时，每一次储存的母乳新妈咪都要记得标明吸出的时间。如果办公室里有冰箱的话，新妈咪可以将母乳放在冷藏室里冷藏。一般来讲，母乳即使在常温下也能存放6个小时。

第123天 宝贝不喜欢老换人

新妈咪早在上班之前就已经找了人代替自己照顾宝宝，而且因为不放心，新妈咪还特意给了宝宝一段适应的时间。新妈咪满以为宝宝会被照顾得不错了，可是很显然，新妈咪想得太过美好了。新妈咪第一天下班回来，就发现宝宝在用力地哭喊，连嗓子都已经哭哑了。这可怎么行呢？想一想，自己是不是应该另外换一个人来照顾宝宝呢？

其实，新妈咪完全不用把宝宝的哭看得太紧张了。宝宝哭泣的原因有很多，可能其中最重要的一点就是宝宝还不太适应新妈咪不在自己身边。所以，新妈咪一看见宝宝哭就单方面埋怨照料人是不客观的。

而且，如果宝宝已经提前熟悉了这个照料人了，一旦重新换人的话，宝宝又要重新适应。这不但不能解决原有的问题，反而增加了宝宝的难度。

如果自己选的照料人在照顾宝宝上确实存在一些问题，新妈咪也要仔细分析真正的原因，采取积极的措施。比如，宝宝因为新妈咪不在身边而焦虑、烦躁，根本就不想搭理照料人的话，新妈咪可以在下班后和照料人一起陪宝宝玩耍，照顾宝宝，增加宝宝对照料人的熟悉感。

第 **124** 天　妈妈也有分离焦虑

不少宝宝在与新妈咪分离后会表现得极为焦虑，不好好进食，也没有心情玩耍，这就是我们常说的分离焦虑症了。可是上班没几天，新妈咪就发觉自己不对劲了，原本以为上班后可以从几个月辛苦的育儿工作当中解脱出来，可是事实却完全不是那样的，新妈咪的心里每时每刻都记挂着自己的宝宝，总担心宝宝和新的照料人相处得不好，或是相处得太亲密。看来，新妈咪也患上分离焦虑症了。

新妈咪记挂宝宝主要有以下几个原因：

首先，长期以来和宝宝的共生关系让新妈咪放不下宝宝。怀孕时，新妈咪和宝宝是一体的，即使宝宝出生后，新妈咪和宝宝也一直亲密无间，彼此之间是一种相互依赖的关系。这种亲密的关系突然发生改变，难免会引起新妈咪的不适应。

其次，在之前的1年多时间里，新妈咪的生活重心一直围绕着宝宝在转，突然离开宝宝，使新妈咪觉得心里空出了一块。

另外，新妈咪也不太信得过保姆。宝宝是自己生命的一部分，新妈咪愿意为宝宝付出所有，可保姆能像自己一样照顾宝宝吗？她会不会偷懒呢？这些奇怪的念头一下就蹿了出来。

最后，新妈咪心里总怀有一种对宝宝的愧疚，觉得自己丢下了宝宝。

当发现自己出现焦虑症时，新妈咪要及时调整自己的心态，信任保姆，同时为自己的生活添加新的元素。

第125天　小宝宝是否准备好吃辅食

有的新妈咪担心自己母乳不足会影响宝宝的发育，希望给宝宝更多的营养从而过早地给宝宝添加辅食，但是，这样做反而不利于宝宝的健康。过早地给宝宝添加辅食，可能会导致宝宝蛋白质摄入不足、影响宝宝的体格生长和脑发育。还有一些新妈咪却因为各种原因推迟添加辅食的时间，事实上，这种做法也是不对的。学习吃辅食不仅可以使宝宝获得更多的营养，还能刺激宝宝牙齿、口腔的发育，锻炼宝宝吞咽和咀嚼的能力，更是宝宝步入新的成长阶梯的开始。

通常情况下，当宝宝出生后4～6个月时，新妈咪该给宝宝添加辅食了，但每个宝宝的生长发育和个体差异都不一样，因此，给宝宝添加辅食的时间并没有一定的标准。如果宝宝出现以下情况，新妈咪就可以开始给宝宝添加辅食了：

第一，宝宝每天吃8～10次奶或所吃配方奶的总奶量达1000毫升，但是宝宝仍显得饥饿；

第二，足月出生的宝宝体重达到出生时的2倍，至少达到6千克；

第三，开始对食物感兴趣，并会盯着饭桌表现出急切的样子，甚至伸手去抓；

第四，当新妈咪喂宝宝吃东西时，宝宝张开小嘴巴尝试着把食物送进嘴里。

第126天　宝宝能每天吃1个蛋黄了

也许新妈咪不知道首先给宝宝添加什么辅食，这时候，医生会建议新妈咪先给宝宝加鸡蛋黄。鸡蛋黄含有丰富而优质的蛋白质、维生素、铁、钙、磷和核黄素等营养元素，而且有助于宝宝各方面的发育，其中是优质蛋白和铁的良好食物来源。

宝宝的蛋黄辅食有两种做法：

第一种做成煮鸡蛋。把新鲜鸡蛋煮熟后，取出蛋黄放在小碗中用勺子捣成泥状，然后可以添加少量的温水，把蛋黄泥捣稀一点，便于宝宝吞咽。

第二种是做蒸蛋羹。把新鲜鸡蛋打开后，只取蛋黄，放入小碗中加入温开水后均匀搅拌，然后蒸熟。等温度合适后，滴入几滴香油，然后把蛋羹搅烂，用小勺子喂给宝宝吃。

刚开始的时候，新妈咪每天只能给宝宝喂1/6个蛋黄，并注意观察宝宝大便情况。如果宝宝出现腹泻、消化不良的情况，就应该先暂时停止，让宝宝休整几天后，再慢慢添加。如果宝宝消化正常，新妈咪就可以逐渐增加喂食量，一般一两个月以后宝宝就能每天吃1个蛋黄了。

鸡蛋白很容易使宝宝产生过敏反应，出现荨麻疹或哮喘等，所以刚添加辅食的宝宝最好只吃蛋黄。

第127天　为宝宝添加辅食有原则

给宝宝添加辅食是宝宝生长发育的需要,可以训练宝宝吞咽、咀嚼动作,为宝宝日后的断奶作准备。但是,给宝宝添加辅食,也应该遵循一定的原则。

添加辅食不能"操之过急"。对宝宝来说,添加的每一种辅食都是一种新的食物,宝宝的肠胃还相当娇嫩,所以宝宝需要慢慢地习惯和适应这种食物。

添加辅食要循序渐进。如果辅食添加不好,很可能会引起宝宝消化功能紊乱,出现腹泻、呕吐的症状。循序渐进的原则包括四点:一是从少到多逐渐增加,例如,新妈咪给宝宝吃蛋黄时只能让宝宝吃1/6个,如果宝宝没有消化不良或拒吃现象,可增至1/4个。二是从稀到稠,也就是说,宝宝的食物应该先从流质到半流质,然后再过渡到固体食物,比如宝宝之前喝经过过滤的果汁,而现在,宝宝就可以吃果泥了。三是从细到粗,这是逐渐适应宝宝的吞咽和咀嚼能力的过程。四是从一种到多种,为宝宝增加的食物种类不要一下太多。

给宝宝添加辅食并不意味着要减少母乳。宝宝的主食还应是母乳,辅食只能作为一种辅助、补充的食品,不能因为想让宝宝吃更多的辅食,而减少母乳的量。并且,应该在宝宝身体状况良好,消化功能正常的时候添加辅食。

第128天　宝宝哭得天昏地暗怎么办

不管是家里的亲朋好友还是周围的街坊邻居,每次看到宝宝时总免不了夸赞一番,"小家伙白白胖胖的,真可爱啊"。新妈咪虽然嘴上谦虚,可心里却是美滋滋的。但是,宝宝有时候大哭起来却像换了个人似的,小脸变得又黑又紫，可真叫新妈咪担心。

宝宝在大哭的时候脸色变得黑紫是一种正常现象。血液中氧的含量的多少会决定我们脸上的颜色，当宝宝血液中的含氧量高时，宝宝的脸色就会显得红润健康；如果含氧量过低的话，宝宝的脸色就会黯淡下来。而血液中的氧气完全来自于肺部的呼吸。当宝宝大哭的时候，宝宝呼气的时间很长而吸气的时间却变得很短，所以，进入血液中的氧气非常少；同时，大哭是一项剧烈运动，会消耗比平时更多的氧气。这两个原因导致宝宝血液中的氧含量锐减，所以使得宝宝出现黑紫脸色。

一般情况下，宝宝大哭是因为宝宝的需求没有得到满足或没有得到安慰，所以宝宝很难在短时间内恢复平静，但是任由宝宝大哭会伤害宝宝对周围环境的信任。因此，新妈咪要及时安抚宝宝。如有节奏地轻轻拍打宝宝的背部，抱着他来回走动或是放点音乐调节一下气氛。

第129天　触觉记忆促进语言发育

到现在为止，新妈咪已经能有条不紊地给宝宝做抚触了，而且手法越来越专业、越来越娴熟。每次新妈咪给宝宝做抚触的时候，小家伙都会满足地微眯着眼，一脸享受的表情，简直把新妈咪给乐坏了。给宝宝做抚触好处多，可是，新妈咪知不知道，其实抚触还能促进宝宝语言的学习哦。

宝宝的年龄越小，抚触在学习当中所起的作用就越大。触觉往往会先于视觉和听觉而存在，并且宝宝对触觉的记忆能力也要强于由视听得来的记忆。所以，当新妈咪想教宝宝认识自己的五官时，往往更便捷更快速的方法就是抓起宝宝的小手碰一碰他的小鼻子，然后告诉他："这是鼻子。"这样的触觉感受宝宝很快就能学会，这远比拿着卡片或图书教宝宝的效果要好。按照这种方法，新妈咪完全可以一边给宝宝做抚触一边教宝宝认识体位。

在给宝宝做抚触的时候，新妈咪还可以播放一些优美的轻音乐作为音乐背景，同时轻轻地跟宝宝说话，当手指摸到宝宝某个部位时，新妈咪一定要告诉宝宝，并适当地重复几次。就这样，宝宝会在不知不觉中学会这些部位的名词，提高自己的语言理解能力。

第130天　找亮点让眼睛更灵动

宝宝各方面的能力发育得越来越好，也越来越喜欢新妈咪设计的一些游戏了。这让新妈咪觉得非常开心，看来自己的游戏起作用了。既然这样，那就让宝宝继续玩一个能让宝宝眼睛更灵动的小游戏吧。

游戏的道具很简单，一个小镜子或是一个手电筒。如果玩游戏的时候是在白天，阳光可以照进房间的话，就使用小镜子；如果是晚上玩游戏或者房间内没有阳光的话，新妈咪就要使用手电筒了。另外，游戏时间一定要选在宝宝清醒、愉快的时候。

首先，新妈咪要用小镜子或手电筒把光线投射在墙壁或屋顶上，并且要来回晃动吸引宝宝的注意力。当宝宝注意到后，新妈咪要缓慢地移动光点，训练宝宝眼睛追视物体的能力。然后慢慢地加快光点的移动速度，而且移动的范围也可以逐步扩大。当宝宝全神贯注地追视那个小光点时，新妈咪还可以暂时隐藏一下光点，然后陪着宝宝一起找，激发宝宝的兴趣。之后再重新开始游戏。

游戏时间最好不超过5分钟，当宝宝兴趣减弱的时候，新妈咪应该马上停止游戏。如果宝宝想自己拿起小镜子或手电筒，也可以让宝宝自己来。

第131天　宝宝身体里有趣的响声

最近，新妈咪好像老是听到宝宝的身体在不经意间就会发出奇怪的响声，可是每当新妈咪仔细去听的时候，就又听不到了。新妈咪纳闷了，莫非宝宝的身体出了什么问题？

宝宝的生长速度很快，所以就会出现这种现象。一般，宝宝身体发出的有趣的声响主要有这几个方面：

关节弹响的嘎巴嘎巴声：这种声音是从宝宝的各个关节发出来的。由于宝宝的韧带比较薄弱，关节窝浅，关节周围韧带松弛，而且骨质又软，所以当宝宝做屈伸活动时就会出现清脆的"弹响声"。宝宝长大后，这种声音就会消失了。

骨头叽叽咕咕的声音：宝宝的大骨是空腔，总存在一定量的气体和液体。当宝宝剧烈运动时，这些气体和液体就会受到挤压，乱跑乱窜，于是就会发出这种"叽叽咕咕"的声音，类似于肠鸣音。

肠管蠕动时的咕噜咕噜声：肠管蠕动时，肠管中的食物和气体、液体被挤压，以及肠间隙之间腹腔液与气体之间揉擦，都会发出"咕噜"的声音，叫肠鸣音。当宝宝饥饿、腹胀引起肠功能紊乱时，这种声音会变大，并且比较频繁。

除了这几种声音外，新妈咪要警惕宝宝因内脏器官移位而发出的"咯叽"的声响，要及时注意并带宝宝去医院。

第132天 什么是宝宝的"口欲期"

这段时间以来,宝宝对吮吸的兴趣越来越大了。宝宝现在已经不满足吃自己的手,凡是能抓在手里的东西,他都会在看一看摇一摇之后就把它们放入自己的嘴巴。宝宝首先会伸出小舌头舔舔来尝试一下,接着才会张开嘴去吮吸或咬。在这个过程当中,宝宝会觉得无比开心。

宝宝这种逮到什么吃什么的现象被心理学家称为"口欲期"或者"口唇期"。从宝宝出生后3个月开始一直到1周岁左右的这段时间里,宝宝都处于"口欲期"。这时候,宝宝吸吮乳汁已经不仅仅是为了饱腹和从中获得营养,宝宝还能从中获得一种吮吸的快感。除此之外,宝宝对其他口唇、口腔活动也感兴趣,他们吹泡泡、咯咯发笑,也喜欢吮吸自己的手指。当宝宝的手里抓了什么东西时,宝宝也会把东西放进自己的嘴巴里。

新妈咪发现,宝宝似乎是在用口唇的感觉来对自己身边的东西进行判断,看它们是不是有价值的。所以宝宝总是乐此不疲地把自己感兴趣的东西抓在手里,然后送到嘴边品尝。新妈咪可以根据宝宝的这个特点,逐步把玩具等东西放远,引导宝宝练习手部的抓取动作或匍匐向前的爬行能力。

第133天 宝宝学会咬人了

这段时间里,宝宝的注意力集中在自己口唇的感觉上,所以宝宝总是主动的寻求口唇的刺激。不少新妈咪总觉得宝宝见什么吃什么的行为不卫生,怕自己的宝宝因此吃入细菌。事实上,越是喜欢咬东西的宝宝好奇心越大,主动性也就更强。

宝宝一旦开始咬起东西来可就什么也不管了，有时候是自己的小手，有时候是自己的玩具鸭子或者木头小车，有时还会富有创意地从口中吐出几个小泡泡来。宝宝确实开心了、满足了，可对一些爱干净的新妈咪来说，宝宝这种很不卫生的行为简直是让人无法忍受的。我们要提醒这些新妈咪，不要强硬地阻止宝宝的这些行为。

如果新妈咪为了卫生整洁而限制宝宝的啃咬东西的行为，宝宝的口欲就不能得到满足，将来有可能发展成为贪食症、异食癖或是烟瘾、酒瘾等。如果严重的话，宝宝还会因此形成"口欲攻击"，包括习惯性咬人、咬坏东西、习惯性说脏话等。

所以，新妈咪最好不要过多地干预，如果怕自己的宝宝吃进不卫生的东西，那就动手把宝宝的小手、玩具等清洗干净吧。

第134天　宝宝能听懂自己的名字了

新妈咪喜欢跟宝宝说话，希望自己的宝宝可以尽快地学会说话。但是，仅仅是单纯地说话是不够的，宝宝的语言发展是有规律的，新妈咪要了解这一规律，并有针对性地给予宝宝相应的训练和帮助。

不要期待自己的宝宝是个语言天才，可以很快就说很长的句子。宝宝的语言学习往往是先从"听"开始的。一开始，宝宝只能抓住新妈咪话语的尾音部分，通过不断地观察和摸索后，宝宝就能发出一些单个的音节了。之后，新妈咪就可以开始有意识地教给宝宝一些名词。

以前，宝宝并不能理解语音的含义，对他们来说，语音只是一组特殊的声音。但是4个月以后的宝宝就会慢慢地把语音和周围的事物联系起来。通常情况下，宝宝领悟到的第一组对应的语音及其含义是自己和自己的名字。

一开始，当新妈咪叫宝宝的名字时，宝宝会抬头或转头凝神看着新妈咪，但这并不表示宝宝知道新妈咪喊的是自己的名字。所以新妈咪要注意观察宝宝的理解情况，并经常叫宝宝的名字，加快宝宝对自己名字的理解。但是要记住，新妈咪一定要用固定的名字来称呼自己的宝宝。

第135天　录像节目并不适合学语言

已经有不少人建议新妈咪去给宝宝买一些语言学习课程的光盘或录像带了，新妈咪想了想，觉得这似乎是个不错的主意。可是，这些光盘或录像带真的能帮助宝宝更好地学习语言吗？

其实，光盘和录像带的语言学习效果远没有新爸爸新妈咪自己给宝宝训练的效果好。宝宝喜欢听新妈咪温和的嗓音，所以不管新妈咪是毫无边际地和宝宝闲聊还是有意识地给宝宝读故事书或其他练习，都会对宝宝储备语言词汇产生积极的影响。而且，当新妈咪和宝宝互动练习时，还能加深宝宝对这些词汇的印象和理解。而这些光盘和录像带只能简单地让宝宝安静下来对着电视机屏幕，并不能教给宝宝什么。

宝宝心灵的发育需要从周围环境中不断吸取养料，才能健康成长。这些养料包括来自各方面的刺激，有视觉的、听觉的、触觉的等，还有整个环境的氛围。

第136天　宝宝多大才可以尝试咸和酸呢

通常来说，宝宝最早会对甜味比较敏感，也比较容易接受。这主要是因为宝宝天生对妈咪的乳汁敏感，而母乳里就含有微微的甜味。此外，甜味食物里一般都含有糖分，口感较柔和，不仅不会对宝宝稚嫩的口腔和胃肠道产生刺激，容易被消化吸收，还能起到补充能量的作用，符合宝宝的发育需求。

在甜之后，宝宝会先接受咸味，再到酸、辣、麻等，最后才是苦味。这与宝宝身体发育的生理需求有关。甜味食物多是碳水化合物，能产生热量，属于身体发育的第一需要；咸味食物多含盐分，属于身体发育的第二个需要；酸味食物略有刺激，但有助肠胃消化，能帮助他们更好地吸收营养，因而随着身体需求的不断增加，宝宝对酸味食物也会主动接受；苦味刺激强烈，一般生理情况都很难接受，所以宝宝对它的适应也要等到最后。另外，有专家认为，舌尖到舌根的味觉感应是一个甜咸酸苦的顺序，因而人最先接受的是甜，最后才是苦。

现在，可以逐渐喂食各种味道的食物了。如果过晚，可能会由于刺激不够，导致长大后宝宝的味觉弱化，或拒绝某种味道。

由于宝宝对甜味有着天生的接受性，所以可以首先添加咸味食物。比如在粥类辅食中加一点点盐，看宝宝的反应。一般来说，开始宝宝会有些排斥，这很正常。新妈咪可先用勺子让他尝一点，然后慢慢增加。需要注意的是，盐量一定要控制，因为宝宝的肠胃还未完全发育成熟，太咸不仅对肾脏不好，还会导致口味过重，进而在成年后引起高血压等问题。

宝宝接受某种味道的时间因人而异，有的可能几天，有的也可能几个月。新妈咪可以具体观察宝宝的反应，一旦没有排斥举动，就可以按照酸、辣、麻、苦（如苦瓜）的顺序尝试下一种味道了。品尝的量由少到多，新妈咪可灵活掌握。液体类食物，比如低度酒、辣汤、酸汤、果汁等，都可以先从用筷子蘸着让宝宝开始尝，再到用小勺喝。固体的食物可先磨成泥，一点点喂，再到小块。

第137天　宝宝不适合"超钠"饮食

宝宝的饮食习惯主要来自于家中大人,而家中大人的错误观念与不良行为,正是导致宝宝饮食超钠的主要原因。快来看看,爸爸妈妈是不是也有以下的错误观念。

稀饭拌海苔酱、肉松,好下饭!

吃起来咸咸甜甜,颇美味的海苔酱、肉松,都是加工食品,含钠量惊人!给宝贝吃稀饭拌海苔酱、肉松的同时,超钠危机也在不断累积。若经常让宝宝这样吃,更可能养成宝宝重口味的不良饮食习惯!

白饭加一点酱油才有味道!

100毫克酱油约含67毫克的钠,加1匙、2匙、3匙,你到底在宝贝的饭里面加了多少钠?不要把自己的饮食习惯套用在宝宝身上!白饭配青菜,就能品尝到天然的美味。

面条比较软,适合宝贝吃?

家中宝贝爱吃面条?注意!制作过程中加了盐的面条,每1000克里面的钠含量就已经超出人体一天所需,是一般白面的6倍!此外,油面的钠含量也是一般白面的2倍!下次点面时,还是选白面吧!

第138天　宝宝喝水讲究多

宝宝不向以前那么安静了,当他醒着的时候,手脚总是喜欢动个不停,常常把自己累得一身汗。尤其一到夏天,宝宝出的汗就更多了。所以,这时候新妈咪要经常给宝宝喝点水，补充宝宝体内散失的水分。

水是人体中不可缺少的重要部分，也是组成细胞的重要成分，人体的新陈代谢、体温的调节以及呼吸等都离不开水。人体需水量的多少与自身的代谢和饮食成分相关，由于宝宝的新陈代谢比大人旺盛，所以宝宝的需水量相对来说也要多。此外，宝宝喝水也是有讲究的。

首先，母乳喂养的宝宝最好的饮料是白开水。任何饮料即使是纯果汁也会对宝宝的胃部产生刺激，破坏宝宝胃液原有的平衡。所以当宝宝觉得口渴时，新妈咪只要给他喝些白开水就可以了。

其次，新妈咪可以在两餐之间喂宝宝一些糖水，但是不能太甜。宝宝的味觉要比大人灵敏得多，当大人觉得甜时，宝宝就会觉得甜过头了。

另外，在宝宝吃奶的前半个小时里，新妈咪可以让宝宝喝少量水，这样能够增加宝宝口腔内唾液的分泌，促进消化。但是如果新妈咪马上就要给宝宝喂奶的话，就不要再给宝宝喝水了。

最后，不能让宝宝在睡前喝水。这个道理很简单，睡觉前喝水过多使宝宝夜尿的次数增多，影响宝宝和新妈咪的睡眠。

第139天　宝宝为什么爱出汗

新妈咪发现，宝宝总是汗津津的。有时候，当新妈咪感觉不冷不热时，宝宝也一头大汗。宝宝总是出这么多汗，这正常吗？

新爸爸新妈咪往往习惯于以自己的主观感觉来决定宝宝的最佳环境温度，喜欢把宝宝捂得严严实实的。宝宝体内的新陈代谢旺盛，产热多，当宝宝受外部的热刺激后，只有通过出汗来蒸发体内的热量，调节正常的体温。此外，宝宝在入睡前喝牛奶、麦乳精或吃巧克力等也会引起宝宝出汗。如果只是单纯地少量出汗，宝宝发育良好，身体健康，并没有其他的不适症状的话，就说明宝宝多汗属于生理性多汗。

如果宝宝出汗较多的话，新妈咪要及时更换宝宝的衣服和被褥，并随时用干燥的软布给宝宝擦汗；当宝宝出汗时，新妈咪应该避免空调或风扇直接吹在宝宝身上，以免宝宝受凉；另外，新妈咪要记得给宝宝多喝水。此外，新妈咪还要在饮食方面注意宝宝的营养，保证宝宝在代谢后能够及时补充营养和能量。

病理性多汗往往是宝宝在安静的状态下出现的，常见的有佝偻病、肺结核和病后虚弱的出汗现象。如果宝宝夜间入睡后出汗多，同时伴有其他症状，如低烧、食欲不振、睡眠不稳、易惊等，新妈咪应该带宝宝及时去医院检查。

第140天 怎样知道宝宝对食物过敏

在给宝宝添加辅食的过程中，6个月以前的宝宝很容易对新的食物过敏，从而引起不良反应。一般在满6个月以后，宝宝对食物过敏的情况会好转一些。如果新妈咪给宝宝喂完某种食物后，宝宝出现如气喘、皮肤红肿、屁股痛等现象的话，那就说明宝宝对这种食物过敏，新妈咪必须要停一个星期以后才能再给宝宝吃这种食物，这样再试两次或三次。如果还是一直对这种食物有过敏反应，则宝宝必须要停吃6个月以上。

如果宝宝之前有过对食物过敏的情况，那么新妈妈可以适当地推迟给宝宝添加辅食的时间。等宝宝6个月以后，这时宝宝的消化器官已经发育得比较完善，新妈咪再开始添加辅食，要先从谷类食物开始添加，然后再给薯类，继而是蔬菜类食物，当宝宝8个月～1岁以后，新妈咪再给宝宝喂鸡蛋，其间新妈咪可以用如鸡肉干来替代。

在给宝宝添加辅食的时候，新妈咪应避免给他吃菠菜、茄子、山芋、荞麦等容易导致过敏的组胺类食物。另外，新妈咪自己也要避免吃可能引起宝宝过敏的食物，如鱼、虾、牛奶等。一旦宝宝出现过敏现象，新妈咪要立即停止喂该种食物，等宝宝的症状消失后，再从原量或更小量开始试喂。

第 141 天 宝贝防蚊用什么

天气渐热，蚊虫开始增多，小宝宝被蚊虫叮咬后，极易受传染病的侵袭。所以，避免蚊虫的叮咬是很重要的。消灭蚊子的孳生地是灭蚊的治本办法。蚊虫的幼虫叫孑孓，只要有积水，就可以产生蚊子。所以消灭蚊子必须首先排除积水，不给蚊子创造产卵孳生的条件。夏季室内应安装纱门、纱窗防蚊，蚊子多的地方要挂蚊帐，尽可能不让蚊子叮咬。

蚊香的主要成分是杀虫剂，通常是除虫菊酯类，其毒性较小。但也有一些蚊香选用了有机氯农药、有机磷农药、氨基甲酸酯类农药等，这类蚊香虽然加大了驱蚊作用，但它的毒性相对就大得多了。一般情况下，宝宝房间不宜用蚊香。

大家知道，电蚊香的毒性很小，对一般成人来说是无害的。但对宝宝还是尽量不用为好。因为小宝宝的新陈代谢旺盛，且皮肤的吸收能力也强，最好也不要常用。如果宝宝房间使用电蚊香时，尽量放在通风良好的地方，不要长时间应用。

宝宝房间禁止喷洒杀虫剂。宝宝如吸入过量杀虫剂，会发生急性溶血反应、器官缺氧，严重者导致心力衰竭、脏器受损或转为再生障碍性贫血。因此，宝宝房间最好采用物理方法避蚊，如纱门纱窗、蚊帐等。

宝宝被蚊子叮咬后，局部常肿起红斑，尤其在头面部，若涂抹风油精或清凉油常会不小心被宝宝揉入眼中，这时可用母乳涂患处，每日3~4次，一般3日见效，而且不留疤痕。

第142天　宝宝出牙伴随的症状

小宝宝出牙了，新妈咪惊喜吧！

宝宝的第一颗乳牙大多数是在4个月到7个月之间长出的，通常先长下牙床中间的门牙。少数宝宝从3个月起开始长乳牙，有些宝宝直到一岁才开始长乳牙。这些都属正常情况，可能与遗传有关，妈妈们不用担心。

对于一些宝宝来说，尽管出牙期内可能要面临一些问题，总体来说是相对比较容易的过程。

初出牙时宝宝唾液量增加、流涎、喜咬硬物或将手放入口中，哺乳时咬奶头，这可能是牙齿接近萌出压迫牙龈神经所引起的异常感觉造成的。出牙为生理现象，一般亦无特殊症状，但个别的宝贝会有急躁不安、食欲减退或夜间哭闹的现象，通常会喜欢咬玩具、手指，口水特别多甚至为清理喉咙而咳嗽。宝宝出牙前局部牙龈充血而发红微肿，这时如果过分擦洗，极易擦伤引起感染；红肿之后由于即将萌出的牙齿的压迫而变白，最后乳牙突破牙龈冒出。这些症状在长第一颗牙时最不舒服，为了减轻长牙带来的不舒适，除了常换围兜、保持干燥、避免皮肤起疹子外，要转移其注意力、轻轻摇晃及拥抱他。宝宝出牙时若不注意口腔清洁，很容易引起牙龈的感染。应注意哺乳前洗净乳头。

第143天　小秘诀预防宝宝脊柱侧弯

小宝宝学坐学得过早，或刚学坐时坐得时间过长，走的姿势不正确，都易导致脊柱侧弯。

宝宝脊柱侧弯会有什么样的表现呢？

1.当小儿以立正姿势站立时，两肩不在一个水平面上，高低不平。

2.两侧腰部皱纹不对称。

3.双上肢肘关节和身体侧面的距离不等。

如果新妈咪发现以上情况，应及早到医院诊治。

预防小儿脊柱侧弯其实很简单，新妈咪做到以下两点就可以了：

1.宝宝不要坐得过早，长时间的坐着，宝宝容易疲劳，也容易造成脊柱弯曲。

2.宝宝坐的姿势要正确，桌、椅的高低要合适；要坐正，不要歪着趴在桌面上，同时应适当地变换体位与休息，以免造成脊柱侧弯。

第 143 天　有穿袜子的必要吗

细心的新妈咪在给宝宝穿上漂亮合适的衣服时，总不忘了给宝宝穿上一双可爱的小袜子。对于5个月的宝宝来说，袜子也是必不可少的。

首先，由于宝宝身体的各个器官还处在发育阶段，肌体的各项功能都不健全，所以宝宝的体温调节能力也差，尤其神经末梢的微循环能力就更差了。所以，给宝宝穿上袜子可以防止宝宝受凉。

其次，随着宝宝的不断成长，他的活动范围逐步扩大，两脚的活动项目也相应增多。如果宝宝生性活泼好动而又不穿袜子的话，就很容易在蹬踩过程中损伤幼嫩的皮肤或脚趾。

另外，袜子还可以保持宝宝脚部的清洁，避免尘土、细菌等东西对宝宝娇嫩的皮肤造成伤害。

宝宝的袜子最好选择纯棉袜，纯棉袜不仅柔软舒适，而且透气性能也好，而化学纤维制成的袜子不仅不吸汗，而且其中所含的化学成分，很可能会引起宝宝脚部皮肤出现过敏等现象。除此之外，新妈咪在选购袜子时，还要注意袜子的款式是否符合宝宝的脚型，同时，袜子的尺寸大小也一定要合适，袜子尺寸大了不利于宝宝脚部的活动，而尺寸小了，就会对宝宝脚部的正常发育造成影响。

第144天　苹果是"万能"辅食

"每天一苹果，医生不找我"，这句话充分说明了苹果不可低估的保健作用。对小宝宝来说，苹果是万能的辅食。

首先，增智：苹果内富含锌，锌是人体中许多重要酶的组成成分，是促进生长发育的重要元素，尤其是构成与记忆力息息相关的核酸及蛋白质不可缺少的元素，常常吃苹果可以增强记忆力，提高智力。

其次，预防佝偻病：苹果富有丰富的矿物质和多种维生素，可预防佝偻病。

再次，补血：小宝宝容易出现缺铁性贫血，而铁质必须在酸性条件下和在维生素C存在的情况下才能被吸收，所以吃苹果对缺铁性贫血有较好的防治作用。

第四，减轻腹泻：苹果可促进消化系统健康，减轻腹泻现象。

第五，预防便秘：将苹果和胡萝卜放入水中同煮，熟后与水同服，宝宝的大便会重新变得柔软，通畅。

最后，护肤：苹果中富含镁，镁可以使皮肤红润光泽、有弹性。

聪明的新妈咪一定要给小宝宝充足的营养，所以，好好珍惜苹果的益处吧。

第145天 宝宝为什么突然哭闹不止

新妈咪可能会发现，自己5个月大的宝宝有时候会突然大哭大闹起来，宝宝才刚吃过奶并不饿，也不是裤子被尿湿了不舒服，可是宝宝的脸色却表明宝宝现在似乎很"痛苦"。这到底是怎么回事呢？

宝宝突然哭闹，多半是因为腹痛。新妈咪在考虑引起宝宝腹痛的原因时，除了要想到可能是肠痉挛外，千万不要忘记肠套叠这个病。所谓肠套叠，就是一段肠子套进了另一段肠子，使肠管不通畅，肠管就会因此反复剧烈蠕动，从而引起腹部阵阵剧痛。

当宝宝因为肠套叠而发生腹痛时，宝宝往往会突然哭闹不安起来，同时脸色苍白，两腿蜷缩到肚子上，不肯吃奶，新妈咪哄也哄不好。一般等过了3~4分钟后，宝宝就会突然安静下来，而且吃奶、玩耍都和平常一样。可是刚过4~5分钟，宝宝可能会又突然哭闹起来，如此不断反复。时间一长，宝宝的精神就会慢慢变差、变得嗜睡、面色苍白，还有的宝宝腹痛发作后不久就会开始呕吐，把刚吃进去的奶全吐出来，并且呕吐物中可能会含有胆汁或粪便样液体。

患有肠套叠的宝宝一开始并不会发热，但随着时间的推移，当肠套叠引起腹膜炎后宝宝就会发热。如果发现宝宝突然哭闹，而且哭闹呈阵发性，并伴有阵发性面色苍白，新妈咪就要警惕宝宝是不是有肠套叠了，应赶快送宝宝去医院检查。

第146天 如果宝宝拒绝辅食怎么办

刚开始喂时,可先用汤匙喂些母乳或宝宝平时吃的乳制品,使宝宝接受用汤匙喂养,随后将1/4汤匙米糊轻轻放入宝宝舌中部,等宝宝吞咽完再取出汤匙,并逐渐增加米糊的量。

刚开始喂时,宝宝将经过舔、勉强接受、食物在口中打转、吐出、再喂、吞咽等过程,反复几次到十几次,并经过数天才能接受新的食物。

宝宝一两次的拒绝并不能说明不接受该食物。

不要将泥糊状食物装入奶瓶中喂养,因为可能会增加宝宝的摄入量,造成超重或肥胖。

如果宝宝长期依赖奶瓶。还会影响从泥糊状食物过渡到进食固体食物,并可能影响口腔发育。

有的新妈咪看到宝宝拒绝用汤匙,也就不再坚持给宝宝用汤匙喂食,这种做法是不可取的。用汤匙喂食,不仅是为了让宝宝能够吃到更多的营养物质,而且也是为了使宝宝学会用另一种方法吃东西,促进宝宝的咀嚼功能的发育,同时,也能培养宝宝对新事物的兴趣。

第147天 小宝宝最爱穿的衣服

宝宝在最初的几周内不喜欢频繁地穿脱衣服。新妈咪应选择一种既易于换尿布、干扰又最小的衣服。因此,在开始的几周内最好选择连体衣裤,随着宝宝的长大,几套连体衣裤仍会相当实用,直到今天,宝宝的基本衣物应是连体衣裤。

这种连体衣裤以棉质品为佳，浅色或素色，前面开口并在大腿根部开裆，容易穿着。不要连有手套，因为宝宝需要用手来了解他的世界。不要选择紧身的连体衣裤，那样会使他柔软的骨骼变形。因此，你所选择的连体衣裤应让他穿着的各部分都十分宽松。

宝宝还会需要一些上衣或套衫，你应选择圆领比较宽的或一字领的套衫，因为宝宝的头比较大，领口宽大可使他容易套进套出。上衣的袖部要宽大，以全棉或纯毛制品为主。

宝宝的针织衫、绒线衫，不要选用马海毛或绒毛较长的毛线。

宝宝的袜子应该宽大、柔软，要注意袜口的松紧带，不要太紧了。

有松紧带的宝宝布鞋，要选择比较宽松的。这种鞋在宝宝还不会走路前非常适用，特别是天冷的时候。

你还要准备一些户外衣服。当宝宝外出时，这种有衬里的户外服装可以挡风、防止散热。外出时，你应给宝宝多穿一层衣服，因为他很容易散失热量。

刚出生的宝宝虽然活动很少，但也并不意味着他就能一直保持干净。尿湿了裤子、弄脏了衣裤、口水和奶汁又使他的衣服不再整洁、干净……这些都要新妈咪为他及时更换衣服。因此，新妈咪在选择衣服时，同类的衣服要适当的多买几套，这样才能应付宝宝一整天的需要。

第148天　适合宝宝吃的蔬菜水果

蔬菜和水果含有大量的维生素和水分，同时，蔬菜和水果中丰富的纤维素可促进消化液的分泌和促进肠蠕动，软化大便，多吃蔬菜和水果对宝宝的健康成长有积极的影响。那么，哪些蔬菜和水果更适合给宝宝吃呢？

宝宝适合食用深绿色叶状蔬菜及橙黄色蔬菜，这两类蔬菜含有较高的维生素C、维生素B₂和胡萝卜素及矿物质（如钙、磷、铁、铜等），如油菜、小白菜、菠菜、苋菜、莴笋叶、胡萝卜、西红柿等。

新鲜水果中也含有一定的维生素C和胡萝卜素。另外，水果中还含有有机酸，这种有机酸可以促进宝宝的食欲、帮助消化。苹果、柑橘、香蕉、桃子、葡萄、木瓜等水果适合宝宝食用，但是不能摄入过多的果汁。其中，橘子容易导致宝宝过敏，所以新妈咪最好在宝宝6个月后才给他添加这种水果。

另外，蔬菜和水果所含的应用成分并不尽相同，蔬菜比水果中含有较多的维生素C和纤维素，而水果则比蔬菜含有更高的易吸收的糖（单糖和双糖），所以，用水果来代替蔬菜或用蔬菜来代替水果都是不正确的。

第149天 宝宝发烧了

秋冬季节，宝宝最易感冒发烧。一旦摸到宝宝滚烫的额头，很多父母就慌了神，想方设法让宝宝退烧。专家提醒新妈咪，宝宝降温应该以物理降温方式为首选，包括温水擦浴和冷敷等。

但6个月内的宝宝不宜用冰枕或冰敷额头的方式来退烧。因为小宝宝易受外在温度影响，使用冰枕会导致温度下降太快，让宝宝难以适应。另外，宝宝发烧时全身的温度都升高，局部的冰敷只能有局部降温作用，倒不如温水擦拭全身效果好。

温水擦浴就是用37℃左右的温水毛巾擦宝宝的四肢和前胸后背，使皮肤的高温逐渐降低，让宝宝觉得比较舒服。这时还可以再用稍凉的毛巾（约25℃）擦拭额头及脸部。

需要注意的是，在进行温水擦浴和冰敷这些物理降温处理时，如果宝宝有手脚发凉、全身发抖、口唇发紫等所谓寒冷反应，要立即停止。

儿科专家解释，当病源侵入人体后，体温都要升到一个相应的温度，这就是"设定温度"。降低设定温度是给宝宝退烧的关键。因为设定温度若不改变，虽然暂时散热把体温降下去，身体仍然会发动产热作用来达到目标体温。如果用物理降温的方式还不能降下设定温度，就必须先用退烧药物，降低设定温度，这时再辅助物理散热，体温才会真正降下来。

另外，宝宝发烧后，常常有一个问题让家长犹豫不决：究竟发烧时应该多穿衣服免得发抖，还是脱掉衣服帮助散热？

其实，加减衣服要配合发烧的过程。当设定温度提高、体温开始上升时，宝宝会觉得冷，此时应添加长袖透气的薄衫，同时可以给予退烧药。服药半小时之后，药效开始发挥，设定温度被调低了，身体开始散热，宝宝会冒汗感觉热，此时就应减少衣物，或者采用温水擦浴帮助退烧。

第150天　宝宝大便干燥怎么办

最近，新妈咪发现自己的宝宝在大便的时候干燥。所谓大便干燥就是便秘，是宝宝时期常见的一种现象。那么，哪些原因会造成宝宝便秘呢？

食物成分不当。平时喜欢吃含有大量蛋白质、钙质的食物，则排便次数少，大便呈碱性而干硬。

缺乏定时排便的习惯。形成了2~3天排便1次，大便在肠道内停留时间较长，水分被吸收，就容易干燥而发生便秘。

宝宝如活动量较少，会因肠蠕动减慢而出现排便困难。

吃母乳的宝宝：母乳不足，小儿会隔2~3天排一次大便，而且大便数量也较少；母乳虽足，但母乳质量较好，含蛋白质较多，含钙量也很高，大便较硬而干，不易排出。

改进的方法是适当减少新妈咪的蛋白质摄入，增加脂肪和糖类的摄入，可以吃点肥肉、核桃、面条、蔬菜之类，这样母乳中所含脂肪及糖类会相对增高，另外可以多吃点水分食物，新妈咪多喝汤，宝宝两顿奶之间喂点开水，都可以使便秘得到改善。

大便干燥的宝宝平时多饮温开水，多吃蔬菜和水果。另外，要训练宝宝养成定时排便的习惯。

如果宝宝已经两天没有大便，而且很不舒服、哭闹、烦躁，家长可以用肥皂条或"开塞露"塞入宝宝的肛门，塞药时让宝宝向左侧躺着，左腿伸起，右腿弯曲，药物挤入肛门之后，不要马上起来，稍过几分钟，让药物充分作用，然后再去排便。

要注意对较小的宝宝，一般不要随便服用泻药。

第151天　让宝宝学认日常用品

这时宝宝认知能力得到了提高，面对这丰富多彩的世界，他开始想要认识周围的日常事物了。

认物一般分为两个步骤：一是听物品名称后学会注视，二是学会用手指认。刚开始指给宝宝认东西时，他可能会东张西望，但父母一定要想办法吸引他的注意力，每天至少要指给宝宝看4～5次。通常宝宝学会认第一种东西大概要用15～20天的时间，学会认第二种东西时要用12～16天，学会认第三种东西用12～14天。

宝宝也有可能只用10天就学会认识一件东西，但这要看父母是否敏锐地发现了让他感兴趣的东西。宝宝对自己越感兴趣的东西，认得就越快。

要让宝宝一件一件地学，不要同时认好几件东西，以免延长学习时间。

当宝宝听到一个物品的名称后就会立即开始主动寻找并注视时，说明他已经能将名称与特定的实物联系起来了。教宝宝学认东西要注意五要：一要一件一件地教，避免混淆。二要挑选宝宝当前最感兴趣的东西教。三要多重复，认一种东西至少要重复十几遍甚至几十遍才有效。四要使用简洁、正规的语言，如汽车就说"车"而不说"滴滴"，电灯就说"灯"而不说"亮亮"等。五要对同一类东西提供不同的花样，例如"灯"，可以从开始只认识吊灯到逐渐认识台灯、壁灯、路灯、车灯等，使宝宝逐步理解"词"的概括作用，发展思维能力。

只要教的得法，宝宝5个半月时就能认灯；6个半月时能认其他2～3种物品；如果你问："鼻子呢？"他就会笑眯眯地指着自己的小鼻子了。

第 152 天 宝宝的学习方式好比用照相机拍照

这时开始，宝宝会慢慢从周围环境中学习许多东西。所以，周围环境对宝宝有着极为重要的影响。

社会秩序、气候、传统和习俗等等，这些方面都是宝宝通过所有感官从周围环境中吸收的内容，通过对这些内容的学习和了解，宝宝的心理逐渐发生了一些微妙的变化。最终，宝宝的大脑会和周围环境产生趋同——他属于这片土地，只有在这片土地上他才会觉得真正平和快乐。

宝宝的学习方式和大人不一样。大人的学习方式就像是素描，一笔一笔画下自己学到的内容；宝宝的学习方式好比用照相机拍照，"咔嚓"按下快门后，就能将眼前的景物全部囊括其中。也就是说，宝宝的学习内容往往都是在同一时间内完成的。而且，这些"景物"会永久地成为宝宝性格当中的一部分，在他们身上打下永久的烙印。同时，宝宝非常敏感，即使是很细微的不好的行为都可能会成为宝宝心理的一部分，对他们产生长远的影响。

这个阶段，宝宝的心灵在吸收中快速发育，如果周围环境中存在不良的的因素，宝宝也会吸收进去，从而对他以后的心理发展产生不良影响，并会一直在宝宝的内心中存留下来。

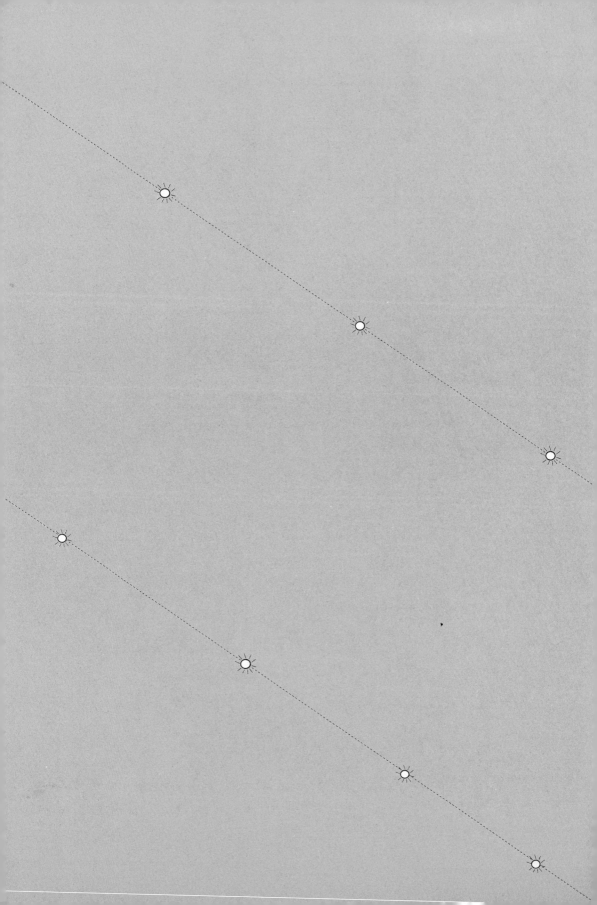

第六个月

可爱的小家伙开始会坐了

第153天　宝宝触觉大开发：感知冷和热

爸爸妈妈都希望早早开发宝宝的智力。事实也是如此，小宝宝早期对周围环境的认识和适应性就是以后智力的由来。感知觉的发展是从宝宝出生后开始，并在出生后的头几年里迅速发展的，绝大部分的基本感知觉能力在婴儿期完成。0～6个月，父母要注意要多给宝宝视觉、听觉和触觉的刺激。下面介绍一个游戏，教宝宝感知"冷"和"热"，促进宝宝触觉的发展。

游戏步骤：

1.准备两个透明的、大小相同的瓶子。

2.分别往两个瓶子里装入热水（大约50℃）和冷水，让宝宝用双手去抱住瓶子，先冷后热，观察宝宝的表情。

3.妈妈要鼓励宝宝反复去握瓶子。在宝宝能主动握瓶子时，妈妈要告诉宝宝："这是热的，这是冷的，热的让宝宝的小手暖和了，冷的让宝宝的小手冰冷了。"

4.在握瓶感知冷热的基础上，还可以用盆分别装上冷水、热水，让宝宝用手去摸摸，告诉宝宝冷水、热水。也可以用冷热毛巾让宝宝抓，刺激宝宝的手和脸。

宝宝第一次握住冷瓶子和热瓶子的时候，会很不解，他不明白为什么一个冷一个热。这个时候大人要及时告诉宝宝冷热很重要。宝宝在无意识中形成冷热的观念后，游戏的目的就达到了。妈妈可以做个检测：问宝宝哪个冷，哪个热，如果宝宝指对了，记得要表扬宝宝。

宝宝伸出手去抓东西的一个原因是：他们希望积极地参与到这个世界中。你只给宝宝看还不够，因为他希望体验每一件近在眼前而又个性化的东西，宝宝喜欢通过自己的5种感官去感知，特别是通过触觉。

需要提醒的是：热水不可过烫，冷水不要太凉，毕竟宝宝的皮肤是很娇嫩的。除了控制好温度之外，一定要密封好。总之一定要注意安全。

第154天 宝宝力气大增

宝宝进入这个月龄，其身体的各个部位更加灵活了，新妈咪一抱起他，他就会抓新妈咪的鼻子，见到玩具就会伸手去抓。拿在手里的东西，不是使劲摇就是放到嘴里吮吸。

小手小脚的力气也大了，常常能将盖着的被子一脚蹬开。将宝宝抱到腿上，小家伙能稍微站一会儿，并一蹦一跳地跳着。遇到心情不痛快时，就会打挺。身体发育快的宝宝在夏天衣服穿得少时，就能自由翻身了。

当然，并不是所有的宝宝都能达到这种程度。个性安静的宝宝仍然会保持着4~5个月时的状态，并没有很明显的改变。

这个月龄的宝宝，对周围世界的认识能力也有所提高。当玩具掉到地上时，宝宝会用眼睛去寻找。见到新妈咪时就会笑。看到陌生人时，个性安静的宝宝会哭。不管宝宝表现如何，都是由宝宝自己的天性决定的，在这一阶段，父母的教育还不会有什么明显的效果。

随着宝宝对世界求知欲的迅速发展，作为父母，应该针对宝宝的这些个性特征，带宝宝多参加一些户外活动，让宝宝多看、多接触事物。

这个月龄的宝宝和上个月相比，由于运动量的增加，白天睡眠的时间会有所减少。通常是上午睡1~2个小时，下午睡2~3个小时。在白天产生疲劳感的宝宝夜里往往会睡得很香。

不过，由于宝宝白天看到的事物较多，宝宝受惊吓也就多了起来。有时候夜里也可能梦见这些东西会突然大叫，如同吓着了一样哭起来。

第155天 让宝宝爱上点心吧

给6个月的宝宝吃点心未必一定要比5个月时多。喜欢烹饪的新妈咪，往往花费一个半小时给宝宝烹制食物，然后再用30～40分钟的时间喂给宝宝，而且每天要喂2次。这样的新妈咪就不爱给宝宝吃点心，因为担心宝宝吃完点心后就不再吃其他食物了，况且也没有给宝宝吃点心的时间。当然喜欢烹饪而且做得很好吃，是优秀新妈咪具有的一种才能，非常令人敬佩。但是不能因给宝宝做了可口的饭菜，就认为点心可以忽视了。没有给宝宝加点心的新妈咪多半属于这种类型。

一般的宝宝在开始吃米粥或面包粥后，就能尝出点心的美味。过了6个月后，就越来越喜欢吃蛋糕、饼干、面包等食物。因此，可以将每天喂2次代乳食物改成只喂1次，另外1次可喂一些蛋糕、饼干或面包等，同牛奶一起吃。这样就可以将给宝宝做食物花费的一个半小时节省下来，用于宝宝的室外锻炼。对有肥胖倾向的宝宝，可用水果代替这些点心。橘子、草莓、苹果、梨等都比较适合宝宝。

有些宝宝不喜欢吃饼干、蛋糕等甜食，而对带咸味的酥饼之类的食物比较感兴趣。不管怎样，应该给宝宝选择他愿意吃的食物。

因含糖多的食物容易引起龋齿，对已开始长牙的宝宝，要注意不要让他过多地吃太甜的点心，以免上瘾。宝宝一旦吃点心上瘾，稍大后每当看到电视中的点心广告就会跟父母要。炎热季节或宝宝发热时，不要常给宝宝吃冰激凌或其他爽口的冰点，因为这些食物都有些过甜。总之一句话，如果不想使宝宝吃糖过多造成龋齿，最好的办法就是让宝宝远离电视。

第156天　预防宝宝缺铁性贫血

缺铁性贫血是全世界发病率最高的营养缺乏性疾病之一,也是常见的营养缺乏病。为什么生活条件好了,宝宝反而会得营养缺乏病呢?主要与宝宝饮食结构不合理、挑食和偏食有关。

缺铁性贫血多发于6个月至3岁的婴幼宝宝,而断奶期喂养不当,未及时补充铁质是其中一大重要原因。宝宝在宝宝时期每天需要铁为0.5~1.5毫克,一般母乳含铁约为1.5毫克/升,牛奶为0.5毫克/升;而母乳中的铁有50%可被吸收。显然如果不通过其他途径补充铁剂,就必然会导致宝宝缺铁性贫血。

患有缺铁性贫血的宝宝如果不及时补铁,可能会出现体力下降、记忆力下降、细胞免疫水平下降、生长发育迟缓等症状,易诱发感冒、气管炎等上呼吸道感染。缺铁还会影响宝宝智能发育,使宝宝出现异常的精神表现。

缺铁性贫血宝宝大多起病缓慢,症状的轻重取决于贫血的程度和贫血的发展速度。一般缺铁性贫血的宝宝常有烦躁不安、精神不振、活动减少、食欲减退、皮肤苍白、指甲变形(反甲)等表现;较大的宝宝还可能跟家长说自己老是疲乏无力、头晕耳鸣、心慌气短,病情严重者还可出现肢体浮肿、心力衰竭等症状。

如发现宝宝有以上贫血的症状,应立即去医院做贫血检查,不应擅自盲目用补血药,以免延误诊断和治疗。

第157天　宝宝睡眠有规律了

第6个月的宝宝，白天一般睡2～3次，上午睡1次，下午睡1～2次。由于宝宝的个体差异，同上个月相比，一般上午睡1～2小时，下午睡2～3小时。宝宝在这个月总体上的规律是，白天的睡眠时间及次数会逐渐减少，即使白天睡觉较多的宝宝，一白天的睡眠时间也会减1～2个小时。

由于这个月的宝宝运动能力增强，即使白天睡觉，晚上也照样能睡得很好，因此新妈咪或爸爸不用因为宝宝白天睡觉问题而担心。

由于宝宝白天活动增多容易疲劳，因此夜里睡得很沉。原来夜里要醒2次的宝宝，现在变为1次。而原来只醒1次的宝宝现在可以一觉睡到天亮。多数宝宝由于晚餐完全由辅食替代，睡前再喂1次奶后，夜间可以不吃奶，常能睡10个小时左右。大多数一觉可以睡到天亮，中间会小便1次，但也有部分宝宝夜间会醒来解2～3次小便。在这些起夜的宝宝中，有的只要换好尿布就能接着入睡，但也有一部分宝宝，换好尿布后还要吃1次奶才能再次入睡。为使宝宝和新妈咪都能得到充足的睡眠和休息，对这些每晚还要吃奶的宝宝，新妈咪应该在入睡前除了喂辅食外，再喂点奶，只有睡前让宝宝吃饱，才能渐渐养成宝宝夜间不吃奶的习惯。

第158天　宝宝为何夜间醒来哭闹

新妈咪要学会查找宝宝夜间醒来哭闹的原因。这个月的宝宝对周围事物的兴趣越来越浓，遇到可使宝宝受惊的机会也相应增多，宝宝夜里睡觉时难免会梦见白天受惊时的情景，这样一来就会突然大叫或哭闹起来。

夜哭常发生在爱静的宝宝身上。对于爱动的宝宝，白天睡眠时间比较短，夜间自然睡得较沉；但对于不爱动的宝宝来说，由于白天运动过少而睡觉较多，而且晚上睡得也早，这样的宝宝夜间肯定睡不安稳。如果你的宝宝每晚哭闹频繁，就需要检查一下宝宝白天是怎样度过的。如果属于上述情况，就应该逐步改变宝宝的睡眠规律。

白天周围的环境过于嘈杂，或者遇到长时间外出或旅行时，宝宝常在夜间醒来哭闹。同时，每天晚上睡觉以前，宝宝尤其容易兴奋，新妈咪或新爸爸不要与宝宝做比较激烈的游戏。

还可能是由于接种疫苗时引起的。有的宝宝在预防接种时因打针受到了惊吓，不仅白天哭闹得特别厉害，而且夜间也会常常突然大哭起来，如果出现这种情况，多半是因为夜里又梦见自己在打针。这时，就需要新妈咪和新爸爸平时多给宝宝一些爱抚，多做一些快乐的游戏，特别是宝宝接种完疫苗后，更应多多地爱抚，把宝宝的情绪调整好。

第 159 天　保护好宝宝的乳牙

一般来说，宝宝在6个月左右开始萌出第一颗乳牙。虽然乳牙的萌出早晚，在某种程度上会受到遗传和环境等因素的影响，但出牙迟早与智力无关，并不是说乳牙出得早宝宝就聪明，出得晚宝宝就迟钝。然而，乳牙长得好坏与否，将对宝宝的咀嚼能力、发音能力，对后来恒牙的正常替换以及全身的生长发育起着非常重要的作用，所以，从宝宝开始萌出第一对乳牙开始，新妈咪和爸爸就要特别注意宝宝乳牙的护理。

首先，宝宝乳牙萌出的时候很喜欢将手指放入口内吸吮，还会发生咬奶头、咬硬东西的现象。这时，就应该适当给宝宝吃一些如苹果、梨、面包干、饼干等食物，也可以给宝宝准备一个有韧性的安抚奶嘴，让宝宝咬嚼以刺激牙龈，使乳牙便于穿透牙龈黏膜而迅速萌出。

其次，要给宝宝供给适量的营养物质。适量充分的钙、磷、氟等矿物质及维生素，特别是有助于维持牙床健康的维生素C。最好能限制含糖量多的食物，1天只能吃1~2次，而且最好是在进餐时与其他食物一起进食，以减少龋齿的诱发因素。同时，也要吃一些易消化又较硬的食物，以促进乳牙的生长。

第三，要从宝宝第一对乳牙萌出开始，餐后和睡前适当饮些白开水以清洁口腔，或用温开水漱口。此外，还要带宝宝多晒太阳，增强身体抵抗力，预防传染性疾病。

第四，要训练宝宝正确使用口杯，因为宝宝开始长牙后，使用奶瓶会使奶水渗透到牙齿根部，容易引起发炎或病变。训练时，可首先给宝宝一个空塑料杯，让宝宝先熟悉一下，再往杯中加入些清水或牛奶。训练宝宝正确使用口杯并不是一件容易的事，所以，新妈咪和新爸爸应当耐心细致，持之以恒。

第 160 天　预防宝贝发生意外事故

小宝贝的身体越来越有劲了，活动的范围也越来越广了。新爸爸新妈咪在欣喜宝宝长大的同时，也要有安全防范的意识，预防宝宝在日常生活中发生意外事故。

由于这个月的宝宝手部活动越来越灵巧，而且看到什么东西都要往嘴里送。所以，当宝宝在床上的时候，不管宝宝是睡觉还是醒着，周围都要整理干净，特别是那些可能被宝宝吞咽的危险物品，如别针、纽扣、缝衣针、硬币、刮脸刀片、安眠药、烟灰缸、香烟、打火机等，决不能放在宝宝身边。如果是新妈咪或新爸爸暂时使用的物品，用完后必须从宝宝身边拿走。

这个月的宝宝不仅手部的力量大增，而且腿部也比以前更有力了，加上已经学会翻身，如果睡床太小或没有栏杆防护，就应及时更换大床或安装护栏，否则宝宝就很容易从床上掉下来。此外，在床边的栏杆上也不能系绳子，以免宝宝翻身或掉到地上时，因绳子缠住脖子而发生危险。

为了安全起见，这个时段，新爸爸新妈咪还是不能让小宝贝独自一个人待得太久。除了消除宝宝周围的安全隐患，新爸爸新妈咪还要定期去看看宝贝，即使他在睡觉，也要去看看他睡得好不好，有没有哪儿不舒服等。

第 **161** 天　中耳炎与耳垢湿软的区别

6个月的宝宝白白嫩嫩、胖乎乎的实在可爱。由于宝宝的头已经能够支撑了，所以新爸爸新妈咪才有机会看清楚宝宝耳朵里面的状况。如果发现宝宝的耳垢不是很干爽，而是呈米黄色并粘在耳朵上，新妈咪就会担心宝宝是否患了中耳炎。

其实，还有一种情况叫做耳垢湿软，而中耳炎和耳垢湿软是有区别的。

患中耳炎时，宝宝的耳道外口处会因流出的分泌物而湿润，但两侧耳朵同时流出分泌物的情况很少见。并且，流出分泌物之前宝宝多少会有一点儿发热，出现夜里痛得不能入睡等现象。

而天生的耳垢湿软一般不会是一侧的。耳垢湿软大概是因为耳孔内的脂肪腺分泌异常，不是病。一般来说，肌肤白嫩的宝宝比较多见。宝宝的耳垢特别软时，有时会自己流出来，新妈咪可用脱脂棉小心地擦干耳道口处。但千万不可用带尖的东西去掏宝宝的耳朵，以免碰伤耳朵引起外耳炎。一般有耳垢湿软的宝宝长大以后也仍然如此，只是分泌的量会有所减少而已。

而且耳朵里边的分泌物对宝宝的耳膜也有一定的保护作用，在声音过大的时候能保护宝宝的耳膜不受损。因此新妈咪不需要刻意去清洁宝宝的耳朵，除非他的分泌物确实多到了堵塞耳朵了。

第 162 天　宝宝不能太胖了哦

有的宝宝胃口大,吃奶急,也不吐奶,体重增长快,喂养这样的宝宝新妈咪新爸爸是最高兴的了。新妈咪新爸爸看着宝宝觉得他每天都在长胖,抱着一天比一天压胳膊。如果宝宝体重增长过快,每天超过45克,一周超过300克,就必须采取节食措施了。

人工喂养的宝宝可以把牛奶冲得稍稀些,或吃奶前喂20毫升水;母乳喂养的,如果每次吃两侧的乳房,可以这样喂奶,即这一次先吃右侧一半,就换过来,让宝宝吃左侧的,吃空,下一次就吃左侧的一半,然后换过来吃右侧的,吃空。这样就减少了后奶的摄入,后奶含脂肪较多,适当减少脂肪的摄入,可以使过胖的宝宝体重增长速度减慢些。

在所有类型肥胖中,源于宝宝期的肥胖几乎没有治疗效果。到了学龄期,小胖子很多,而这些小胖子不是一天就变成小胖子的,大多起源于宝宝期。然而,宝宝期宝宝的新妈咪的问题如宝宝吃奶不好啦,厌食啦,吐奶啦,不爱长啦,和周围的胖宝宝作比较,非常羡慕那些小胖孩。

宝宝的父母很少有看到自己宝宝胖的,都是看别人家的宝宝胖,千方百计喂宝宝。结果不是把宝宝喂得过胖,就是把宝宝弄得厌食。父母在喂养中一定要注意这一点,要客观地评价宝宝的吃奶情况,了解宝宝在体重增长方面的特点和个体差异。

第163天　球类是低价高效的启蒙素材

"球"不仅可提供视觉刺激，以它作为媒介，更可配合孩子的动作、认知发展，变化出不同的游戏，堪称是低价、高效能的优质启蒙素材！看着家中的球，爸爸妈妈是否也想知道，如何与各阶段宝宝进行有趣的球类游戏呢？

球类活动对不同年龄层的宝宝来说，具有不同概念及功能，而这也是它之所以吸引人的原因。

大部分的球，特别是专为孩子设计的，颜色对比都比较强烈，自然容易吸引孩子的目光。宝宝在6个月以前，还处于类似近视的状态，对于对比色强烈的球反应会比较好，家长如果想要培养孩子眼睛聚焦，或者眼球注视移动物体的能力，也可将之作为视觉启蒙素材之一，而孩子需至6个月时，注视移动物品的能力才会好一点。

另外，孩子比较能察觉滚动和移动中的物品，所以要吸引1岁内的孩子玩球，可说是非常容易。

球本身是圆的，相较于其他形体的玩具，只要轻轻一碰便可以滚动。即使是动作比较受限的婴幼儿，也可以轻易靠着自己的力量制造变化，使之不只是一个与人、环境的互动游戏，还是他可以控制的互动游戏。

或许你会问这对孩子很重要吗？答案绝对是肯定的，因为孩子的动作能力未臻完善，相对在与环境互动时会受到较大限制，但球类好操作，他一推，球便滚到别处，他人再碰一下，球又可以滚到他身边，即能以有限的动作轻易地完成与人互动这件事。

宝宝在1岁左右，会逐渐发展出物体恒存概念，而球具有移动性，在家长与孩子互相传球的过程中,球可能会滚到他看不到的地方,或者经过遮蔽物又出现在孩子眼前,正好与孩子物体恒存概念发展可相配合。面对球消失、出现,孩子会感到好奇、疑惑,或尝试寻找,此为孩子与空间环境互动的一种历程,而这个历程比起前期单纯看球移动有趣多了。

第164天 宝宝越来越活泼,越来越可爱

爱活动的宝宝开始学会踢被子了,而且踢得很有技巧,能够把盖在身上的被子毫不费力地一脚蹬开,露出四肢,非常高兴地舞动肢体。新妈咪认为宝宝是热了,换上一个薄被,照样踢开,新妈咪简直盖不过来。这是宝宝在长力量,就是要和新妈咪比试比试,看你盖得快,还是我踢得快。不用担心,这是宝宝在发育过程中出现的正常现象。如果怕宝宝受凉,新妈咪别把被子盖到宝宝的脚上,让脚露在外面,当宝宝把脚举起来时,被子在宝宝的身上,就不能把被子踢下去了,又不会影响宝宝肢体运动。

这个月的宝宝视、听和运动能力有了进一步提高,对外界的反应能力进一步增强,变得警觉起来了,在吃奶时,如果有意外的声响、走动的人影等,都会转移宝宝吃奶的注意力,他会突然停止吃奶,或把奶头吐出来回过头去寻找声源或人影。新妈咪不要误认为宝宝食欲有问题。

母乳喂养的宝宝,开始对新妈咪有依恋情绪。喜欢新妈咪抱着他吃奶。不要怕把宝宝惯坏了,这是宝宝情感发育中不可缺少的,新妈咪至少每天要抱宝宝两个小时,才能满足宝宝对新妈咪爱抚的需要。不要仅仅是吃奶才抱宝宝,这就会使得宝宝不饿也要奶吃,因为吃奶可以满足他对新妈咪爱抚的需要。

第165天　6个月大的宝宝会识别好坏人了

一项最新研究发现,就连婴儿也能区分好玩伴和坏玩伴,而且知道自己应该选哪一个。

研究显示,6到10个月大的婴儿在他们会说话之前便表现出至关重要的社会判断能力。婴儿们看见一个有曲球眼的木玩具想要爬上过山车小山,然后另一个有曲球眼的玩具从旁边走过,要么帮前一个玩具翻越小山,要么就帮着推一把。然后,研究人员把这两个玩具放在婴儿们面前看,他们会选哪一个。几乎所有的婴儿都选了帮助他人的那个,不选淘气的那个。与淘气的相比,婴儿们也更愿意选中立的玩具——既不帮忙也不妨碍他人。而与中立的相比,他们又更愿选帮助他人的那个。

一位心理学研究员说:"令人难以置信的是,婴儿也具有这种判断力。它表明,我们不需要太多的教导就具有这些基本的社交技能。"专家表示,男孩和女孩的反应没有差别,但当研究人员取走让这些玩具看上去更逼真的大眼睛时,婴儿们就展现不出这种社交判断技能了。选友善的不选淘气的受一系列思想的指引,而这些是我们人类天生具有的一些社交能力,不仅仅是从父母那里学到的。专家说:"我们知道他们在早期就表现出社交的本质。"

第166天　不要忽视了宝贝衣物的护理

衣物等这些护理上的细节往往容易被父母忽视,在医学上,此类宝宝疾病被称为"母源性疾病"。新爸爸新妈咪要从护理的细微之处寻找宝宝患病的原因，可能会大大减少宝宝的患病概率。彻底杜绝"母源性疾病"是新妈咪养育宝宝成功的标志。

这个月的宝宝穿起衣服来，不再是看不着腿在哪里，胳膊在哪里了。穿上宝宝服，可以做宝宝服装模特了。尽管如此，也不要给宝宝准备过多的衣服，如果衣服过多了，轮换的周期就会长，放置的时间长了，就影响衣服的清洁度，如果少准备几件，宝宝就会穿上在阳光下晒过不长时间的衣服。这是非常好的。

一般情况下，冬季可准备4套，夏季可准备6套，春秋季准备3套，能正常更换就可以了。要纯棉衣服，不要纯毛衣服，因为纯毛衣服会有毛掉下来，可能会飞到宝宝的鼻腔、眼、口内。有的宝宝会对羊毛过敏，因此最好给宝宝选用纯棉衣服被褥。存放宝宝衣服被褥的箱柜里不要放卫生球、樟脑、清香剂等化学品，可以放置干花等纯植物清香品。

被褥要经常拿到户外进行暴晒。太阳光是最好的消毒工具，不要使用消毒液给宝宝洗衣服被褥，总会有些漂洗不净的残留物在衣服被褥上，尤其是紧挨宝宝皮肤的内层衣服。也不要用洗衣粉给宝宝洗衣服被褥，即使不含磷的洗衣粉也很难彻底洗净。用宝宝皂或专用洗衣粉、洗衣液要好得多。

第167天　关注一下宝宝的尿便

这个月宝宝比较容易出现大便问题，也是父母容易乱用药的时候，一定要避免。一旦破坏了宝宝肠道内环境，调理起来是比较困难的。防患于未然的根本方法就是不要乱投医，乱吃药。

这个月的宝宝训练大便还为时太早。对于小便泡大的，次数少的，喜欢让新妈咪把尿的宝宝，也可以把一把。但如果宝宝不喜欢，一把就打挺，或越把越不尿，放下就尿，这样的宝宝不喜欢新妈咪干预他尿尿，新妈咪就不要非把不可。这样会伤害宝宝的自尊心,到了该训练的月龄也训练不了了。

同样,有的宝宝大便每天1~2次,也可以根据每天大便的时间把一把。注意:不要长时间把宝宝大便,如果长时间让宝宝以大便的姿势坐着,会增加脱肛的危险。不必为别人家的宝宝已经能够把尿便了,已经很少洗尿布,已经很节省一次性尿布而着急,这是没意义的。

母乳喂养婴儿大便次数可能仍然在四五次,有时会发绿,发稀,还会有些疙疙瘩瘩的奶瓣,这不要紧,不要为此给宝宝吃药。牛乳喂养的宝宝可能会便秘,可多喝些菜汤,适当吃些水果。

这个月的宝宝容易发生生理性腹泻,要注意与肠炎区别。不要自行使用非处方药,破坏肠道内环境。大便里会有黏液样、痰样的东西,这是肠道细胞黏膜代谢脱落,咽到消化道的痰液,不是痢疾。

如果高度怀疑是肠道疾病,可留取"不正常"的那部分大便,带到医院进行化验。不要轻易带宝宝到医院,以减少交叉感染。药店推荐的药物,也不要轻易购买,要想到药店的商业性。治疗肠道疾病的药物,可能会引起肠道内环境紊乱。

第168天 小家伙洗澡不如以前乖了

这个月的宝宝洗澡已经不再是那种新爸爸新妈咪怎么摆弄都行了,开始会淘气了,会有自己的兴趣和要求,比如你给他洗脸,他却只喜欢用小手拍水玩,这时新妈咪要和宝宝说,咱们先洗脸,洗完脸再玩,他可能听不懂,但每次都要这样对他说。

洗澡时宝宝会从你手中溜出,掉到水里或磕到盆沿上。尤其是给宝宝身上打了宝宝皂或浴液,就更光滑了。把新生儿的小浴盆换成大的浴盆,如果已经把宝宝放到浴盆里了,不要因为水凉,在宝宝旁边加热水,这是危险的。尽管你有把握不烫着宝宝,但还是不要这样做,意外可能就是这样发生的。

宝宝的语言就是在新爸爸新妈咪不断地说话中学会的,这要比正正规规地教宝宝说话省事、有效得多,新妈咪要随时在琐碎的日常生活中教宝宝学习。这样不但让宝宝学会了语言,学会了如何听懂新妈咪的话,也知道应该怎么做,如洗完脸后再玩。

从宝宝期就开始注意这方面的教育,就会让宝宝知道对自己的行为有所约束。父母可能会说,这么小的小宝宝知道什么,是没有必要的。我不赞成这种看法,如果让小树先歪着长,等长大了,再正过来是很困难的。树终究不是人,人是有思想,有情感的,纠正起来更难。

第169天 让宝宝睡得香香甜甜

睡眠很好的宝宝让新爸爸新妈咪比较轻松,早晨起来,洗脸、吃奶、洗澡,听听音乐,和新妈咪交流,练练发音,再到户外活动。

宝宝通常到了午饭前开始睡觉,等到新妈咪把饭吃完了,会醒来吃奶,再和新爸爸新妈咪玩一会儿,开始睡午觉,一睡可能就是三四个小时,醒来后吃奶。天气好的话,宝宝会非常高兴到户外晒太阳,看看花草树木、人来人往和穿梭的车辆,小猫、小狗、小鸟、小鸡更是宝宝喜欢追着看的小动物。

给宝宝洗洗脸,洗洗小脚,洗洗小屁股,喂足了奶,也到了七八点钟,开始睡觉了。一睡可能就到了后半夜,即使半夜起来一两次也是正常的,换换尿布,喂点奶,宝宝会马上入睡的。

绝不要和宝宝在半夜玩,养成这样的习惯,父母可就惨了,白天工作,晚上还要陪宝宝玩,时间一长,也就不会有好脾气了,就会不理睬宝宝了,宝宝就开始哭闹,一来二去,成了闹夜的宝宝,邻居也受影响,宝宝的睡眠问题就拉开了序幕。

只要宝宝没有什么异常,生长发育很好,吃得正常,玩得好,精神饱满,就说明宝宝睡这么长时间没关系。贪吃的宝宝要比吃得少的宝宝一顿就能差七八十毫升的奶,贪睡的宝宝可以比睡觉少的宝宝一天多睡4~5个小时,这种差异是可以存在的。

当然也有的宝宝白天睡得还好,一到晚上就哭个没完,从生下来就这样,这可能是宝宝有轻微脑障碍综合征,就是儿童期的多动综合征,但这毕竟是极少见的。父母不要轻易认为宝宝有病,要耐心等待,宝宝总有一天会好起来。

第170天 别让宝贝饿坏了

宝宝可能会在某一天突然厌食牛奶。新妈咪不要着急,这是暂时现象,过一段时间宝宝就会重新喜欢牛奶的。

当母乳不足时,新妈咪就开始给宝宝补充配方奶粉,配方奶粉一般是比较甜的,这使得有的宝宝很喜欢吃;奶瓶的孔眼比较大,出乳容易,速度快,对于嘴急、奶量大的宝宝来说,是很好的事情,要比吃母乳省力得多。这样的宝宝不拒绝吸奶瓶,也不讨厌橡皮奶头的味道,也不嫌橡皮奶头硬(价格比较贵的奶嘴,几乎接近了新妈咪乳头的感觉),这就使得宝宝不再喜欢费力吃新妈咪的奶了。

母乳不足的表现是宝宝吃奶间隔时间缩短了,半夜不起来吃奶的宝宝开始哭闹,不给奶吃就不停地哭;新妈咪再也不感觉奶胀了,不再有奶惊了,当宝宝吃奶时,突然把奶头拿出来,奶水只是一滴一滴的,不成流;宝宝大便次数少了,或次数多但量少了,体重增长缓慢,一天增长不足10克,或一周增长不足100克。

如果体重仍然增加不理想,就每天加两次,要注意,一定不要无限制地加下去，这样会影响宝宝对母乳的吸吮，使母乳量进一步减少，母乳仍然是这么大宝宝的最佳食品。要整顿地添加牛乳。也许会遇到添加牛乳困难的情况，只要宝宝体重还在增长，就继续母乳喂养，不要因为宝宝不吃牛乳而把母乳断了。到了六个月的时候，宝宝会喜欢吃的，也可以添加一些辅助食品了，宝宝不会饿坏的。

第171天　宝贝穿得可漂亮了

六个月宝宝穿的衣服要舒适、宽大、柔软、安全、易穿易脱、吸水性强、透气性好、色彩鲜艳、款式漂亮。六个月的宝宝感觉更灵敏了，如果穿着不舒适，就会哭。衣服瘦小，会影响宝宝生长发育；衣服不柔软，会伤及宝宝稚嫩的皮肤。

六个月的宝宝很可能会拿起比较小的东西，而且一旦拿到手里，就会马上放到嘴里。如果小纽扣或饰物被宝宝拽下来放到嘴里，那是很危险的，气管异物危及生命。因此给宝宝选择衣服，一定要安全第一。

一般来说，小宝宝喜欢脱衣服，不喜欢穿衣服。当新妈咪给宝宝脱衣服时，宝宝会手脚乱动，不让脱；穿就更困难了。所以给宝宝买衣服，一定要买那种易穿易脱的衣服。

宝宝容易出汗，要选吸水性强、透气好的衣服。宝宝对色彩已经有认识了，穿在身上的衣服可通过镜子映照出来，对宝宝色彩感觉的正常发育有很好的刺激作用。新妈咪最好能告诉宝宝这是什么颜色，那是什么颜色，宝宝通过自己的衣服就开始了解彩色的世界了。

宝宝穿着色彩鲜艳、款式漂亮的衣服，就会得到周围人的赞赏。宝宝已经能够感受陌生人说话的语气，周围人在夸奖宝宝时，宝宝会很愉快。这对宝宝社交能力的正常发育有很大的好处。

第 172 天　小家伙看上玩具了

六个月的宝宝对玩具的兴趣增强了，但他真正感兴趣的还不是玩具，而是我们日常的东西。新妈咪会发现，再高级的玩具，宝宝玩熟了，就会把它扔到一边，淘汰玩具的速度越来越快。可对日常生活中的东西，却表现出极大的兴趣。比如一把吃饭的小勺，宝宝会不厌其烦地玩好长时间，还很开心。

等宝宝会迈步走的时候，对户外的一草一木会投入更大的兴趣。有的宝宝家里玩具几乎应有尽有，可宝宝玩几下就够了，他喜欢到外面玩地上的小树枝、小树叶、小石头和泥土，看到小蚂蚁会兴奋得不得了，还拿着不同形状的树枝对新妈咪表示：看这个像我的手！新妈咪一看，还真像宝宝的小手呢！

新妈咪不解，宝宝为什么喜欢那些"破玩意"，而不喜欢高档玩具呢？其实这是宝宝的天性，喜欢大自然不正是人的天性吗？再高级的玩具也代替不了自然界的"破玩意"，不让宝宝在外面玩，怕脏了，怕碰了，这会扼杀宝宝对外面世界的探索，扼杀宝宝的兴趣。因此，不必买太多的玩具，把日常用的东西拿给宝宝玩，带宝宝到外边玩，边玩边认，这是引导宝宝认识世间万物的很好的方法。

第 173 天　爸爸妈妈要提高喂养技巧了

尽管这个月宝宝喜欢吃乳类以外的食品，但仍会有辅食添加困难的宝宝。新妈咪最想知道也最难知道，怎样才能使宝宝爱吃辅食。其实知道这些并不难，只需分析一下宝宝不爱吃辅食的原因就可以了。

宝宝不爱吃辅食可能有这些原因：母乳充足，吃不下辅食；依恋母乳；厌食牛乳刚刚结束，一时很喜欢吃牛乳；喂完奶不长时间就喂辅食，宝宝根本没有食欲；辅食太没有滋味了；不喜欢吃购买的现成辅食；不喜欢使用喂辅食的餐具；喂辅食时烫着过宝宝或呛过宝宝等；用喂过苦药的奶瓶、小勺、小杯、小碗喂宝宝辅食；喂奶时抱着宝宝，喂辅食时却让宝宝坐在小车里；喂奶是新妈咪抱着，喂辅食却让爸爸或其他人抱着；早就缺铁缺锌了，食欲已经下来了，什么也吃不出味道来，开始厌食了；宝宝还不能消化谷物，对肉、油消化也不是太好，肚子总是胀胀的，实在不舒服；辅食消毒不严，细菌感染了肠道，患了肠炎，不用说辅食，就是奶也要少吃了；没有把放在冰箱中的辅食熬沸，只是热热，虽然不凉，但吃了肚子不舒服，影响了下一顿辅食添加；天气太热了，成人消化功能都降低了，对小宝宝的影响就更大；宝宝爱吃某种辅食就多喂，就上顿下顿地喂，直到吃够了，什么辅食也不想吃了；宝宝本来不想吃了，可新爸爸新妈咪按照某个标准认为今天辅食添加的任务还没有完成，就合起来对付宝宝，硬往嘴里灌，哭也不管，正好张开嘴巴，顺势把辅食往嘴里放；宝宝睡得迷迷糊糊的，把奶嘴塞进宝宝嘴巴里，让宝宝迷迷糊糊地把辅食喝进去，宝宝会非常反感；宝宝积食了，应该歇歇了；宝宝真的生病了。

上述这些可不是教新爸爸新妈咪如何对付宝宝的，是提醒新爸爸新妈咪引以为戒的，针对不同的可能，分析宝宝不爱吃辅食的原因，提高喂养技巧。

第174天 改掉宝宝吮手指和流口水的习惯

六个月的宝宝吸吮手指是发育过程中的正常表现，科学研究证实，大约50%的宝宝会吸吮手指，有关专家还发现胎儿就有吸吮手指的现象。这个时期吸吮手指与"吮指癖"是两码事。六个月以前的宝宝，差不多都有吸吮手指的欲望，六个月以后就逐渐减弱了。

　　看到宝宝吸吮手指，应该用积极的态度来对待，比如抱起宝宝亲亲小手，把玩具送到宝宝手中，喂宝宝一些果汁、水等。不要试图管住宝宝吸吮手指，而是要尽量避免宝宝吸吮手指，以免发展成吸吮手指癖。

　　除了吸吮手指外，这个月的宝宝会把拿到手里的任何东西放到嘴里啃，这也是宝宝特有的表现。所以给宝宝的东西要卫生、安全，能啃下来的玩具不要给宝宝玩，能放到宝宝嘴里的东西不要给宝宝玩，如小球、糖块、纽扣等，以免出现气管被异物堵塞的危险。

　　六个月的宝宝唾液腺分泌增加了，添加辅食后唾液分泌更多，再加上出乳牙宝宝流口水就很多了。在宝宝胸前戴一个小围嘴，同时多备几个，只要湿了就换下来。口水会把宝宝的下巴淹红，因此不要用手绢或毛巾擦，而应用干爽的毛巾沾干，以免擦伤皮肤。如果喂了有盐、有刺激皮肤可能的辅食，就要先用清水洗一下，不能只是用毛巾沾，那样刺激物的成分仍会留在宝宝下巴上。

第175天　宝宝的色彩启蒙计划

　　这个世界是五颜六色的，在小宝宝眼中，一切都是那么的新奇，一切又是那么的多彩，在充满色彩的世界中，小宝贝们能获得什么呢？

　　研究表明：宝宝从出生三四个月开始就对色彩有了感受力，一个在五彩缤纷的环境中成长的宝宝，其观察、思维、记忆的发挥能力都高于普通色彩环境中长大的宝宝。反之，如果宝宝经常生活在黑色、灰色和暗淡等令人压抑的色彩环境中，则会影响其大脑神经细胞的发育，使孩子显得呆板，反应迟钝，甚至智力低下。

　　实践证明：宝宝对颜色的认识不是一下子就能完成的，必须经过耐心的启蒙和培养，这种启蒙教育应该从婴儿期开始，特别是6个月左右的宝宝，这个月龄段的孩子对语言已有了初步的理解能力，能够坐起来，手能够抓握，一些色彩游戏可以有效地进行。

多欣赏、多感受

在色彩启蒙的过程中，我们要以基本色为主，如红、黄、蓝、绿、黑、白。丰富的色彩环境是启蒙教育的关键，让宝宝在这种环境中多看、多感受。

多彩的卧室。可以在宝宝的居室里贴上一些色彩协调的图片，经常给宝宝的小床换一些颜色清爽的床单和被套。在宝宝的视线内还可以摆放一些色彩鲜艳的彩球、玩具等，充分利用色彩对宝宝进行视觉刺激。

多彩大自然。父母应该多带宝宝到大自然中去，看看蔚蓝的天，飘拂的白云，公园里五颜六色的鲜花……让宝宝接触绚丽多彩的颜色。

多讲、多看、多认

1.多讲。日常生活中，不论你在做什么，只要与色彩有关的，就要给宝宝讲解，比如：宝宝今天穿的鞋子是红色的，妈妈今天穿的衣服是黄色的，边说边指，渐渐地，宝宝在你的话语中，也许会找到"一对一"的感觉。

2.多看、多认。待宝宝对色彩了有一些感觉后，可以试着通过看颜色卡片来引导宝宝认识单独的颜色。多和宝宝看卡片，一边看一边指认："红色的苹果"、"黄色的梨子"。不管宝宝是否能听懂，这样的重复认读，会在宝宝的脑海里形成影像。

第176天　温和对待宝贝发脾气

这时的宝宝，情感丰富了。如果父母不尊重宝宝的选择，宝宝会反抗的。比如你喂他辅食他不喜欢吃时，会用手打翻你拿着的饭勺或饭碗，再如你非要把尿，宝宝就会打挺哭闹，把两腿伸直甚至把尿盆弄翻。

宝宝耍脾气，并不是坏事，说明宝宝已经有了自己的主见，不能一遇到宝宝耍脾气，就认为这样的宝宝应该管教，否则，长大了就管不了了。对于这么大的宝宝，这样认为是不对的。

教育宝宝以讲道理为主，而不能在宝宝耍脾气时，父母就耍态度。况且，这么大的宝宝还不能明白一些事理。在宝宝耍脾气时，父母生气，或抱怨，或耍态度，都是不应该的，这会加剧宝宝耍脾气的势头。以温和的态度对待宝宝是最好的。

比如奶瓶的奶嘴和母乳的乳头有很大的差别。宝宝不接受这种奶嘴也是情有可原的。如果原来用奶瓶喝水、喝果汁或菜汁都很好，偏偏用奶瓶喂牛奶就拒绝奶瓶并且发脾气。最让新妈咪难以理解的是，不但不喝奶瓶里的牛奶，现在连奶瓶里的果汁和菜水也不喝了。新妈咪不要为了宝宝不吃奶瓶就急得不得了，这种情况也是正常的。

在护理拒绝奶瓶的宝宝时父母不要着急，不要为此不知所措；不要为此绞尽脑汁想方设法非要宝宝吃奶瓶不可，方法不当反而会使宝宝更加拒绝奶瓶了；如果宝宝不喜欢使用奶瓶，就暂时用杯子或小勺喂，也许过一段时间，宝宝自然就使用奶瓶了；新妈咪可以隔三差五给宝宝奶瓶试一试，即使一直都不喜欢用也不要紧的，再过几个月宝宝就开始从断奶过渡到正常饮食了，那时喝水、喝奶、喝饮料都可以使用杯子了。

第 177 天　不要强迫宝宝吃辅食

六个月的宝宝添加辅食仍然是初期，只要宝宝吃就行，不要求必须按照这个月宝宝辅食添加的种类和量。每个宝宝对于辅食的需要程度是不同的，不能千篇一律地要求每一个宝宝。

给这个月的宝宝添加辅食有时会遇到困难，原因是添加的辅食不适合宝宝的口味；添加辅食过晚了；母乳很充足；牛乳吃得很多；不喜欢使用辅食的小勺小杯；被新妈咪撑着了，已经积食了；食量小；很爱吃奶的宝宝更不爱吃辅食。如果没有以上这些可能的原因，就要考虑疾病问题了。如果添加辅食困难，又找不出什么原因，就要少加，只要吃一点就可以。如果一点也不吃，就改一改辅食的种类。一口辅食也不吃的宝宝，还是很少见的。

这里给您推荐添加辅食的方法，供参考：

1.180毫升果汁或菜汁。每天分两次喝，但有的宝宝一次就可以喝180毫升的果汁，下顿又喝180毫升的菜汁。有的宝宝一次只喝80毫升果汁，菜汁只喝50毫升。

2.一个鸡蛋。但有的宝宝就像吃药那样难以把一个鸡蛋吃进去，可有的宝宝可以三下五除二，几口就吃光了一个鸡蛋。

3.固体食物。这个月可以试着给宝宝吃些固体食物，如面包、磨牙棒、馒头。有的宝宝吃半固体的粥还咽不痛快呢，吃固体食物就更咽不下去。还会出现干呕，最后还是把它吐出来了。老人就说这宝宝嗓子眼细。其实成人也一样，有的人吃饭狼吞虎咽，不挑食，吃什么都香，可有的人吃饭细嚼慢咽，不爱吃的一口也难以下咽。这就是个体差异，不能说前者健康没病，后者就有病。

第178天　及时预防宝宝厌食

什么阶段都可能会有不爱吃饭的宝宝，但真正厌食的宝宝并没有那么多。大多数宝宝根本不是厌食，而是新妈咪在喂养方式和观念上有问题。食欲低下，什么也不肯吃，看到吃的就会不高兴，把放在嘴里的奶头吐出来，把喂进的辅食吐出来。如果强迫喂进去，可能会发生干呕。体重增长缓慢，生长发育落后，头发稀疏，缺乏光泽。对于这样的宝宝，要看医生，做必要的检查，服用必要的药物。

那么，如何预防宝宝发生厌食呢？这里给家长一些建议：

1.在添加辅食过程中，新妈咪按照食谱或书上推荐的食量喂宝宝，如果不能把新妈咪做的辅食吃下去，或不喜欢新妈咪做的辅食，这可不是宝宝厌食，是新妈咪错怪了宝宝。

2.如果宝宝很爱吃某种食物，新妈咪就没有限制地喂给宝宝，而且第二天又做给宝宝吃。这样，就会使宝宝吃腻了。宝宝不但不再吃他喜欢的这种食物，还会影响其他食物的摄入。

3.合理采纳别人的意见和建议。有的父母，不知给宝宝吃什么好，很喜欢听周围人的经验之谈，周围人说什么好，就不假思索地买给自己的宝宝吃。你的宝宝也许不适合吃这些，如你的宝宝添加辅食时间晚，是五个月才添加的辅食，而那人的宝宝是三个月开始添加的，那个宝宝是人工喂养，你的宝宝是母乳喂养，那人推荐的恰好是含油脂大的食品，不适合给刚添加辅食不久的宝宝吃。结果导致宝宝消化功能障碍，积食了，宝宝辅食量和奶量都下降了，也不爱吃了。凡此种种，父母都要加以辨别，不要动辄就认为宝宝是厌食症。

第 179 天　宝宝牛奶过敏了

当准备给宝宝断奶，新妈咪也许会试着给宝宝喂牛奶。可是自己的宝宝吃完牛奶后却出现哭闹、烦躁、难以安慰及蜷曲双腿等表现，这是怎么回事呢？

如果宝宝出现上述表现，那可能是因为宝宝对牛奶过敏。牛奶过敏不仅引起宝宝肠绞痛样反应，还可引起鼻炎、湿疹、腹泻等疾病，甚至会造成宝宝生长不良甚至出血性腹泻。

如果宝宝在吃奶后4小时内出现过敏反应，则表明宝宝对牛奶完整蛋白过敏;如果是在4~72小时出现这些反应,那宝宝可能是对消化后的牛奶蛋白过敏。如果自己的宝宝对牛奶过敏,新妈咪可以采取以下处理办法:

第一,如果过敏是家族遗传病,新妈咪应尽量用母乳喂养宝宝,大量事实显示,出生后即开始用纯母乳喂养的宝宝,在2岁内很少会对牛奶过敏;

第二,当母乳不足时,新妈咪可以改用羊奶或用大豆配方奶喂养宝宝;

第三,如果宝宝过敏的情况并不严重,新妈咪可以采用稀释脱敏的方法。首先,给宝宝饮用很少量的稀释配方牛奶(温开水与牛奶的比例为30:1),如果宝宝饮用后数小时并没有任何不适的话,新妈咪再慢慢地增大牛奶的比例,一直到宝宝能饮用全牛奶。在脱敏期间,新妈咪可以另外给宝宝喂代乳粉、米糊等,保证宝宝的营养供应,同时还可以给宝宝喂服维生素C或葡萄糖酸钙片,增强宝宝的机体代谢作用和解毒能力。

第180天 宝宝"大叫"的小秘密

对新爸爸新妈咪来说,宝宝"咕咕"、"啊哦"等咿咿呀呀的学语声,是最可爱最悦耳的声音。但是忽然之间,宝宝发出了一声尖利的大叫,这声尖叫听上去就像是要谋杀人的耳朵。新妈咪疑惑了,这真是自己的宝宝发出来的声音吗?

新妈咪要明白,宝宝大声尖叫是为了向周围的人传递信息,这是宝宝语言表达的一种方式。当宝宝6个月大的时候,他们会发觉,原来自己可以用最大的声音去吸引他人的注意。而且,对宝宝来说,自己能发出这种奇特的声音是一件相当刺激、有趣的事情。所以,当他们想表达什么时,就会用力地大声喊叫。如果他们的叫声成功地吸引了人们的注意,那么下一次,他们喊叫的分贝会更高,持续的时间也会更长。

如果宝宝大声喊叫,新妈咪要及时了解宝宝喊叫的原因。也许宝宝尿湿了、饿了，也许是宝宝觉得寂寞了，又或者宝宝的情绪不好。新妈咪应该及时应对这些原因。

宝宝的尖叫或许不像其他行为那样惹人爱怜，但是，宝宝尖叫是有好处的哦。首先，尖叫是宝宝锻炼自己的发音系统的方式。就像小鸟初试啼声一般，宝宝会因此对发声产生极大的兴趣。其次，它是宝宝对周围环境的一种积极反馈，新妈咪可以通过尖叫了解宝宝的意愿，并予以宝宝相应的满足。

第181天 诱发宝宝的好奇心

从一出生开始，宝宝就具备了旺盛的好奇心。随着环境的改变和年龄的增长，宝宝的好奇心也与日俱增。好奇心能帮助宝宝拥有主动学习的动机。但很多家长在不经意间就将宝宝的创意表现扼杀在萌芽状态。

下面一个小游戏，可以很好的诱发宝宝的好奇心。

具体步骤：

1.妈妈背对着宝宝躺好，将事先准备的小玩具放在宝宝坐着的另一边。妈妈的身体就像一座山似的挡住了玩具，让宝宝看不到。

2.妈妈回过头对宝宝说："过来到这边来，妈妈给你好东西哦。"用玩具吸引他，让他爬过妈妈的身体。

3.当宝宝爬过来以后，让宝宝玩玩具，并且称赞他的勇敢。

当宝宝听到妈妈的呼唤，会很好奇，会迫不及待地想知道妈妈身体的另一边有什么东西。妈妈见到宝宝爬过来，要小心看护，不要让宝宝受伤。当宝宝爬过妈妈的身体时，妈妈要夸奖宝宝"你真棒"，并且把玩具给他。过一段时间，再开始游戏。宝宝因为有了上次的经验，这次会更加兴致勃勃。

注意宝宝的安全，吸引宝宝的玩具应该是宝宝非常感兴趣的，否则就没有效果了。如果宝宝成功，要鼓励和称赞宝宝，让宝宝充满成就感。妈妈可以改变身体的高度,比如刚开始完全平躺,慢慢侧躺,来增加宝宝爬行的难度,以强化他的成就感。

第182天 宝宝有了理解力

宝宝6个月大的时候,对周围的事物有了自己的观察力和理解力,似乎也会看大人们的脸色了。宝宝对外人亲切的微笑和话语也能报以微笑,看到严肃的表情时,就会不安地扎在妈妈的怀里不敢看。听到别人在谈话中提到他的名字,就会把头转向谈话者。

当妈妈两手一拍,伸向宝宝时,宝宝就知道妈妈是想抱他,也就欢快地张开自己的胳膊。当妈妈拿起奶瓶朝宝宝晃晃,宝宝就知道妈妈要喂奶,于是就迫不及待地张开小嘴。有时妈妈假装板起脸来呵斥,宝宝的神情也会大变甚至不安或哭闹。对一些经常反复使用的词语,比如"妈妈"、"爸爸"、"吃奶"和"上床睡觉"等等,宝宝也能理解。

宝宝对亲近的人也会展示自己的爱,爸爸或者妈妈抱着宝宝的时候,宝宝会用小手触摸爸爸妈妈的脸,揪爸爸妈妈的耳朵,还会张开小嘴"啃咬"爸爸妈妈的脸,直咬得口水长流。

第七个月

乖宝宝晒晒太阳好处多

第183天 宝宝乳牙可用纱布擦洗

宝宝开始长出第一颗小乳牙时,新妈咪们都会特别惊喜,可这也意味着呵护宝宝牙齿的行动进入了一个关键时期。宝宝乳牙萌出时间一般从第6个月开始至2岁半全部出齐。但也有个体差异,有的宝宝出牙可早至出生后第4个月,亦有晚至13个月才萌出第1颗乳牙。

乳牙萌出时,多数宝宝没有特别不适,但有的宝宝会出现局部牙龈发白或稍有充血红肿,妈妈也不必为此担心,因这些表现都是暂时性的,在牙齿萌出后就会好转或消失的。

宝宝长出第一颗乳牙时,就要用干净的纱布帮其洗牙。每次哺乳后、喂食后以及晚上新妈咪都应用纱布缠在手指上帮助宝宝擦洗牙龈和刚刚露出的小牙。两岁后要帮宝宝准备一支头小毛软的幼儿牙刷,早晚两次教宝宝刷牙。

妈妈也可以在宝宝进食后喂点温开水,以起到冲洗口腔的作用,还可以在每天晚餐后用2%的苏打水清洗口腔,防止细菌繁殖而发生龋齿或口腔感染。

乳牙全部萌出后,最好每半年给宝宝作一次口腔检查。定期检查,可以尽早发现口腔和牙齿疾患。

如果发现乳牙无光泽、颜色灰暗,甚至可以看见黑色龋洞,表明宝宝已经有牙齿遭遇龋蚀,应该去医院就诊。

平时要给宝宝吃些较硬的食物,如饼干、面包干、苹果、梨等,既可锻炼牙齿又可增加营养。可以使用由硅胶制成的牙齿训练器,让宝宝放在口中咀嚼,以锻炼宝宝的颌骨和牙床,使牙齿萌出后排列整齐。

第184天 夜晚换尿布3次使宝宝少睡半小时

新妈咪夜里为宝宝更换尿布的时候，宝宝"经常"醒来。有的新妈咪说，每次更换尿布后，宝宝需要5~15分钟才能再次入睡，还有15%的宝宝需要15分钟以上才能再次入睡。大多数新妈咪说，晚上给宝宝更换尿布3次或3次以上，这样更换尿布可以导致宝宝每晚失去30~60分钟的睡眠。

调查数据表明，布尿布组比纸尿裤组宝宝的觉醒时间、总睡眠中断次数和晚上总觉醒时间明显增多，因此专家表示，与使用传统的布尿布相比，使用纸尿裤能显著改善夜间睡眠的效果。有一些新妈咪认为布尿布更加透气，所以坚持给宝宝用布尿布，事实上，很多宝宝尿湿尿布后都会醒来，直接影响睡眠质量，不及时更换容易造成尿布疹，因此，专家建议，为了宝宝的睡眠质量和健康，最好使用纸尿裤。

睡眠质量会影响宝宝性情，结果表明，宝宝常规睡眠变化与使用布尿布或纸尿裤有关。研究小组发现，那些夜间睡眠中断次数较多或睡眠中断时间较长的宝宝，处在约束状态时，更容易表现出痛苦情绪，也更容易出现迫不及待、毫不迟疑地想参加活动的行为，而且不容易从兴奋高点快速恢复过来，也不易感知周围低强度的环境刺激。而纸尿裤组宝宝的活动水平、知觉的敏感程度和对声音的反应能力都显著更高。

新生儿睡眠—觉醒节律是神经系统健全的标志，预示着后来的认知发展。绝大部分宝宝已经在睡眠—觉醒周期的调节方面得到了充分的发展，这个过程对宝宝的注意力、处理信息和沟通能力等方面具有重要的意义。

第185天　新爸爸抚摸一下宝宝吧

新爸爸，应该多了解一些做抚触的好处和必要性，这样就能更好地帮助宝宝健康成长。

宝宝抚触简单地说就是家人与宝宝皮肤的密切接触，通过抚触，使宝宝最初认识自己的父母，是感情交流的最好方式。

宝宝期的抚爱对宝宝来说，就像维生素和蛋白质一样重要，抚触时，父母通过对宝宝皮肤温和的刺激，把爱意传递给宝宝，使之感到无比的幸福和安全，稳定宝宝的情绪，增强自信。而且，抚触还能使宝宝减轻腹胀和便秘、提高免疫力。抚触还能促进宝宝神经系统发育，提高智商，使宝宝变得更聪明。

那么，新爸爸在帮宝宝做抚触的时候有哪些需要注意的呢？

给宝宝抚触，一天两次左右，一次15分钟为宜。最好是在沐浴前后、午睡及晚上睡觉前或两次进食之间，选择宝宝不疲倦、不饥饿、不烦躁并且清醒的时候。

对于爸爸们来说，为宝宝做抚触时一定要掌握好力度，以宝宝不疼不痒为准。爸爸们的工作通常比较忙，可以利用零星时间给宝宝"部分"抚触。

新爸爸可以常摸摸宝宝的小手小脚，摩挲宝宝的背部等。抚触不是一种机械的操作，而是亲子间充满爱的情感交流。抚触最重要的就是传达爱意，父亲要微笑地看着宝宝，轻轻地和宝宝说话，让宝宝感受到爸爸的爱。

第 186 天　学习语音的敏感期

7个月的宝宝已经习惯坐着玩了。尤其是坐在浴盆里洗澡时，更是喜欢戏水，用小手拍打水面，溅出许多水花。如果扶他站立，他会不停地蹦跶。嘴里咿咿呀呀好像叫着爸爸、妈妈，脸上经常会显露幸福的微笑。如果你当着他的面把玩具藏起来，他会很快找出来。

喜欢模仿大人的动作，也喜欢让大人陪他看书、看画，听"哗哗"的翻书声音。

新爸爸新妈妈们第一次听宝宝叫爸爸、妈妈是一个激动人心的时刻。7个月的宝宝不仅常常模仿你对他发出的双复音，而且有50%~70%的宝宝会自动叫出"爸爸"、"妈妈"等。开始时他并不知道是什么意思，但见到家长听到叫爸爸、妈妈就会很高兴，叫爸爸时，爸爸会亲亲他，叫妈妈时，妈妈会亲亲他，宝宝就渐渐地从无意识地发音发展到有意识地叫爸爸、妈妈，这标志着宝宝已步入了学习语音的敏感期。父母们要敏锐地捕捉住这一教育契机，每天在宝宝愉快的时候，给他朗读图书、念儿歌、说说绕口令等。

第 187 天　剃光头，宝宝不会更凉快

很多新妈咪以为头发会增加温度，喜欢在夏天给小宝宝剃光头，认为这样更凉快。其实剃短头或光头虽然在一定程度上可以帮助排汗，但汗液里的盐分也直接刺激皮肤，宝宝会觉得头皮瘙痒。而且，因头发较少，宝宝一出汗就会不自觉地用手去抓痒，一旦抓出伤痕，就很容易引起细菌感染。特别

是夏天时，宝宝剃光头后，头皮会直接暴露在强烈的阳光下，很容易伤及他们幼嫩的头部肌肤，引起日光性皮炎等疾病。所以不要给宝宝剃光头。

事实上，浓密而富有弹性的头发可以在宝宝头部受到意外袭击或外界物体伤害时，防止或减轻头部的损伤，起到保护宝宝头部的作用，另外，头发能够帮助人体散热，调节体温。剃光头实际上减弱了人体的散热功能。

宝宝的皮肤稚嫩，剃光头容易损伤头皮及毛囊组织，增加各种细菌在头皮上的感染机会，细菌趁机而入后，引发痱子、疖子等，严重者还会引起败血症。

若细菌侵入宝宝头发根部，破坏了毛囊，会引起头皮发炎或毛囊炎，不仅影响头发的正常生长，甚至导致谢顶。如果细菌进入血管，可经眼内静脉传播到脑静脉，从而导致颅内感染，引起脑膜炎、脑脓肿，有时还可引起血栓静脉炎和脓毒败血症等疾病。

所以，新妈咪们可以适当把宝宝头发剪短，但不要剃光头。

第188天　宝宝吃手指有好处

小宝贝一到7个月，手的动作会变得更加灵活，逐渐学会拿东西，大拇指和其他四指分开，特别是食指的能力有很好的发展，如伸食指进瓶口，掏出里面的东西；会用手伸进盒子里捡起掉入的玩具；当家长喂宝宝吃饭时，他会伸手抓勺子；喜欢把手浸在饭碗里，然后将手放入口中，有趣地吸吮，往往这时候，爱清洁的新妈咪总是急着说："太脏了，不要把手放到嘴里！"其实，新妈咪阻止宝宝这样做是不科学的。

因为小宝宝的运动发育过程，遵循头尾规律，即从头开始，然后发展至脚，感知觉的发育也是如此。宝宝发展到一定阶段，就会出现一定的动作。他能用手把东西往嘴里放，这代表他的进步，这意味着他已经为日后自食打下良好基础，与此同时，也锻炼了手的灵活性和手眼的协调性。因此，新妈咪应鼓励宝宝这样做，并要采取积极措施，例如把宝宝的手洗干净，让他抓些饼干、水果片类的"指捏食品"，这样不仅能训练食指的能力，还能摩擦牙床，以缓解长牙时牙床的刺痛。

第189天 宝宝床装饰有技巧

宝宝现在7个月大了，新妈咪会在宝宝床上方挂一个静止的玩具饰物，其实，这样很容易使宝宝长期盯着一个地方看，形成对眼。新妈咪可以悬挂诸如床铃等可转动的玩具，还可以时常变换小孩睡觉的方位，使光线投射方向经常改变。如今天头睡左边，明天头睡右边，今天睡这头，明天睡那头，这样就能使宝宝的眼球不再经常只转向一侧。

新妈咪不要只挂一个不动的饰物，或总拿着玩具在同一方向逗引宝宝，否则很容易形成对眼。若要摆设玩具、物件，建议最好多摆几件，而且两件之间要有一定的间隔距离，以便宝宝轮流看玩具或物件，促使宝宝的眼珠不断转动，防止对眼。

另外，将宝宝放在摇篮内的时间也不能太长，新妈咪应过一段时间就将宝宝抱起来，转一转，让宝宝能看到周围的事物，而产生好奇心理，以增加宝宝的眼球转动频率，同时使宝宝更有安全感。

第190天 训练宝宝爬行很重要

爬行是宝宝在宝宝期体能发育的一个重要过程。宝宝爬行的标准动作，首先是头颈仰起，然后利用双手支撑的力量使胸部抬高，最后由四肢支撑着体重向前爬行。

由于宝宝在7个月时全身的肌肉还在逐步发育阶段，爬行的动作也不协调，所以大多是匍匐爬行，也就是利用腹部的力量进行身体的蠕动，在四肢不规则划动的作用下，宝宝往往不是向前进，而是向后退，或者在原地转动。但是，这个阶段过去之后，接下来的就是标准的爬行动作了。

不管宝宝的爬行动作标准与否，都会使宝宝的手、脚、胸、腹、背、手臂和腿的肌肉得到锻炼并逐步发达起来，四肢的协调能力也得到很大发展，为以后站立和行走打下基础。

爬行是宝宝在宝宝期比较剧烈的全身运动，爬行时能量消耗较大。据有关实验表明，爬行运动与坐着相比能量消耗要多出1倍，比躺着要多出2倍。由于能量的较大消耗，大大提高了宝宝的新陈代谢水平，所以爬行可使宝宝食欲旺盛，食量增加。宝宝吃得多，睡得香，身体也长得快和结实。

宝宝学会爬行以后，由于扩大了视野和接触范围，通过视觉、听觉和触觉等感官刺激大脑，可以促进宝宝的大脑发育，并使宝宝眼、手、脚的运动更加协调。因此，宝宝爬得越早、越多，对增进宝宝的智力发展，提高智商水平越有积极意义。而且能增强宝宝小脑的平衡与反应联系，这种联系对宝宝日后学习语言和阅读也会起到良好的作用和影响。

第191天　宝宝还不会玩手怎么办

绝大多数的宝宝在发育里程碑内的月龄范围获得每一种运动技能，如宝宝在3~4个月两手会伸到身体正中线并玩弄双手，5~9个月会独坐等。这些范围表明，每一个宝宝的运动发展顺序虽然是相同的，但个体间仍存在较大的差异。

当宝宝的运动技能发展明显落后于发育里程碑的月龄，如7个月还不会玩手，9个月不会坐，则提示宝宝有神经运动异常的可能，极大多数为脑瘫或出生缺陷，仅少数为进行性神经系统或肌肉疾病。

此时，应由专业医生收集病史，并进行全面的体格和神经发育检查，包括三方面：

1.运动发育里程碑；

2.神经系统检查，包括肌张力、主动肌力、肌腱反射，协调性和姿势、步态的观察；

3.大脑神经运动成熟度标志（原始反射或姿势反应）。

对运动发育迟滞的宝宝的治疗包括：

1.对宝宝和家庭的咨询和支持；

2.手法和物理治疗；

3.辅助器械。

第192天　宝宝患中耳炎后怎么办

宝宝的咽鼓管特点和机体抵抗力低两方面的原因，使宝宝在感冒后容易发生中耳炎，此外还有许多因素诱发中耳炎：

1.给宝宝洗澡、洗头时，因宝宝不合作导致污水流入耳朵内发生感染；

2.给宝宝喂奶过急或奶嘴上的孔较大，使流入口内的奶太快或太多，宝宝来不及吞咽而引起呛咳，使乳汁容易进入中耳发生感染；

3.家长给宝宝挖耳朵，不小心刺伤了耳内的皮肤黏膜而引起感染。

所以新妈咪对宝宝要注意从各方面保护，切断各种发生中耳炎的途径。

另外，宝宝得了中耳炎后一定要看医生，遵医嘱认真治疗，不能自行服消炎药而使宝宝未得到彻底治疗而留下隐患。中耳炎如果治疗不及时，尤其是宝宝机体抵抗力低，中耳炎可以向附近器官扩展，如引起乳突炎甚至颅内感染等。

新妈咪如果发现宝宝感冒后出现不明原因的发烧不退;或有精神不振、食欲减退、恶心、呕吐、腹泻等表现;或宝宝哭闹不安,牵拉耳廓、疼痛等,应及时到医院检查。不要等到宝宝的耳朵流出脓来时,才带宝宝看医生。

特别提醒:当宝宝患了感冒或其他呼吸道传染病时要积极治疗,还要注意宝宝的口腔卫生;给宝宝洗澡、洗头时,要用手堵住宝宝的外耳道口,以防污水流入。不要给宝宝用力挖耳朵,以防皮肤感染,而使细菌侵入引起感染;如果宝宝有反复感冒的现象,提示宝宝的体质不佳,应该请医生给予1~2个疗程的提高抵抗力治疗措施(方法有多种),或者检查宝宝的免疫功能后决定治疗方案,否则反复感冒将增加患中耳炎的危险。

第193天 换季如何防止宝宝感染肺炎

怎样分辨宝宝患了肺炎呢?很多新妈咪凭着经验以为是普通感冒所以延误了宝宝病情导致追悔莫及。宝宝肺炎的典型症状主要有高热、精神变差和咳嗽加剧等。

事实上,造成宝宝咳嗽的原因可能有很多,如果宝宝原来并没有发热,但在咳嗽过程中突然出现发热,则说明有其他感染,新妈咪此时应该引起警惕。

此外,如果宝宝的咳嗽出现加剧现象,咳嗽规律发生改变,比如原来只是白天咳嗽几声,现在白天、晚上都咳,而且有时连续咳十几声,甚至晚上睡觉还咳醒了,也可能是肺炎的征兆。除此之外,宝宝精神变差、不愿动、食欲不振或是呼吸突然变快,都需要特别引起新妈咪的警惕。

引起肺炎的原因既有感染性的,也有非感染性的。感染性肺炎一般都伴有咳嗽,可能由细菌、病毒、真菌、支原体、衣原体引起;非感染性肺炎则包括吸入性、过敏性肺炎,比如宝宝呛奶时,支气管被堵塞。此外,一些化学物质也可能导致宝宝发生过敏性肺炎。感染肺炎的宝宝,在及时治疗的情况下，大部分都能被治愈。但如果病情被延误，也可能造成严重的后果。

新妈咪应该怎么做呢？首先要为宝宝保持合适的环境温度。一般以26~28℃之间为宜。温度过高宝宝容易出汗多，一旦受凉便容易感冒。此外，居室要经常通风。家中尤其是夜晚产生的废气多，即使整夜开着空调，空气也不能流通。新妈咪还应该给宝宝提供一定热量的清淡饮食，并注意休息。如果宝宝高热、呼吸快，应尽量减少活动。因为发生肺炎的宝宝，可能合并心肌炎，剧烈活动对心脏不利。新妈咪在宝宝没生病时要多带他进行户外活动，在让宝宝吸收新鲜空气的同时，也可以增加宝宝耐寒、耐热的能力。

第 194 天 宝宝只"黏妈妈"，爸爸莫吃醋

这段时间，宝宝很"黏妈妈"，尤其是母乳喂养的宝宝一旦觉察妈妈要外出或离开时，他会很紧张、哭闹不止。

不想吃醋的爸爸怎么办呢？在妻子喂奶时，你可以坐在一边摸摸宝宝的小手小脚，同他说说话，让他感受爸爸的微笑和气息，或者陪宝宝睡觉，在宝宝醒后同他一起玩耍……慢慢地，宝宝会把关于爸爸的这些特征也与甜蜜的"享受"联系在一起，并且乐于和你在一起。

第 195 天 用宝宝背带姿势不要出错

宝宝背带的使用，让越来越多的新妈咪把双手从抱宝宝的状况中解救出来。但不久前，美国联邦消费者产品安全委员会却发出警告，宝宝背带、背巾可能导致宝宝窒息，需谨慎选择并使用。

一般认为，4个月以下的宝宝，由于骨骼太软，最好不要用背带，否则

会影响宝宝的骨骼发育。可以使用抱巾，采用前背式，让宝宝"躺"在抱巾上，父母用双手托住即可。这不仅能让宝宝更舒服，还能帮父母省力。

4个月以上的宝宝可以选择宝宝背带。但4~6个月的宝宝，颈部肌肉还未发育好，不能很好地支撑头部，所以，最好采用前背式，让宝宝面向父母，便于家长及时观察宝宝的状态，避免出现因背带挤压口鼻而窒息的危险。6~10个月的宝宝，还不能很好地独坐，所以最好还是采用前背式，但可以让他们脸向外，以满足宝宝对外界的好奇心。10个月以上的宝宝就可以采用后背式了。但无论是前背还是后背，父母都要随时观察宝宝，避免因挤压出现危险。

还要提醒新妈咪，选购背带首先要注意牢靠度，结实耐磨是首要条件。其次看针脚，所有针脚都要细致，在接口及受力点，需要双保险线。

第 196 天　千万别让宝宝睡沙发

沙发是供人休息的地方，却绝不是个睡觉的好地方。

多数床的软硬程度都比较适中，宝宝躺在上面，身体不会陷下去。而有些沙发虽然表面看上去很平，但实际上是使用了较松软的材质，经过紧绷后形成，人躺在上面，身体很容易陷进去。特别是当宝宝翻身时，脸贴在柔软的沙发面上，鼻孔容易被堵住。如果没人在旁边细心照顾，再加上宝宝年龄较小，意识能力较差，很可能会因此造成呼吸不畅，甚至导致窒息猝死。

此外，沙发的结构对宝宝睡眠和成长也不利。床比沙发宽敞、平坦，并且可以随意调整睡姿，睡起来很舒服；沙发有靠背和扶手，睡起来身体很受约束。再加上宝宝肌肉骨骼正处在发育阶段，凸凹不平的结构不仅会影响宝宝的睡眠，也不利于生长。

因而，为了安全起见，让宝宝睡沙发——即使是一小会，也应该避免。

第 197 天　小宝贝发烧了

"小宝贝的身体摸起来热热的，是不是发烧了？"妈妈们，当你们惊觉小宝贝的体温稍为有点高时，千万别胡乱退烧，急着带宝宝去医院，或是要求医生打退烧针哦!

小宝宝如果发烧，可能会有很多不舒服的症状，如：脸红、咳嗽、全身倦怠无力、酸痛、头晕、头痛、呕吐、腹痛、嗜睡、活动力差、食欲不振、吵闹、不安、哭泣等，让新妈咪感到很心疼。不过，也有些宝宝发烧时并无任何异状，有的宝宝发烧会被家长误认为是在长牙，而遭到忽略。

遇到宝宝体温偏高，建议新妈咪不妨先作客观的评估，如小宝宝是否刚洗完热水澡，或是天气太热、穿的太多、室内通风不良、刚喝完热的饮料等，约半个小时后再帮宝宝量一次体温，通常会有1~1.5℃的落差。排除上述的原因之后，再来考虑是否需要送医院的问题。

通常来说，如果小朋友体温在38~38.5℃左右，且没有特别不舒服、精神状态良好，也就是说照样吃、照样睡及照样玩，就不必着急地送宝宝就医，或是使用退烧药。但若有热性痉挛病史的宝宝（4%幼童）则需积极的治疗。

专家认为，发烧在38.5~39℃以上时，可适度地使用退烧药，以减轻小孩的不舒服及减轻新妈咪的焦虑，并防止小孩热痉挛发生。但如果出现40.1℃以上的高温，就得紧急治疗才行。

第 198 天　宝宝忌看电视

新妈咪发现，7～8个月的宝宝就爱看电视了，看电视时变得非常专注和安静，不让看就会哭闹起来。对这一现象，专家提醒新妈咪，看电视对宝宝的视力会产生一定的负面影响。

电视节目，尤其是少儿节目，对小儿的智力开发、早期教育是有帮助的。但是如果宝宝看电视过久，视力会疲劳。有时为了看得更清晰，有的宝宝会不由自主出现歪头姿势，时间长了，还会导致斜视。

有些家庭为了怕宝宝乱动电视机开关，把电视机放得很高、很偏，这就更不对了。有的父母把宝宝抱在离电视机很近的地方来看，这也不对。虽然经过许多测试，电视机所发出的微波对眼睛没有直接伤害，但太近看电视，屏幕上出现的一条条扫描线和闪光点会使眼睛更易疲劳。

有的父母认为关灯看电视，黑白分明可以看得清楚些，让宝宝更集中精神，其实不然。宝宝的视觉调节功能尚未发育完善，缺乏突变的适应能力，特别是对强光的直接刺激，难以调节和适应。电视机时明时暗，变化很快，特别是彩电颜色过浓、刺激性强，会使宝宝的眼睛更易疲劳。

所以，1岁以内的宝宝忌看电视。

第 199 天　逗笑也要讲科学

生命离不开运动，宝宝的发育同样如此。可宝宝不同于成人，甚至也不同于年长儿，他们的活动能力很有限。如何运动呢？新妈咪不妨促使宝宝发笑吧。

逗宝宝笑的具体做法是：多向宝宝微笑，或给以新奇的玩具、画片等激发其天真快乐的反应，让其早笑、多笑，这样对宝宝的智力发育也是有好处的。

不过，逗宝宝发笑也是一门学问，需要把握好时机、强度与方法。不是任何时候都可以逗宝宝发笑的，如进食时逗笑容易导致食物误入气管引发呛咳甚至窒息，晚睡前逗笑可能诱发宝宝失眠或者夜哭。另外，逗笑要适度，过度大笑会使宝宝发生瞬间窒息、缺氧、暂时性脑贫血而损伤大脑，或者引起下颌关节脱臼。

第200天 倒刺从哪儿来

倒刺在医学上称为逆剥。在正常情况下，指甲周围与皮肤是紧密相连的，没有一丝空隙，形成一道天然屏障，但有时我们会看到指端表面近指甲根部的皮肤会裂开，形成翘起的三角形肉刺，这就是"倒刺"。

倒刺实际上是一种浅表的皮肤损伤，并不是大问题。但宝宝会出于好奇或觉得难受碍事，用手去撕，这样反而会造成倒刺根部皮肤真层暴露，引起继发细菌感染，不仅会疼痛出血，严重时还可能导致甲沟炎。

宝宝的小手总是嫩嫩的，怎么会突然长出倒刺呢？可能有以下三个原因：

1.贪玩好动。小家伙越来越活泼好动，经常用手抓玩具、啃咬指甲，或者小手与其他物体过多摩擦，使得他们娇嫩的皮肤长出倒刺。

2.皮肤干燥。呵护不得当，导致宝宝手部皮肤干燥，指甲下面的皮肤得不到油脂的滋润，很容易长出倒刺。

3.营养缺乏。如果宝宝日常饮食中缺少维生素C或其他微量元素，也可能会通过皮肤表现出来。

找到了发生倒刺的原因，新妈咪可以在日常生活有针对性地进行皮肤呵护，赶走讨厌的倒刺！

1.指甲护理。经常给宝宝剪指甲，保持指甲卫生，并且要教育宝宝，让他知道啃咬指甲是不对的。

2.营养补充。让宝宝多喝水、多吃水果，每天都要给小手涂上无刺激、含油脂的护肤霜，像羊毛脂、维生素E霜等；如果缺少维生素或微量元素，建议家长带宝宝去医院皮肤科检查一下，以便正确治疗。橄榄油有防止倒刺生成的功效，把宝宝的小手洗干净，将橄榄油涂在小手上，并进行按摩，既营养皮肤，又可以防止倒刺的生成。

3.小心修剪。一旦宝宝长出了倒刺，千万不要硬拔，先用温水浸泡有倒刺的手，等指甲及周围的皮肤变得柔软后，再用小剪刀将其剪掉，然后用含维生素E的营养油按摩指甲四周及指关节。也可以在去除倒刺之后，把宝宝的手在加了果汁（如柠檬、苹果、西柚）的温水中浸泡10~15分钟，让宝宝的皮肤更加水嫩！

第201天　预防宝宝的"捂被综合征"

宝宝出现"捂被综合征"的原因主要是天气冷了，尤其在没有集中供暖的地区，不少家长怕宝宝夜里冻着，让宝宝盖几层被子，或让宝宝与大人同睡，不经意就容易盖住宝宝的头面部，出现危险。

宝宝体温调节中枢发育不成熟，散热能力也不健全，在捂了较长时间后，体温会迅速升高，全身大汗淋漓，湿透衣被，头部散发大量热蒸汽。高热大汗使水分大量丢失会出现脱水状态，宝宝会烦躁不安、口干、尿少。如果家长没有及时察觉到宝宝的异常，而宝宝又无法自己将被子推开，结果就有可能会导致宝宝出现昏迷和呼吸循环衰竭等症状,甚至发生死亡。

预防"捂被综合征",注意包裹宝宝不可过度,以手脚温暖不出汗为宜;在室内温度20℃左右的条件下,尽量让宝宝睡在单独的睡床或者摇篮中,并将宝宝床和摇篮放在父母房间接近大床的位置,如在一张床上睡时,一定要注意让宝宝自己睡一个被窝,以免大人睡熟后被子盖压宝宝头面部;保持空气流通,呼吸顺畅,有条件可给宝宝穿专用的睡衣而不盖其他物品,或使用专门为宝宝保暖设计的不会盖住头部的睡袋。当发现宝宝体温升高、出汗过多、脸色发红、呼吸加快,尽快解包散热,体温多能很快转为正常;如由于捂住闷热导致缺氧出现呼吸困难、口唇青紫等症状时,要尽快送医院治疗。

第202天 从舌头看宝宝健康状况

宝宝身体的细微变化,都能从小舌头上反映出来。所以说,小舌头就是宝宝健康情况的"晴雨表"。健康宝宝的舌头应该是舌体柔软,伸缩活动自如,大小适中,舌面有干湿适中的薄苔,颜色淡红且口内无异味,即"淡红舌,薄薄苔"。

1.不要忽视地图舌。

如果发现宝宝舌面上的舌苔出现了不均匀的剥落,好像地图模样的舌苔,这时候,家长应该引起重视。

有地图舌的宝宝大多是与脾胃消化功能疾病有关系,要在治疗、调理脾胃消化功能时,在饮食上多注意调理,要多喝水。

2.舌头发红有浮苔:可能上呼吸道感染。

宝宝感冒发热时,舌质会发红,通常手心发热而手背较凉。由于发热,会导致身体内的消化酶受到影响,所以通常宝宝的大便会比较干燥,这些情况经常会发生在一些上呼吸道感染的早期或传染性疾病的初期。

这种情况下，建议家长在饮食上要多给宝宝喝水，以清淡的流质食物为主，少吃冷饮、甜食，少吃肉及油腻的食物，夏天空调房内的温度不要太低，并且及时为宝宝治疗引起发热的原发疾病。

第203天 新妈咪学点宝宝手语吧

一谈到手语，我们记忆中仿佛都是眼花缭乱的手势，新妈咪难免怀疑学习起来会很难，不过事实并非如此。因为宝宝手语大多只用1个手势表达1个概念，如将食指放在唇前表示"安静"，并不会连贯使用手势，也无需运用手语语法，况且手势多半具有"象形"特色，不但容易学，理解起来的难度也很小。

其实，宝宝手语并非新发明。在刚开始学说话时，宝宝本来就会模仿大人的手势、动作来表达意思，例如点头表示"开心"。因此，善用手语只是进一步引导宝宝发挥原有的潜能。

教宝宝学宝宝手语就像讲话一样简单，初期只要先学几个和生理需求有关的单字，在和宝宝说话的同时，将重点单字比画出来让宝宝看到，只要时机成熟并重复几次之后，宝宝就能理解这些重点单字。

那么，什么时候是新妈咪学习的最佳时机？

宝宝手语适用于任何一个正在学习说话的宝宝。6~8个月期间是开始学习宝宝手语的最佳时期，此时父母已经能够比较熟练地处理育儿事务，有了更多的时间和精力来教导宝宝，而宝宝也已经渐渐能够坐稳，学习手语更加方便。最重要的是，宝宝的生理发展已逐渐成熟（包含手眼协调、理解、记忆能力），可以应付学习手势的需求。

第 204 天　宝宝睡得少，会影响正常发育

一般来说，七个月的宝宝一昼夜得睡14~16个小时，白天睡3次，每次得1.5~2小时。你的宝宝比一般同龄宝宝要是少一些，但并不是差别特别大，就不用担心。如果一个七个月的宝宝一昼夜只睡五六个小时，那么问题就比较严重了。

宝宝的睡眠够不够不完全看睡眠时间的长短，还要看对他的身长、发展、智力有没有影响。最好开始半个月到1个月测一下身高、体重，以后两三个月测一次（如果他还是睡得少的话），看看他与同龄宝宝相比是不是差不多。小宝宝睡眠不足，很快就会反映在发育上。另外，也可以到保健部门去测查一下智力，看看有没有影响。

如果他白天还是睡得少，可以试试以下方法：

1.早上让他有多种体能活动，消耗一些体力。

2.睡前半小时少兴奋，不玩活动性游戏。

3.让睡觉的地方尽量安静，拉上窗帘。

4.在中午只睡一觉。把他抱上床，拍拍、哼哼，不说话。

夜间如果睡得不踏实，要醒来，可以做这样一些事试试：

1.睡前洗个热水澡，改变一下身体的状态。

2.把屋内的灯光调暗、关掉电视机、把可以分心的东西拿开。

3.看看被褥的温度是否太冷、太热，这很重要。

4.最好让他一个人睡小床，小床就放在大人床旁边，好照顾，又使他有安全感。

5.尽量安静，拉上窗帘。

6.抱他上床，拍拍、哼哼，不抱他起来。

7.睡前不玩令人兴奋的游戏。

8.多陪他一会儿,等他睡踏实了再离开。

9.夜里醒一两次是正常的,可以拍拍他、哼哼,但是不要抱他起来,因为一抱起来就有放下的问题,反而会使他完全清醒了。

第205天 宝宝打呼噜是病吗

成人打呼噜很常见,但是宝宝打呼噜的时候,新妈咪是不是吓到了?宝宝打呼噜的原因是什么呢?该如何改善宝宝打呼噜这种现象?

首先,很多新妈咪认为宝宝打呼噜是一种疾病表现,其实不是!有些新生宝宝有时也会"打呼噜",这是由于吞咽的关系,有些宝宝的喉部会有奶块淤积,一方面使宝宝吃奶不顺,另一方面就是使气道不顺,造成宝宝睡眠时打呼噜。妈妈给宝宝喂好奶后,不要立即将宝宝放下睡觉,而应将他抱起,轻轻拍其背部,就可以防止宝宝因奶块淤积而打呼噜。如果奶块淤积较严重,已经影响了喂奶,只需要往鼻腔里滴1~2滴生理盐水,稀释一下奶块就可以解决宝宝打呼噜的问题。

其次,胖宝宝打呼噜的概率非常大。肥胖宝宝的呼吸道周围被脂肪填塞,使呼吸无法顺畅,当软腭与咽喉壁之间的震动频率超过30Hz时,就会出现鼾声。这时应在不影响身体健康、不降低抵抗力的前提下,科学、健康地减肥。

第三,如果宝宝打呼噜不是鼻子有问题,就要看看枕头是不是不合适,有的小宝宝打呼噜是因为宝宝睡觉时头和颈的位置不协调。建议用小米做一个枕头,中间弄一个窝,让宝宝平卧。

第四,嗓子或者气管里面可能有痰。小宝宝不会吐痰,所以病时的分泌物就留在了气管里,导致睡觉时打呼噜。慢慢会出来的,如果不放心,可以吃点消炎药。

第五，睡姿不好。宝宝仰面向上睡时很容易打鼾，因面部朝上而使舌头根部因重力关系而向后倒，舌头过度后垂而阻挡呼吸通道，阻塞了咽喉处的呼吸通道，所以有打呼噜的现象。这种情况并不是病态，但妈妈还是应该加以重视，长此以往就会对宝宝的健康产生影响，排除问题的关键是试着给宝宝换一个姿势。平时宝宝睡觉时也一定要养成右侧睡觉的习惯。

第 206 天 喂养方式会影响宝宝睡眠吗

吃多了东西后会让我们头脑昏沉。那么，给宝宝喂固体食物不会促进宝宝的睡眠吗？错。进食习惯并不能改变宝宝的睡眠模式。

一些研究对两类宝宝的睡眠节奏进行了对比：一类是按需喂养的宝宝；一类是因为先天肠胃疾病，需要持续喂养的宝宝。按需喂养的宝宝处于一个饱—饿的循环，而后者需要不停地进食，不能饿着。睡眠实验室的研究表明，这两类宝宝在睡眠上没有明显的差异。另一些研究针对固体食物对宝宝睡眠的影响。研究表明，摄入固体食物，如谷类，并不能改变宝宝的睡眠模式。目前发表的研究结果无一支持饮食会改变宝宝睡眠的这一结论，无论是母乳喂养还是人工喂养；无论是按需喂养还是按计划喂养；无论给宝宝喂的是流食还是固体食物，都不会对宝宝的睡眠模式产生影响。

而有研究表明，在条件不太具备的新妈咪中，对宝宝进行人工喂养的比较多。有些进行人工喂养的新妈咪喜欢控制宝宝的行为，并记录每次给宝宝喂奶的量。这些新妈咪把宝宝夜间醒来当做一个需要解决的问题来看待，更关注宝宝的社会需求而不是营养需要。与之形成鲜明对比的是，进行母乳喂养的新妈咪，更关注母乳可以带给宝宝的营养成分。当宝宝夜间醒来时，这些新妈咪会尽快回应，她们认为宝宝夜间醒来是需要吃奶了，而给宝宝喂奶是她们的责任。当然了，宝宝过一会就会被妈妈哄得很高兴。时间一长，宝宝就习惯了晚上醒来后得到的爱抚。

这也是为什么4个月大的时候，无论是母乳喂养的还是人工喂养的宝宝，夜间醒来的状况都一样；而到了6到12个月大的时候，母乳喂养的宝宝更容易在夜间醒来。

第 207 天　不要宝宝夜里一哭闹，就急着喂奶

夜里，很多新妈咪一听到宝宝哭闹了，就马上给他喂奶，这种做法并不可取。宝宝哭闹不一定表示他饿了，可能是他正处于浅睡眠状态。宝宝夜里睡觉并不是一直处于高质量的深睡眠之中，而是深睡眠和浅睡眠两种状态交替进行。在每个交替阶段，宝宝都会有一个持续1~10分钟的小醒，在小醒时宝宝会嘟囔、翻身、伸伸小胳膊甚至哭闹，此时家长如果以为宝宝是饿醒的而马上喂他吃奶，不仅真的会把宝宝弄醒了，还会让宝宝养成夜里一醒就要吃奶的坏习惯。

然而，不少新妈咪在夜里是很难分清宝宝的哭闹是浅睡眠引起的还是饥饿引起的，那么，新妈咪可以尝试下面的做法：如果宝宝夜里哭闹了，暂且不管他，他可能很快就睡着了；如果几分钟后，宝宝还是哭闹，可以用手轻拍他、抚摸他，通过这些安抚来帮他入睡；倘若宝宝仍然哭闹个不停，说明宝宝可能真的饿了，这时再给他喂奶也不迟。

第 208 天　宝宝胃容量足够大，可以不再吃夜奶

一般情况下，宝宝出生6个月以后，就有足够大的胃容量了，家长只要让他在晚上睡觉前1小时吃足奶，夜里就不必再给他喂奶了，而大多数的宝

宝都可以连续睡眠6~8个小时，直到天亮。

如果宝宝已经养成了夜里吃奶、不吃就一直哭闹的毛病，此时家长要帮他逐渐戒掉夜里吃奶的毛病，以免吃夜奶干扰宝宝的睡眠，损害宝宝的牙齿。

有研究证明，人体70%左右的生长激素都是夜间深睡眠的时候分泌的，如果宝宝频频吃夜奶，就会影响睡眠质量，久而久之，就会影响生长发育。另外，吃夜奶后，通常家长不会让宝宝刷牙、漱口，时间长了，这对宝宝的牙齿不好，容易导致龋齿。

第209天 宝宝睡觉易惊醒

忙了一天之后，只有等宝宝睡着了，妈妈才能松口气，让自己休息。可就是有些宝宝，睡觉时不老实，容易惊醒、喜欢来回翻腾，搞得妈妈休息也不踏实。其实，这也是宝宝在告诉妈妈：我不舒服了。

如果宝宝睡着后来回翻腾或哭闹，妈妈首先要看看宝宝的睡眠环境是不是舒适，比如说是不是冷了或热了，被子是不是裹得太紧了，光线是不是太强，周围是不是太吵，等等。如果排除这些外在原因，宝宝睡觉不踏实，就可能是缺钙导致的。

应对措施：

缺钙会引起神经兴奋性增加，让宝宝睡觉时不安稳。缺钙的宝宝还容易夜惊、多汗、烦躁、哭闹，出牙晚而少，严重的还有肋骨外翻。这样的宝宝，需要补充钙质，平时可以多晒太阳，夏天在阴凉处接受太阳照射，两岁以下的宝宝还要补充一定剂量的维生素D以帮助钙质吸收。

另外，晚上8点以后，就不要让宝宝再做大量活动，或做一些容易引起宝宝情绪兴奋的事，以免宝宝睡觉前过度兴奋，身体休息了，大脑还处在兴奋中，影响睡眠质量。

第210天　夏天宝宝吹空调应注意什么

过去，很多医生并不主张给宝宝吹空调，主要是因为一些父母过分依赖空调的制冷功能。宝宝皮肤薄嫩，皮下脂肪少，毛细血管丰富，体温调节中枢尚未发育完善。如果使用空调不当，宝宝受冷空气侵袭，毛细血管收缩，汗毛孔紧闭，体内热量散发不出来，容易使体温调节中枢和血液循环中枢失去平衡，引起感冒、发热、咳嗽等病症，俗称空调病。那我们应该采取怎样的措施防止宝宝患上空调病呢？

首先明确一点，适当为宝宝开空调是必要的。

很多家长都有这样的感受：在相同状态下，宝宝比成年人更容易"汗流浃背"。据专家介绍，这也是由于宝宝的体温调节功能不完善造成的。身体的发汗中枢在下丘脑，很可能位于体温调节中枢或其近旁。当机体处于运动或炎热环境中时，皮肤的温觉感受器接受温热刺激，外周血液温度相应提高，可致使下丘脑周围脑组织的温度提高，即所谓的局部加温，从而使发汗中枢兴奋，出现温热性发汗现象。但是在下丘脑功能发育不完善的情况下会容易产生多汗现象。

汗液主要是水分，占99%，而固体成分则占1%，固体成分中，大部分为氯化钠，另含有少量尿素、氯化钾、乳酸等。如果宝宝经常处在很热的环境中，又没有及时补充充足的水分，可能会引起程度不同的脱水，对肾功能产生比较大的损害。在过于炎热的情况下宝宝容易出现食欲不振、暑热症、腹泻、长痱子和中暑等症状。

因此，为宝宝适当的使用空调调节室温是有必要的。

第211天　宝宝晚上睡觉出汗多的3大原因

许多新妈咪在护理宝宝时都会遇到这样一种情况：晚上睡觉，不给我家宝宝盖东西，一摸他头上全是汗。而我都没感觉很热。出汗多是不是因为缺钙？

小宝宝在睡眠中出汗是常见的，并非都是体质虚弱、身体有病的症状。不少新妈咪认为是宝宝体质虚弱，因而虚汗不断。其实，有相当部分的小孩是生理性多汗。所谓生理性多汗，是指宝宝发育良好，身体健康，无任何疾病引起的睡眠中出汗。生理性多汗多见于头和颈部，常在入睡后半小时内发生，1小时左右就不再出汗了。

由于宝宝新陈代谢旺盛，加上活泼好动，有的即使晚上上床后也不得安宁，所以入睡后头部也可出汗。新妈咪往往习惯于以自己的主观感觉来决定小儿的最佳环境温度，喜欢给宝宝多盖被，捂得严严实实。宝宝因为大脑神经系统发育尚不完善，而且又处于生长发育时期，机体的代谢非常旺盛，再加上过热的刺激，只有通过出汗，以蒸发体内的热量，来调节正常的体温。

有些活泼好动的宝宝，白天运动量大，产生的热量多，机体没有能力将多余的热量通过出汗散发出去，热量积聚在宝宝体内，宝宝晚间体温可达38℃左右。宝宝入睡后，产生的热量减少，交感神经敏感性减弱，身体便通过出汗散发多余热量，以维持机体正常体温。

此外，宝宝在入睡前喝牛奶、麦乳精或吃巧克力等也会引起出汗。有的家长在宝宝入睡前给其喝牛奶、麦乳精等，小儿入睡后机体大量产热，主要通过皮肤出汗来散热。另外，室温过高或保暖过度也是小儿睡眠时出汗的原因，这些都属于生理性的出汗。

夏天天气闷热，卧室通风不良，宝宝更容易出汗。这种出汗在医学上称

"生理性出汗"，一般都发生在上半夜刚入睡时，深睡后汗液便逐渐消退。对于生理性出汗，新妈咪不必过于担心，这只是宝宝生长过程中一种生理现象，随着宝宝年龄的增长，这种现象会逐渐减少。

第212天 宝宝因出牙影响睡眠怎么办

有时候，出牙对宝宝来说是个痛苦的过程，所以出牙的宝宝可能会变得脾气暴躁，食欲下降，还会经常哭闹和磨牙床。不过，也有可能宝宝刚好在出牙时出现睡眠问题，只是因为巧合，二者之间未必有什么联系。一般来说，多数宝宝在6～10个月之间开始出牙，这时候，他们的认知能力和身体发育也在突飞猛进地发展。随着宝宝学习翻身、坐起和爬等新技能，他们会非常兴奋，很难从长时间的反复练习中安静下来好好睡觉。

如果宝宝在夜里经常醒过来或入睡有困难，但是又看起来似乎不是因为感觉疼痛，那么只要尽量坚持正常的睡前程序就可以了。因为如果你改变了宝宝的生活规律，即使时间很短，想要再改回来也会很困难。不过，宝宝也可能是因为牙龈疼痛而难以入睡，出牙是一种生理现象，宝宝会出现一些不舒服的症状，如烦躁、食欲下降、精神不振等，妈妈要多加护理和心理关怀，多给宝宝喝一些温开水和新鲜果汁，多陪宝宝玩玩，多到户外晒太阳。你可以用手指轻轻按摩宝宝的牙龈，也可以让宝宝咬一些凉的东西，比如冰镇的毛巾或宝宝牙胶。如果宝宝确实疼得很厉害，你可以给他吃点儿适合宝宝剂量的对乙酰氨基酚，这种药对于止痛很有效，能让宝宝舒服一些。也可给宝宝一些磨牙棒、面包片、牙胶之类磨牙床，减轻牙床的不舒适感，随着乳牙的逐渐萌出，宝宝的不适很快就会减轻或消失。从而让宝宝更容易入睡。

不过，如果宝宝有发烧或其他生病的症状，一定要去看病。宝宝很可能是生病了，而不仅仅是牙疼。

第八个月

宝宝感冒了怎么办呢

第213天 宝宝消化不好"捏脊"治

中医认为,"脾胃为后天之本"、"百病生于气",提高宝宝防病抗病能力就需重视调理气机和脾胃功能。小儿捏脊法能调理脏腑阴阳的平衡,改善宝宝消化功能。此法简单易学,疗效甚佳,又可解除针药之苦,是宝宝保健的好方法。

具体操作手法为:宝宝背部裸露取俯卧位,操作者用温水清洗手指,在宝宝背部施捏脊法。操作者拇指末节与食、中指末节相对,拇指在后,食、中指在前,在尾骶部长强穴(在尾骨端与肛门之间)处开始将皮肤捏起,双手顺脊椎交替捻动向前,随捏随捻,随提随放,捏至大椎穴(在第七颈椎与第一胸椎棘突间正中处)止,如此反复3～5次。从尾椎到第1腰椎做提拉法,以有响声为宜。捏完后可用两手掌根部及两拇指在肾俞(第二腰椎棘突旁开1.5寸)、脾俞(第十一胸椎棘突旁开1.5寸)、胃俞(第十二胸椎棘突旁开1.5寸)揉按各约1分钟。此外,还可配合摩腹、揉脐、揉气海(前正中线上,脐下1.5寸)和足三里穴(外膝眼下3寸,胫骨外侧约1横指处)各2分钟。每日捏1次,连捏1周为1疗程,停3～5天后再进行第2疗程,可连续做1～3个疗程,亦可长期进行。

注意事项:①开始做时手法宜轻巧,以后逐渐加重,使小儿慢慢适应。②要捏捻,不可拧转。③捻动推进时,要直线向前,不可歪斜。

第214天 感冒药不能随便给宝宝吃

随着气温忽冷忽热,宝宝感冒患者也骤然增多。不少家庭常备有"小药箱",当宝宝感冒时,有些家长自己充当"儿科医生",擅自拿家中储存的感冒药给宝宝吃，或者到药店随意买药吃，这种做法很危险。

因为有不少成人用的感冒药，对宝宝有很大副作用。

如"速效伤风胶囊"、"感冒通"、"安痛定"等药，含有扑热息痛、非那西丁、氨基比林、咖啡因等成分。这些成分对骨髓造血系统可产生抑制作用，影响宝宝血细胞的生成和生长，导致白细胞减少及粒细胞缺乏，降低宝宝的免疫力。

再者，用成人药物取代儿童药物，不仅剂量难以做到精确，服用也不方便，而且从临床药理学角度分析也有害无益。宝宝除了年龄、体重与成人有差别外，在生理、病理方面也存在很大差异，处在生长发育期的宝宝，肝、肾等内脏发育尚未完善，其解毒、排毒功能均较差，某些药物可引起中毒性肝、肾损害，造成不堪设想的后果。

第215天 安抚奶嘴有利还是有弊

就心理学角度而言，安抚奶嘴确实可有效地安抚宝宝的情绪，避免了因情感需求不能得到满足，或因缺乏安全感而导致悲观、退缩、仇视等性格的形成，如果从宝宝需要安全感和满足感出发，安抚奶嘴是有它有益的一面的。但是从生理学角度来看，由于安抚奶嘴无疑在强化他的吮吸反射，久而久之便容易形成依赖，只要一哭，就非要含奶嘴不可。而吮吸反射是宝宝与生俱来的非条件反射，它随着时间的推移会逐渐消失。如果你一直给宝宝含着奶嘴，宝宝在不停吮吸奶嘴的过程中，空气会随着宝宝的吞咽动作从两侧嘴角进入口腔，继而进入胃内，胃承受不了奶和空气，便会收缩，引起小儿溢乳；此外，宝宝不断地吮吸，其胃肠道也条件反射地跟着蠕动，频繁的蠕动易使宝宝发生肠痉挛，引起腹痛。同时，口腔科医生认为长期使用安抚奶嘴，会影响宝宝上下颌骨的发育，也会使宝宝形成高腭弓，导致上下牙齿咬合不正，影响嘴唇的美观。

应该如何正确选用安抚奶嘴？

1.质地以矽胶为好，具有良好的拉力，不易碎裂为小片而让宝宝吞食下去；

2.奶嘴一体成形，以防某个部位脱落而引起窒息；

3.奶嘴嘴盾要与宝宝唇形相吻合，要挑选凹型盾的设计，并有气孔，这样就不会使宝宝的嘴唇贴在奶嘴上，因不透风和口水导致口周皮肤出现湿疹；

4.根据月龄的大小选用不同型号的安抚奶嘴，不宜一开始就用较大的，这样会因奶嘴太长，顶到上腭而引起宝宝恶心、呕吐。

第216天 宝宝也会做噩梦吗

做梦是大家都有的经验。有些梦境是那么的美好，值得回味再三，可是有些噩梦却让人不敢再入睡，害怕再入梦境。每个人都会做梦吗？宝宝会不会呢？

先从睡眠的生理来谈，睡觉的过程其实不只是简单的入睡和醒来两个阶段而已。睡眠可分为两大类，一是称之为快速动眼期。在这时期人虽睡着了，眼睛却是不停的动来动去。在此时期也是做梦的时候。另一阶段称为非快速动眼期。这时期除了眼球不再转动，心跳和呼吸也呈现正常而规则的现象。在睡一觉的几个钟头内，眼球动不动的时期已循环了数次。换句话说，在睡这么一觉中，已经做了几次梦。如果醒来时在非快速动眼期会不觉得做过梦。但若在快速动眼期，也就是在做梦阶段时被吵醒，可能就会清楚的记着刚才的梦境。

小宝宝也会做梦。

这种睡眠周期在胎儿八个月左右就有了，所以推测连初生的宝宝都应该会做梦，只是我们不知道他们的小脑袋到底做了什么梦。

宝宝从睡梦中惊醒，还会记着刚才的可怕梦境，因此会号啕大哭，且不敢马上入睡，常需要新妈咪的安慰和陪伴才能睡着。

第217天　如何哄8~10个月的宝宝入睡

宝宝晚上入睡的情况也是各种各样的。有的宝宝精精神神地玩着，不一会儿就困了，爬到谁的膝盖上一抱着他，马上就睡了。也有的宝宝一困了，就得哭闹一阵，喝完奶还要吮吸着空瓶子，好不容易才入睡。

入睡的难易，是宝宝的天性，靠训练是改变不了的。协调好宝宝的天性和家庭的和平氛围，是最合适的哄宝宝睡觉的方法。最好是按各自家庭的具体情况来哄宝宝入睡，没有什么特别固定的方法。

容易入睡的宝宝，用任何方法都能入睡，所以在父母方便的情况下哄他就行。还有的宝宝8点左右哄他，然后父母一边看着电视，一边说说话，他也照样能入睡。

问题是难以入睡的宝宝，把他放到被子里，新妈咪必须在旁边唱着歌、轻轻地拍着他，二三十分钟左右才能入睡。宝宝嘴里还要一直吮吸着奶瓶子的橡胶奶嘴。新妈咪一离开，立刻睁开眼睛哭闹，最终新妈咪只好与宝宝一起睡，宝宝才终于放心地把手放在新妈咪的怀里，或者摸着新妈咪的头发入睡了。不用说如果新妈咪还有奶的话，就得还吃着奶。

为了哄不易入睡的宝宝能顺利地入睡，最好的办法就是让宝宝十分疲倦后再让他进被窝。因此，最重要的是白天让宝宝在室外多玩，洗澡也要尽量在宝宝临睡前进行。过早地把宝宝放进被窝，只是增加了宝宝入睡前的磨人时间。所以，在宝宝没有困到一定程度之前，还是不让他躺下，直到他困得要睡着了时，再把他放进被子里。

第218天　8个月了，还能母婴同睡吗

在宝宝刚出生就让其睡宝宝床的家庭中，很多在宝宝过了8个月后就不让宝宝睡宝宝床了。寒冷的季节里，宝宝到了8个月就不睡宝宝床的就更常见。

宝宝夜里醒来一哭闹，新妈咪就要在充满寒意的房间中披件衣服到宝宝那儿去，抱着宝宝边摇晃边唱着催眠曲哄宝宝入睡。好不容易哄睡着了，可刚往床上一放，立刻又哭了起来。

没有办法，只得又抱了起来。这样反复几次，冷得已经受不了的新妈咪，就抱着宝宝回自己的被窝里了，宝宝在新妈咪温暖的怀抱里，既舒服又有安全感，于是就安静地睡了。新妈咪也很困，结果，就成了母婴同寝。这种情况连续二三个晚上后，新妈咪就会想，反正夜里也是起来把宝宝抱到自己的被窝里，莫不如从一开始就哄宝宝在自己的被窝里睡，于是就决定如此了。即使没把宝宝放在自己的被窝里睡，也是让宝宝盖着自己的被子睡在新妈咪的旁边，这样宝宝夜里哭闹时，不用一次一次地起床，就可以立即把宝宝搂在自己的怀里。

这个时候的母婴同睡，大多数是这样不得已而为之的。母婴同睡，从西洋式的育儿方法来说，无疑是不可取的。从他们的观点来看，宝宝过了3个月，就应该与父母分房，自己睡一个房间。不同睡就不睡的宝宝，父母的生活会受到影响。但就目前的住宅情况和风俗习惯来讲，还没有达到让宝宝睡在别的房间的条件，而是父母与宝宝同睡一间房里。夜里宝宝哭了不能不管，被吵醒的父亲就会说快点哄他睡吧。从能快些哄宝宝入睡这一点上看，母婴同睡是最简单、最有效的方法。月龄短的宝宝，母婴同睡有被新妈咪的乳房压迫导致窒息而死亡的。因此，不满3个月的宝宝不能母婴同睡。但

是，宝宝过了8个月，就不会发生这样的事情了。

母婴同睡的效果：如果因母婴同睡，有母乳的新妈咪由于让宝宝吃奶，而使新妈咪的奶水更增多了的话，当然要让宝宝吃。天气转暖后，宝宝夜里不再醒了，与新妈咪同睡和夜里喂奶的事也就自然而然地结束了。

不管怎样都坚持让宝宝睡在自己的床上的话，宝宝夜里顽固地哭闹时，新爸爸大概都要反对的。这样每天夜里要被吵醒四五次，次日的工作是不会有效率的。母婴同睡好与不好，应该从保持家庭和睦的角度来考虑，同时也不能忽视了父母的自主性。宝宝夜里一哭，父亲也一起起来哄的话，易养成宝宝夜里起来玩的毛病。新爸爸还要在未来的很长时间里肩负着养家的重任，为了担负起这个重任，夜里必须保证充足的睡眠。仅仅因为高兴看到宝宝的笑脸，不惜深夜与宝宝玩，这不能不说是忘记了做爸爸的主要职责。

第 219 天　宝宝吃药可使用喂药器

现在厂家在生产儿童用药的时候，都会考虑到宝宝们的特点，因此现在大部分儿童用药都是冲剂或者水剂，而且在生产过程中就加了糖来改善口感。

因此，让年龄在1岁以内的小宝宝顺利把药吃下去，并不是一件特别难的事。专家说，家长可以用小勺喂药。勺子的大小要根据宝宝的嘴巴来选择，从嘴角伸进去，轻轻压住宝宝的舌头把药喂下去。这样不容易引起呛咳，宝宝也不会感到难受、恐惧。需要注意的是，喂药之后不要马上把勺子拿出来，而是要等药咽下去了再拿出来，以免宝宝再把药吐出来。

用滴管给小宝宝喂药最好，或者医用的注射器，很多宝宝用品店卖的喂药器也可以。但要注意，在使用注射器的时候一定要把针头去掉，这一类的喂药辅助器具一定要注意清洁，每次使用后煮沸消毒。另外，在往宝宝嘴里滴药或喷药的时候，不要一下喷得太多，也不要太深入宝宝的口腔，以免宝宝呛咳或窒息。

第220天 让宝宝练习咀嚼

宝宝多练习咀嚼的重要性，你知道吗？

咀嚼功能发育需要适时生理刺激，正确"吃"是需要培养和训练的。换乳期及时添加泥糊状食物是促进咀嚼功能发育的适宜刺激。可以给一些磨牙饼干、面包片、烤过的馒头片等等，让宝宝"磨磨牙"，让胃肠道逐渐向适应成人固体食物过渡。

练习咀嚼对宝宝有很多好处：有利于胃肠功能发育，有利于唾液腺分泌，提高消化酶活性，促进消化、吸收，有助于出牙，有利于头面部骨骼、肌肉的发育，对日后的构音和语言发育起重要作用。让宝宝拿着食物自己吃也是学"吃"的重要步骤，不但可提高智商，还可享受成功的心理满足，对培养宝宝自立、自强、减少依赖、建立自信心是十分必要的。

大人嚼食物喂宝宝的坏处

有人习惯替宝宝咀嚼，不论是饭、菜、还是肉类，生怕宝宝嚼不烂而替他嚼，这样做极不卫生，因为：

1.成人口腔内含大量细菌，由于成人抵抗力强一般不致病，可这些细菌对宝宝可构成威胁。

2.剥夺了宝宝练咀嚼的机会，失去了前面谈到的4大好处，不利于宝宝生长发育。

3.大人嚼过的东西失去了食物原有的色、香、味、形，无法提高宝宝的食欲，无法引起宝宝进食的兴趣。最终导致延缓了宝宝学吃的进程，影响了宝宝从生理到心理的发育。7~9个月的宝宝要开始咀嚼练习。这句话说说很容易，做起来碰到的问题却非常多。最常见的是，父母平时给宝宝吃的东西过于精细，生怕食物中有一点颗粒就会噎着宝宝，偏偏又有些宝宝喉咙特别敏感，似乎就给了这些父母不让宝宝练习咀嚼的理由。但专家表示，因怕宝宝噎着而放弃咀嚼练习是不可取的。应该在宝宝7~9个月的时候，就开始改变食物的颗粒大小、食物软硬度和改变宝宝进食的方式，比如用小勺吃、用手拿着吃等等。有的人认为只有磨牙饼干、磨牙棒才是专门用来练咀嚼的，其实米汤、稀粥、稠粥、馄饨、包子、饺子、软饭、菜末、肉末……都可以让宝宝练习咀嚼。另外，还可以把馒头切成1厘米厚的馒头片，放在锅里烤一下，但不要加油，烤至两面微微发黄、外面略有一点硬度，而里面还是软的，这就是宝宝练习咀嚼的很好的食物。它的好处在于一方面馒头绝不会卡着宝宝，另一方面宝宝可以自己用手拿着吃，既增加了吃的趣味性又练习了手眼协调和手的灵巧性。按照以上方法去挑选适合宝宝咀嚼的食物，你会发现并不像想象中的那么复杂。

第 221 天　宝宝的依恋关键期

宝宝的依恋关键期是6个月至18个月。在这段时期内，父母如果有积极的抚养行为和正确的教养方式，往往会事半功倍，使宝宝更亲近父母，为今后理想的亲子关系打下基础。

早期良好的依恋关系，让宝宝受益终身。宝宝在早期形成的依恋关系会稳定地延续下去，并影响他之后与人交往的能力。当宝宝与妈妈建立良好的依恋关系时，他会认为人与人是能够互相信任，互相帮助的。当宝宝长大后，他们同样会与其他人建立这种良好健康的关系，会用父母对待他的方式来对待其他人，会显示出更友好的合作，受到更多人的欢迎。

所以，一个看似简单的依恋，其实对宝宝将来的心理健康和行为起着不可忽视的作用。

父母如果没有把握好这个关键期,宝宝将来就会和父母比较疏远,并可能产生各种心理和个性上的问题。

父母在宝宝出生后的6~18个月中,增加与他亲密接触的机会。即使是短暂的爱抚、拥抱、亲吻都可以让宝宝感受到你的爱。如果由于工作繁忙的原因,长时间地让保姆或爷爷奶奶带宝宝,自然会错失良机。

宝宝非常"贪得无厌",父母需要付出相当多的观注、照料和教导。有时宝宝烦躁不安、哭闹不止,父母要及时调控自己的情绪,表现出足够的宽容与耐心。有些家长对宝宝时而热情时而冷淡,随着自己的情绪而定。这会使宝宝感到无所适从,久而久之会对父母缺乏信任。

第222天 宝宝坐得很稳了

此时宝宝可以在没有支撑的情况下坐起,坐得很稳,可独坐几分钟,还可以一边坐一边玩,还会左右自若地转动上身,也不会使自己倒下。尽管他仍然不时向前倾,但几乎能用手臂支撑。随着躯干肌肉逐渐加强,最终他将学会如何翻身到俯卧位,并重新回到直立位。现在他已经可以随意翻身,一不留神他就会翻动,可由俯卧翻成仰卧位,或由仰卧翻成俯卧位。所以在任何时候都不要让宝宝独处。

匍匐爬行:相较于上月,此时的宝宝已经会爬了,但还不熟练。宝宝爬有三个阶段,有的宝宝向后倒着爬,有的宝宝原地打转,还有的是匍匐向前,这都是爬的一个过程。等宝宝的四肢协调得非常好以后,他就可以立起来手膝爬了,头颈抬起,胸腹部离开床面,可在床上爬来爬去。

第223天　宝宝会用一只手拿东西了

到这个阶段，宝宝基本上已经可以很精确地用拇指和食指、中指捏东西，他会对任何小物品使用这种捏持技能。如果你演示给他看，他甚至会做捏响指的动作。手眼已能协调并联合行动，无论看到什么都喜欢伸手去拿，能将小物体放到大盒子里去，再倒出来，并反复地放进倒出。

在摆弄物体过程中，逐步提高了对事物的感知能力，如大小、长短、轻重。宝宝的手变得更加灵活，会使劲用手拍打桌子，对拍击发出的响声感到新奇有趣，能伸开手指，主动地放下或扔掉手中的物体，而不是被动地松手，即使大人帮他捡起他又会扔掉。能同时玩弄两个物体，如把小盒子放进大盒子，用小棒敲击铃铛，两手对敲玩具等。会捏响玩具，也会把玩具给指定的人。展开双手要大人抱。用手指抓东西吃。将东西从一只手换到另一只手。不论什么东西在手中，都要摇一摇，或猛敲。此时宝宝的各种动作开始有意向性，会用一只手去拿东西。

第224天　"a-ba-ba"、"da-da-da"

宝宝从早期的发出咯咯声，或尖叫声，向可识别的音节转变。他会笨拙地发出"妈妈"或"拜拜"等声音。当新妈咪感到非常高兴时，他会觉得自己所说的具有某些意义，不久他就会利用"妈妈"的声音召唤你或者吸引你的注意。在本阶段，他每天说"妈妈"仅仅是为了实践说词汇，他还不明白这些词的含意，还不能和自己的爸爸、妈妈真正联系起来。有了这样的基础，为时不久，宝宝就能真正地喊爸爸妈妈了，最终他会在想进行交流时才说。

这一阶段的宝宝，变得活跃了，发音明显地增多。当他吃饱睡足情绪好时，常常会主动发音，发出的声音不再是简单的韵母"a"、"e"了，而出现了声母音"pa"、"ba"等。还有一个特点是能够将声母和韵母音连续发出，出现了连续音节，如"a-ba-ba"、"da-da-da"等，所以也称这月龄阶段的宝宝的语言发育处在重复连续音节阶段。

第225天 宝宝会用动作表示语言了

宝宝在理解成人的语言上也有了明显的进步。他已能把新妈咪说话的声音和其他人的声音区别开来，可以区别成人的不同的语气，如大人在夸奖他时，他能表示出愉快的情绪，听到大人在责怪他时，他表示出懊丧的情绪。还能"听懂"成人的一些话，并能做出相应的反应，如成人说"爸爸呢"，宝宝会将头转向父亲，对宝宝说"再见"，他就会做出招手的动作，表明宝宝已能进行一些简单的言语交流。能发出各种单音节的音，会对他的玩具说话。能发出"大大、妈妈"等双唇音，能模仿咳嗽声、舌头"喀喀"声或咋舌声。宝宝能对熟人以不同的方式发音，如对熟悉的人发出声音的多少力量和高兴情况与陌生人相比有明显的区别。他也会用1~2种动作表示语言。

第226天 认识能力的一次飞跃

这个月龄的宝宝对看到的东西有了直观思维能力，如看到奶瓶就会与吃奶联系起来，看到妈妈端着饭碗过来，就知道妈妈要喂他吃饭了。这是教宝宝认识物品名称并与物品的功能联系起来的好机会，帮助宝宝不仅知道这个叫什么，还知道这个是干什么的，这对宝宝智力开发有很大的促进作用。

通过游戏活动，宝宝逐渐理解一种物品被另一种物品挡住了，那种物品还存在，只是被挡住或蒙上了，这是认识能力的一次飞跃。

开始有兴趣有选择地看东西，会记住某种他感兴趣的东西，如果看不到了，可能会用眼睛到处寻找。

第 227 天　伸手表示要抱

此时的宝宝对周围的一切充满好奇，但注意力难以持续，很容易从一个活动转入另一个活动。对镜子中的自己有拍打、亲吻和微笑的举动，会移动身体拿自己感兴趣的玩具。懂得大人的面部表情，大人夸奖时会微笑，训斥时会表现出委屈。

如果对宝宝十分友善地谈话，他会很高兴；如果你训斥他，他会哭。从这点来说，此时的宝宝已经开始能理解别人的感情了。喜欢让大人抱，当大人站在宝宝面前，伸开双手招呼宝宝时，宝宝会发出微笑，并伸手表示要抱。

第 228 天　重复宝宝的发音

注意听宝宝的发音，当宝宝已能说出不同的单音时，要跟着重复宝宝所发的音，用动作表示音的意义，培养宝宝的发音能力和语言理解能力。

教宝宝伸手表示要什么。当宝宝要一种东西时，要教他伸手来表示要，然后再拿给他所要的物品，并点头以表示"谢谢"。培养宝宝手势语言的表达能力,并养成讲文明的好习惯。

用认物书给宝宝讲故事。宝宝开始能听懂一些话了,有了初步理解语言的能力。父母可以开始给他讲一些非常简单的故事。故事从他认识的东西讲起。句子要不断重复,语速要慢,故事最好不超过三句话。例如,宝宝已经认识猫,可以翻开书中有猫的图,父母拉着宝宝的小手一边指着猫一边讲:"这是一只猫,它会叫'喵喵',让它的妈妈快快来。"讲完后向宝宝提问:"哪里有猫?"让宝宝用手指出图中的猫作答。宝宝自己用手拍到猫时一定要称赞宝宝,或者亲亲他以示表扬。

第229天 训练宝宝的手指灵活性

让宝宝练习用手捏取小的物品,如小糖豆、大米花等,开始宝宝用拇指、食指扒取,以后逐渐发展至用拇指和食指相对捏起,每日可训练数次。妈妈要注意宝宝,避免他将物品塞进口、鼻呛噎而发生危险,离开时要将小物品收拾好。使用拇指、食指捏到小物品,这是人类才具有的高难度动作,标志着大脑的发展水平。

第8个月时宝宝的食指很能干了。宝宝能用食指从糖果瓶中将糖果抠出来,也能把地垫的拼花拿起来。妈妈把地垫的拼花先拿起一个小角,让宝宝把食指伸进去,他就能把花纹拿出来。有些薄的泡沫塑料杯垫,中间有镶嵌的花纹,妈妈可以把杯垫弯曲,使镶嵌的花纹部分突出,便于宝宝拿到里面的花纹。许多玩具可以供宝宝练习食指功能,如用食指拨转盘、拨球滚动、按键等。小药瓶也有用,但瓶口要大于2厘米,防止手指伸入后拔不出来。用食指拨玩具可以让宝宝的食指发挥最大的功能,锻炼宝宝手指的灵活性。

第 230 天　教宝宝认身体部位

让宝宝看着娃娃或他人，妈妈可用游戏的方法教宝宝认自己身体的各个部位，如让宝宝用手指着娃娃的眼睛，妈妈说："这是眼睛，宝宝的眼睛呢？"帮他指自己的眼睛，宝宝逐渐会独立指眼睛，这可以加强宝宝的理解力，还能培养宝宝的手眼协调能力。

感知能力训练。继续抚摸、亲吻宝宝，握着宝宝的手，教他拍手，按音乐节奏模仿小鸟飞，还可以让宝宝闻闻香皂、牙膏，尝尝糖和盐，培养嗅觉感知能力，促进宝宝的感觉器官发育。

寻找盖着的玩具。用塑料杯、盒子或一张纸趁宝宝玩得高兴时将玩具盖住，看宝宝能否将玩具找出。如果不会或者要哭，就将玩具露一点，让宝宝自己取出，锻炼宝宝的记忆和分析能力，理解物体和物体之间的关系，同时也锻炼手的功能。

第 231 天　让小宝宝认识自己

认识自己。每天抱宝宝照镜子2~3次，让他认识自己。边看边告诉他镜中人，如"这是宝宝"、"这是妈妈"等。还可给他戴上彩色的帽子，好看的围巾、头花、纸制眼镜等，逗引宝宝高兴、发笑。培养宝宝愉悦的情绪。

交往训练。妈妈要经常带宝宝到附近的亲子园上课，宝宝第一次看到许多同龄的小朋友，开始会不习惯，想要妈妈抱着往外走。后来听见音乐响了，妈妈们抱着宝宝顺着圆圈走，宝宝又开始感兴趣了，渐渐地就愿意留在教室里了。

这个月的宝宝在亲子园能看到更多的宝宝,能互相模仿着学习,在这里宝宝可以学习与同伴交往,特别是内向的宝宝,多和同伴交往,能克服自我封闭的不良个性。

注视家人行动。要经常在宝宝面前做事,并注意观察宝宝是否注视家人行动,开始时应给予诱导,如"宝宝看爸爸拿什么呢"、"妈妈戴帽子上街了"等,以提高宝宝的理解能力。

第232天 宝宝能吃一些固体食物了

8个月的宝宝消化功能增强了许多,不但能吃流质、半流质的食物,而且还能吃一些固体食物,这样就为宝宝能够摄取足够的营养物质打下了基础。爸爸妈妈在给宝宝喂辅食的时候,要注意营养的均衡搭配,宝宝消化蛋白质的胃液已经能充分发挥作用了,可以适当多让宝宝吃一些蛋白质食物,如豆腐、蛋类、奶制品、鱼、瘦肉末等。

但碳水化合物、维生素等营养成分也不能少。还要注意的是,新的辅食品种要一样一样地给宝宝增加,宝宝适应一种再增加一种。如果宝宝有不良反应要立即停止。添加新食物要在喂奶前,先吃辅食再喂奶,这样宝宝就比较容易接受新的辅食了。

另外,这一时期,宝宝体内分解脂肪能力旺盛,也可以给宝宝吃煮的、炒的食物,但一定要嫩一些的食物,如炒白菜、炒西葫芦、炒茄子、炒鸡蛋等(炒得要嫩软一些,喂的量要少一点);煮的有肉类、鱼类、谷类等食物(肉要煮成肉糜,鱼要剔干净刺)。

第233天　科学护理来自生活小细节

宝宝已经八个月了，多数宝宝还有强烈的站立冲动，在爸爸妈妈的帮助下能扶着站一会儿了，有的甚至还想试着迈步呢。

这段时间里，宝宝的小手也越来越灵活，抓东西自不用说，两只手可以相互配合敲玩具了，见到细小的东西尤其感兴趣，虽然并不是每次都能准确捏到，但他会一次又一次不断尝试。八月的宝宝需要父母细心的呵护，在日常生活中，爸爸妈妈要注意以下细节哦：

清除眼屎

新生儿眼屎，多为白色的粘液状。洗净双手，取一条干净小毛巾，用生理盐水或凉开水浸湿，用一角包住食指，由内往外轻轻擦拭眼角，不要来回反复擦；毛巾四角均使用过后，需将毛巾洗净，重复前面的步骤。也可以用棉花棒醮生理盐水，将眼屎清除干净。

清洁鼻屎

将婴儿抱到灯光明亮处，或者使用手电筒照射；用婴儿专用消毒棉花棒沾一些凉开水或生理盐水，轻轻伸进鼻子内侧顺时针旋转，可达到清洁目的；如果宝宝流鼻水，可以使用吸鼻器进行清洁。

清除耳屎

新生儿的耳屎，大多为粘稠状。洗净双手，用湿布将宝宝外耳道（耳洞之外的部分）擦拭干净；用干净的棉花棒插入宝宝耳朵不超过一厘米处，轻轻旋转，即可吸干粘液、清除秽物。

第234天　芝麻酱是上好食品

妈妈们或许想不到，平时当成调味品的芝麻酱，对小宝宝来说却是上好的食品。

芝麻酱营养丰富，所含的脂肪、维生素E、矿物质等都是儿童成长必需的，其所含蛋白比瘦肉还高；含钙量更是仅次于虾皮。所以，经常给宝宝吃点芝麻酱，对预防佝偻病以及促进骨骼、牙齿的发育大有益处。芝麻酱还含铁丰富，宝宝6个月后，容易出现贫血，常吃点芝麻酱，就可起到预防缺铁性贫血的作用。此外，芝麻酱含有芝麻酚，其香气可起到提升食欲的作用。

因为芝麻酱是芝麻制成的泥糊状食品，因此当宝宝六七个月大添加辅食后就可以吃了。如将其加水稀释，调成糊状后拌入米粉、面条或粥中。1岁以后，可用芝麻酱代替果酱，涂抹在面包或馒头上，还可以制成麻酱花卷、麻酱拌菜等。

但要注意的是，1岁以内宝宝吃的芝麻酱里不要放盐；1岁以后的，也要少放盐，以免加重肾脏负担。过多摄入糖对宝宝健康不利，因而麻酱糖饼也不建议宝宝多吃。

吃芝麻酱，要控制好量，小宝宝一般一天吃10克左右，约为家用汤匙的1勺左右。此外，宝宝腹泻时，暂时不要吃，因为芝麻酱含大量脂肪，有润肠通便作用，吃后会加重腹泻。

妈妈们买芝麻酱时，应尽量避免选瓶内有太多浮油的。买回的芝麻酱要放在避光处保存。

第 235 天　清洗宝宝的小耳朵

宝宝的耳后和耳廓很容易弄得脏兮兮的，因为他们经常吐奶、流汗，然后就粘在耳朵附近，有时甚至结成块儿，因此，需要妈妈常常来清洗。可宝宝的头总是不停地乱动，真让妈妈无从下手，怎样才能给宝宝洗干净呢？

1.先在一个小皂盒里，把宝宝皂搓出泡沫来。

2.先洗宝宝的耳后和耳廓部位。让小宝宝躺卧在大床上，妈妈跪坐在宝宝头的一旁，或让宝宝躺在宝宝床里，妈妈坐在宝宝床的一边。

3.然后，妈妈把一只手掌轻轻地放在宝宝的一侧脸颊上，使宝宝的脸朝向一边。

4.妈妈另一只手的手指蘸取一点皂液，用手指像按摩一样轻轻地揉搓耳后和耳廓部位，把污垢充分揉开。

5.再用已准备好的拧干纱布擦拭，直到擦干净为止。

6.耳朵入口处用消毒棉做成的棉条轻轻擦拭。

专家提醒：在宝宝的耳朵内常可见到耳垢，但不需特别清理，因为它们会随着吃奶、说话等活动自然出来。

第 236 天　宝宝卧室最好别放花草

到了春天，四处都是一片春意盎然。于是，体贴的父母开始考虑为宝宝的卧室也添点绿色，摆上一些花花草草，殊不知，这些绿色植物却可能威胁到宝宝的健康！因此，专家提醒说，家长最好不要在宝宝的卧室里摆放植物。

宝宝对花草或花粉过敏的比例高于成年人，他们对花粉的过敏，还可能引发过敏性哮喘。并且，绿色植物在夜间吸入氧气的同时，会呼出二氧化碳，因此室内可能会出现缺氧现象，这对正在发育的宝宝来说是极为不利的。

此外，父母在植物的选择上如不注意，也有可能让植物伤害到宝宝。例如绣球、万年青、迎春花等花草的茎、叶、花都可能诱发宝宝皮肤过敏。仙人掌、仙人球、虎刺梅等浑身长满尖刺，极易刺伤宝宝娇嫩的皮肤，甚至引起皮肤、黏膜水肿。如果不小心摆放了有毒的植物，那就更麻烦了！例如，误食了夹竹桃，宝宝就会出现呕吐、昏迷等急性中毒症状；误食水仙花的球茎，又可发生腹痛、腹泻等急性胃炎症状。如果是放了会散发浓郁香气的植物，让宝宝长时间待在这种浓香环境中，还有可能导致嗅觉减退，并抑制食欲。所以，最简单、安全的方法就是不要把植物放进宝宝的卧室。

第237天 宝宝慎用紫药水

紫药水之所以有强烈的杀菌作用，其秘诀在于所用的原料龙胆紫属于阳离子碱性染料，能与带阴电荷的病菌相结合，还能抑制病菌与细胞壁上的肽键合成。这种双重作用，可将病菌置于死地。然而，近年来英国药理学家通过对动物的一项毒性试验得出一个让人难以置信的结果，紫药水是一种潜在的致癌剂。使用不当会引起许多副作用，特别对宝宝更具有"毒性"。

紫药水的毒副作用对宝宝来说，主要表现为全身反应和局部反应，全身反应包括烦躁不安、拒乳、易哭闹、夜寐不宁等，重者可出现呼吸困难，局部反应可见涂药周围皮肤出现潮红、疱疹、瘙痒等。

究其原因，主要是由于外用的紫药水浓度过高，对皮肤黏膜的刺激较强；或用量过大，如涂抹面积过大、涂抹次数过多等，也可能是个别患者对紫药水产生过敏反应。因此，专家们指出，使用紫药水浓度不宜过高，只限于0.5%~1%，每天上药1~3次，涂抹在局限的病灶周围，保持时间应限制在3天之内，曾有过敏反应者不能再用。患儿一旦发生上述所说症状，应及时停止用药，并对症处理，一般3~5天症状即可消失。

第238天　新妈咪的言传身教

日常生活中，新妈咪要随机培养宝宝与人交往的能力。这个过程中新妈咪要对其自身的行为进行要求，提供语言指导、具体示范并做出良好的行为榜样。因此日常生活中家人说话的语调和表情对宝宝的语言和情感发展关系重大，"言传身教"说的就是这个道理。

那么，从现在开始，训练宝宝的理解和模仿能力，培养宝宝与人交往的能力吧。下面这个小游戏，能很好的帮助新妈咪完成这一愿望！

游戏的方法步骤：

1.爸爸递给宝宝一个他喜欢的玩具，当宝宝伸手拿时，妈妈在一旁说："谢谢"，并点点头或做鞠躬动作。

2.逗引宝宝模仿妈妈的动作，如果宝宝按照要求做了，要亲亲他表示鼓励。

3.爸爸做离开状，妈妈一面说"再见"，一面挥动宝宝的小手，教他做"再见"的动作。

4.家里来了熟悉的客人，教宝宝拍手表示欢迎，说："你好，欢迎。"

生活中要多多为宝宝制造一些具体语言情境，使宝宝有大量机会接触"谢谢"等见面用语的词语含义，帮助宝宝早一点说话。

宝宝说"谢谢"时，新妈咪可以用动作教宝宝双手拱起上下活动表示谢谢或同人拜年。这样能使宝宝学会用姿势答话，引起宝宝同人交往的愿望。

第239天 对付宝宝挑食的对策

如果你家里出了一个标准的小挑食匠,新妈咪们是不是感到很头痛?其实,对待宝宝的挑食,新妈咪应该掌握不同的绝招。

绝招一,态度坚决而不强迫。如果宝宝因为饭菜不合胃口而不吃,父母可以把饭菜拿走,让他等下一顿,两餐之间不要给零食,让他明白只有好好吃饭才能填饱肚子。在宝宝表现好时,要鼓励他,慢慢地,宝宝就会逐渐养成好习惯。

绝招二,一家人团团坐,大家一起吃饭的气氛很有感染力,你吃得津津有味他也会嘴馋,开始的时候餐桌上要有一两样他爱吃的食物,渐渐地,宝宝就会接受多种食物了。

绝招三,培养新的口味,宝宝每天只吃一种他喜爱的食物,会造成营养不良,我们需要培养他对新食物的兴趣。可以在三餐中选一餐做他最喜欢的食物,而其他的两餐则另选其他食物,一方面,宝宝的习惯已经得到满足,在两个都不喜欢的食物中选一个,不会引起他的反感,不论选哪一个,都是一种新的尝试,就是可喜的进步。

绝招四,巧妙做个游戏比一比看谁吃得快。把小饼咬成一个月牙,看谁盘子里的豆豆少得快,虽然都是用滥的招数,可却很管用。

绝招五,别给宝宝太多。宝宝的胃容量很小,满满一盘子的食物,看着就饱了,确保他们的量够吃就可以了。

绝招六,爱甜食怎么办?虽然甜食会影响到宝宝的健康,但宝宝就是喜欢吃。你要做的是首先减少购买甜食。其次,尽量购买高营养的甜食。第三,你要规定宝宝吃甜食的量,告诉他们一天能吃几块点心,让他们自己选择在什么时间吃。

第240天　宝宝怎样使用学步车

学步车，又称学走架。它既可使蹒跚学步的宝宝们避免摔伤的危险，又能减轻家长搀扶宝宝学步之苦。但是，过早或过频地使用学步车，对宝宝的生长发育也会带来不良影响。

宝宝如果过早地使用学步车，其下肢尚不能支持体重，身体的负荷几乎都集中在车座上，宝宝等于是坐在学步车内。宝宝太小而过早学坐，因其脊椎稚嫩，背部发育欠完善，容易导致脊柱侧弯或驼背；过早使用学步车，由于上身的重力，还会使宝宝的腿向内或向外弯曲，久而久之形成佝偻病似的"X"形腿或"O"形腿。

学步车适用于8个月左右的宝宝。

宝宝在学步车里的时间，一般不要超过半小时，因为宝宝骨骼中含钙少，胶质多，故骨骼较软，承受力弱，易变形。此外，由于宝宝足弓的小肌肉群发育尚未完善，练步时间长易形成扁平足。

学步车最好在室内使用，远离火炉、插销和热水瓶、餐具等危险物品，忌在门槛、楼梯附近、高低不平的场所使用，以免造成意外伤害。

注意卫生：宝宝手能够到处的小物品要拿走，以防宝宝将异物放入嘴里。宝宝双手能触摸到的地方必须保持干净，防止"病从口入"。

调节好学步车坐垫的高度，以免宝宝摔出去。

佝偻病患儿、过度肥胖儿、低体重儿、营养不良儿都不要急于学步，如果需要用学步车，时间应该适当缩短。

第 241 天　宝宝也有青春痘了

如果妈咪发现宝贝面部长有痤疮时，千万不可用手去挤捏或用针挑，以免感染扩散形成疤痕，日后影响宝贝的皮肤。妈咪可每天给宝贝用温水洗脸，洗脸用的毛巾要柔软，并保持脸盆、毛巾的清洁。洗脸时可适当使用宝贝专用香皂，以祛除面部过多油脂。

可以给宝贝喝点儿温开水，注意宝贝大便通畅，防止便秘。

妈咪要少吃糖果及甜食，不吃高脂肪及辛辣食物，多吃些新鲜蔬菜及水果，宝贝吃了这样的乳汁有利于皮肤的恢复。

妈咪切勿自作主张，给宝贝用皮质激素药物，如皮炎平、肤轻松等软膏，因为长期使用可使皮肤萎缩，形成毛细血管扩张或毛囊炎。

第 242 天　巧用盐对付宝宝长痱子

我们每天都在消耗能量，每天都需要吃饭来补充能量，饭吃下去变成能量却需要盐将一部分调用上来，这就是我们必须吃盐的原因，盐味咸，中医讲咸能入肾，能将肾气调起来维持我们正常的活动和功能。但是，盐除了可以食用以外，还可以有其他用途哦!

痱子在夏季比较常见，特别是小宝宝，尤其容易身上长痱子，出现红点，瘙痒。小宝宝有可能由于过度搔抓而导致感染，发生毛囊炎、疖或脓肿。

其实，如果小宝宝长痱子之后，只要取适量食盐，放入锅内炒至焦黄，再取出冷却至室温。取适量焦食盐置于盆内，加适量温水（盐与水的比例1∶100），使之完全溶解，取一干净毛巾放入盆中蘸湿，然后略拧，敷于患处（温热程度以小儿接受为宜），1日数次，2~3日即愈。

第九个月

宝宝享受摸爬滚打的乐趣

第243天 小宝宝坐卧自如了

宝宝9个月了，此时，你会发现宝宝有了一个非常重要的动作，就是喜欢用食指抠东西，例如抠桌面、抠墙壁。会模仿妈妈拍手，但没有响声。能把纸撕碎，并放在嘴里吃。把宝宝抱到饭桌旁，宝宝会用两手啪啪地拍桌子。会拿起饭勺送到嘴里，如果掉下去，会低头去找。能拉住窗帘或窗帘绳晃来晃去。

宝宝能坐卧自如了，不需要倚靠任何物体，能很稳地坐比较长的时间。坐着时会自己趴下或躺下，而不再被动地倒下。

第244天 简单的爬行活动何来如此神奇

爬行活动对宝宝来说，有很神奇的作用。

首先，当宝宝在襁褓中时，视听范围很小；坐着或躺着时，视听范围略有扩大，但得到的刺激仍然不够。而爬行则使视听范围大幅度扩大，姿态由静到动，范围由点到面，刺激量大了，思维、语言与想象能力自然得到了发展与提高。

同时，爬行对于脑部有直接的促进作用，中脑是最大的受益者。从脑的解剖结构看，中脑是脑干（人的生命中枢所在地）的一个重要组成部分，上面排列着视觉与听觉两大反射中枢，是主管听声音与看东西的"总部"，它上传外界信息，下达大脑命令。爬行扩大了视听范围后，中脑受到的刺激就得以强化；而促进了中脑的功能，无疑会使整个脑的功能"更上一层楼"。除了中脑，爬行对小脑的积极影响也不可小视。小脑是主管人体运动平衡的，而爬行属于全身运动，可训练小脑的平衡与反应联系，促进神经纤维相互缠绕形成网络，有利于脑神经系统结构的完善，必然会对宝宝学习语言与阅读发挥良好影响。

再者，爬行动作由最初的爬行反射，经过抬头、翻身、打滚、匍行等中间环节，最终发展成真正的爬行，需要经历多次的学习、实践；每一次学习与实践都是一次对大脑积极性的调动与激发。因此，学习爬行其实就是对脑神经系统功能的一次强化训练，对于脑的发育具有不可替代的特殊作用。

第 245 天　训练宝宝爬行的方法

宝宝出生以后，运动系统尚未发育完善，所以总是静静地躺着睡觉。到了8~9个月的时候，经过一个时期的训练就可以用手和膝盖爬行，最后发展为两臂和两脚都伸直，用手和脚爬行。所以说，宝宝的手臂和双腿必须协调才能完成这一动作。为了让宝宝尽快缩短学习爬行的过程，妈妈和爸爸就要有意识地教宝宝练习爬行。

首先，要有一个适合爬行的场地，比如在一个较大的床或木质地板上，铺上毯子或泡沫地板垫。但无论是什么场地，都要平整而软硬适当，如果场地太软，宝宝爬起来就比较费力；如果场地太硬，不仅爬起来不舒服，而且还可能使宝宝娇嫩的手和膝盖受到损伤。同时，爬行场地要保证干净卫生，以免宝宝受到细菌感染。

其次，训练时妈妈或爸爸要给予适当的协助。如果宝宝的腹部还离不开床面，妈妈或爸爸可用一条毛巾兜在宝宝的腹部，然后提起腹部让宝宝练习利用双手和膝盖爬行。经过这样的协助之后，宝宝的上下肢就会渐渐地协调起来，等到妈妈或爸爸把毛巾撤去之后，宝宝就可以自己用双手及双膝协调灵活地向前爬行了。

第246天 宝宝能很快连续翻滚

对于宝宝来说，他们的运动智能培养主要是学习并且掌握基本运动技能，学会翻滚、攀爬这些基本动作，并最终学会走路。提高身体控制能力，掌握身体平衡，并学会控制自己的双手，这些基本能力就是宝宝正常生长发育，运动能力、协调能力正常发展，探索欲望和学习兴趣不断增长的基础。

宝宝能扶物站立，练习迈步，是学走的第一步。家中要创造条件使宝宝得到练习的机会。通过练习，宝宝能用单腿支撑体重，并且练习站立平衡。为单独行走打基础。

有一个小游戏，可以很好的帮助宝宝，具体的方法步骤：

1.将宝宝睡的小床床板降低，使高度大约是50厘米。

2.宝宝睡醒后帮助他扶栏站起，双手扶着床栏横跨迈步。

3.如果家中没有这种可以降下来的小床，妈妈让宝宝在铺上地毯或席子的地上玩，宝宝会扶着椅子或床的支架站起来。双手扶着椅子或床沿学着横跨迈步。

4.也可以把凳子排成行，每张凳子相距30厘米。宝宝会扶着凳子迈步。伸出胳膊扶着一个个凳子慢慢走过去。

第247天 小青蛙，蹦蹦跳

让宝宝被动地做跳跃动作，锻炼宝宝腿部肌肉和膝关节的屈伸，为宝宝以后的行走作准备；同时宝宝身体随着音乐节拍跳动，还能培养宝宝活泼开朗的性格，感受音乐的陶冶。

具体方法步骤：

1.让宝宝站立，背对席地而坐的妈妈，妈妈从背后托住宝宝的腋下，伴随着儿歌让宝宝蹦跳。

2.跳跃的过程中，妈妈可以教宝宝唱儿歌："一只青蛙一张嘴，两只眼睛四条腿，两只青蛙两张嘴，四只眼睛八条腿，扑通一声跳下水。"

3.当唱到"扑通"一声时，妈妈要托起宝宝腋下举起来，让宝宝腿部自然地做弹跳动作两次。

也可以站在宝宝背后，托起宝宝直接一次一次往前跳。一边跳一边唱，"小青蛙跳跳跳，跳到河里洗个澡"。

妈妈还可以带宝宝一边做蹦蹦跳运动，一边教宝宝《小青蛙蹦蹦跳》儿歌："小青蛙，蹦蹦跳，嘴巴鼓了两个泡，泡儿大了叫得欢，泡儿瘪了要睡觉。"妈妈还可以根据儿歌的情境，模拟青蛙的动作和表情逗宝宝玩耍。

第248天　宝宝的小变化，大进步

宝宝对看到的东西，能记忆了，并能充分反映出来。不但能认识父母的长相，还能认识父母的身体和父母穿的衣服。

宝宝会有选择地看他喜欢看的东西了，如在路上奔跑的汽车，玩耍中的儿童、小动物，而且能看到比较小的物体了。宝宝非常喜欢看会动的物体或运动着的物体，比如时钟的秒针、钟摆，滚动的扶梯，旋转的小摆设，飞翔的蝴蝶，移动的昆虫等等，也喜欢看迅速变幻的电视广告画面。

宝宝开始能认识颜色了。妈妈不断教宝宝："这是红气球，这是黄气球，这是绿气球。"尽管宝宝对颜色的变化还不理解，也不能分辨，但能够记住颜色了，把不同颜色的气球放在不同的地方，妈妈问："红气球呢？"宝宝会把头转向红气球。"黄气球呢？"宝宝又会把头转向黄气球。

宝宝对性别有了初步认识。如果总是爸爸抱着宝宝玩，宝宝就喜欢让和爸爸年龄差不多的男人抱。妈妈抱得多的宝宝，喜欢让和妈妈年龄差不多的女人抱。

第249天 宝宝几乎没有时间概念

之前一段时期，宝宝是坦率、可爱的，而且和你相处得非常好；到这个时候，他也许会变得紧张固执，而且在不熟悉的环境和人面前容易害怕。他行为模式的巨大变化是因为，他有生以来第一次学会了区别陌生人与熟悉的环境。对陌生人感到焦虑是宝宝情感发育旅程中的一个里程碑。甚至宝宝对以前可以很好相处的亲属或儿童看护者，现在也会表现为躲藏或者哭泣，特别是在他们草率地接近宝宝时。这种情况是正常反应，不必感到忧虑。

同时，他对妈妈更加依恋，这是分离焦虑的表现。正如他开始认识到每一个物体都是独特而永恒的，他也会发现只有一个妈妈。当你走出他的视野时，他知道你在某个地方，但没有与他在一起，这样导致他更加紧张。他几乎没有时间概念，因此不知道你什么时候回来。

宝宝稍大一些，过去与你一起相处的记忆将在你离开期间安慰他，他会期望和你重新团聚。情感分离通常在10到18个月期间达到高峰，在一岁半以后慢慢消失。不要抱怨他的占有欲，尽你的努力维持更多的关心和好心情。你的行动可以教他如何表达爱并得到爱，这是他在未来多年赖以生存的感情基础。

第 250 天　放手训练你的宝宝吧

训练宝宝有意识地将手中的玩具或其他物品放在指定的地方,新妈咪可给予示范,让其模仿,并反复地用语言示意他"把××放下,放在××上"。由握紧到放手,使手的动作受意志控制,手、眼、脑协调又进了一步。

在宝宝能有意识地将手中的物品放下的基础上,训练宝宝玩一些大小不同的玩具,并教宝宝将小的物体投入到大的容器中,如将积木放入盒子内,反复练习,训练宝宝的观察力,让宝宝学会解决简单问题。

把圆柱体的滚筒(饮料瓶代替也可)放在地上,让宝宝用两只手推动它向前滚动。待宝宝熟练后,再让宝宝用一只手推动滚筒,并把它滚到指定地点。让宝宝在游戏中逐渐建立起圆柱体物体能滚动的概念。

第 251 天　训练宝宝站立、坐下

让宝宝从卧位拉着东西或牵一只手站起来,在站位时用玩具逗引他3~5分钟,扶住双手慢慢坐下。扶站比坐下容易,几分钟后,大人要帮助宝宝扶坐,以免宝宝疲劳,这样可以锻炼宝宝双腿的肌肉,训练宝宝身体的平衡性。

让宝宝仰卧或俯卧,用语言、动作示意他坐起来,并扶宝宝双手鼓励他迈步或用玩具、食品引逗他坐起来,此时要表扬宝宝,让宝宝高兴,使身体平衡和协调能力进一步发展。

这个月宝宝已由原来手膝爬行过渡到熟练的手足爬行,由不熟练、不协

调到熟练、协调。妈妈可以用宝宝喜欢的玩具逗引宝宝爬行,提高宝宝爬行动作的熟练程度。

第252天 识图认物训练

给宝宝看各种物品及识图卡、识字卡,卡片最好是单一的图,图像要清晰,色彩要鲜艳,主要教宝宝指认动物、人物、物品等。

方法步骤:

1.墙上挂一些水果图片(香蕉、苹果、葡萄、西瓜、橘子等)。

2.妈妈竖抱着宝宝,走近挂图让宝宝观看这些图片,妈妈指着其中某一种水果,说出水果的名称,让宝宝学着用手去拍一下那种水果图片。

3.等到宝宝逐一认出墙上的挂图时,妈妈可以用以上水果的实物给宝宝分别指认。指认时妈妈最好用语言描述水果的颜色、味道、大小等特征,这样多次重复让宝宝建立起对常见水果的认知和感知。

需要注意的是:宝宝学会选择并准确指认图画后要经常温习,如果过几天不温习,宝宝思维中的这种联系就会消失。最好选用与实物接近的图,不要选择卡通童趣的图。

第253天 应该逐渐实行半断奶

用母乳喂养的宝宝一过8个月,即使母乳充足,也应该逐渐实行半断奶。原因是母乳中的营养成分不足,不能满足宝宝生长发育的需要。因此在这个月里,母乳充足的不必完全断奶,但不能再以母乳为主,一定要加多种代乳食品。

母乳喂养每日喂母乳3次,时间安排在上午6时、下午2时、晚10时。在上午10时及下午6时喂稠粥、菜泥、蒸全蛋、面片等。喂服温开水。果汁可改喂鲜番茄及香蕉。还可加喂豆腐脑、面条、点心等。浓缩鱼肝油每日2次,每次3滴。

第254天 宝贝最爱的小米粥

小米营养丰富,具有很好的益智作用。而且难得的是,小米中的粗纤维含量相对较低,特别适合宝宝食用。

宝宝在生长发育期间需要补充大量的优质蛋白。据科学家分析指出,小米中的蛋白质、脂肪、钙、胡萝卜素、维生素B_1、维生素B_2等的含量均高于大米和面粉。另外小米富含色氨酸,色氨酸能促使大脑神经分泌使人欲睡的5-羟色胺。若在睡前半小时给宝宝喝点小米粥,可帮助宝宝入睡并使大脑得到充分的休息。

营养学家认为,小米是健脑补脑的有益主食,具有很高的营养价值,宝宝常食可促进智力开发。由于小米中缺少维生素C,因此妈妈可将小米与含维生素C的红枣或豆类放在一起煮粥。

第255天 宝宝需要固定的饭桌

9个月的宝宝能够坐得很稳,而且大多数可以独坐了。因此让宝宝坐在有东西支撑的地方喂饭是件容易的事,也可用宝宝专用的前面有托盘的椅子,总之每次喂饭靠坐的地方要固定,让宝宝明白,坐在这个地方就是为了吃饭。

这个月的宝宝总想自己动手，因此可以手把手地训练宝宝自己吃饭。妈妈要与宝宝共持勺，先让宝宝拿着勺，然后妈妈帮助把饭放在勺子上，让宝宝自己把饭送入口中，但更多的是由父母帮助把饭喂入口中。

吃饭时间不宜过长。每顿饭不应花太多的时间，因为宝宝在饿时胃口特别好，所以刚开始吃饭时要专心致志，养成良好的吃饭习惯。

第256天　训练宝宝的听力

这个月，新妈咪要注意训练宝宝的听力。在训练听力的同时，新妈咪还要注意培养宝宝的节奏感和协调性！

下面这个小游戏能够很好地帮助到新妈咪。

游戏准备：

小木勺、奶粉盒、乐曲。

方法步骤：

1.奶粉盒的开口封起来，做成一个鼓，再给宝宝一把小木勺当鼓棒。

2.妈妈敲打这个新做的"小鼓"，使之发出响亮的声音，教宝宝学着用手或用小木勺去敲打。

3.等宝宝能够熟练"敲小鼓"的时候，继续玩这个游戏，只是这时候要配上节奏感强的乐曲，这样宝宝可以按节拍同妈妈一起敲打。

小心不要让宝宝用"鼓棒"打到自己或别人。

宝宝练习敲小鼓，能发展手的技巧。这是因为宝宝要用手或小棍敲中鼓面才能发出声音。宝宝通过听音可以纠正自己打鼓的技巧，使手、眼、耳互相协调而使技巧进步。每种乐器要求不同的敲击技巧，宝宝从玩具的玩法中练习手的技巧，并用眼和耳促进手的技巧进步。

第 257 天　让宝宝练习自己吃饭

当给宝宝开始添加辅食的时候，训练让宝宝自己手中拿一把小勺，学着从碗中舀食。开始的时候，小宝宝肯定拿不稳妥，也分不清凹凸面，大人可以用手托住宝宝的手将食物送到宝宝嘴里，使其逐渐由被动地被人喂食发展到可以自己用小勺吃，几个月甚至半年的坚持后，宝宝会自己吃饭了。

最初使用小勺的时候，让宝宝品尝到除乳汁、牛奶以外的食品，比如一些无法用奶瓶喂的固体食物等。而且让小宝宝熟悉和习惯使用小勺，对宝宝顺利地度过日后的断奶期非常有用。

当然，宝宝一开始会有点不习惯，会对小勺有一定的排斥，甚至仅仅是把它当成一种玩具玩玩，与用奶瓶时，只用嘴一吸，牛奶和水就自动被吸到嘴里相比较，面对一把奇怪的小勺，多少对宝宝本身是一个很大的挑战。这时，有的宝宝可能会因不习惯而拒绝进食，用小手推开。爸爸妈妈可以在喂奶前，少喂些果汁或者菜汤之类，这样时间长一些，宝宝就会觉得小勺里的东西味道还不错，就不会拒绝了。

爸爸妈妈不能轻易放弃训练，不要认为小宝宝不喜欢小勺就不教了。教宝宝用小勺吃饭，可以帮助宝宝摄取到更多食物的种类，促进咀嚼功能；而且能促进宝宝的灵活性和协调能力，逐步培养宝宝对新事物的认识。

父母教宝宝时一定要有耐心，最初宝宝肯定不熟练，会把饭弄到手上、桌子上、衣服上、地上，有时候还会把碗和盘摔碎。爸爸妈妈要不断地鼓励宝宝，不要生气地训斥宝宝，增强宝宝的兴趣，逐渐使之习惯起来。

爸爸妈妈教宝宝时，关键是要引导宝宝主动地去学习吃食物。宝宝在不断品尝到各种各样的新的食物的同时,不但可以体会到进餐的乐趣,还可以促进食欲,补充到多方面的营养。爸爸妈妈可以自己手里拿一把勺,让宝宝自己拿一把,一边给宝宝喂饭,一边教宝宝学习。

如果存在有的宝宝用左手拿勺的情况,不要强迫宝宝使用右手,因为同时使用左右手更有助于大脑的发育。

第258天 小凳子、有趣的玩具

这个月,新妈咪可以通过一些简单的小方法锻炼宝宝膝盖弯曲伸直,训练宝宝掌握高空平衡控制能力,同时培养探索能力和解决问题的能力。

这个小游戏非常简单。

游戏准备:小凳子、有趣的玩具。

方法步骤:1.宝宝面前放一个10厘米高的小凳子,小凳子另一方地板上放一个宝宝喜欢的小玩具;2.妈妈牵着宝宝的手,让宝宝抬高脚跨上去,协助宝宝在凳子上站好后,再让宝宝迈下来;3.由于前方玩具的吸引,促使宝宝想要学习迈下凳子去找玩具;4.妈妈拉着宝宝的双手让宝宝一只脚先下来,再下另一只脚;5.也可以将数个凳子按一定距离排成一行,让宝宝一上一下。

第259天 牵着宝宝的手上台阶

新妈咪可以牵着宝宝的手上台阶了,如果有扶栏可让宝宝自己一只手扶着上。

初学时,宝宝先迈上一级,双腿在台阶上站稳之后再迈步上第二级。许多牵手学走的宝宝还未会走就已学着上台阶。住楼房的小宝宝每天都有机会练习，妈妈千万别忘记在宝宝上台阶时替他数数，一级、二级、三级……一直数到上平台，再从头数。宝宝一面学上台阶时一面学数数。

需要注意的是：1.不练习楼梯爬行时，楼梯的顶端和底部随时都要围着安全护栏；2.宝宝一般都是先学会上，后学会下。当宝宝爬到楼梯最上面的，再教宝宝下来的方法。由于宝宝还不知道怎么转身，所以你必须教他如何伸出脚，并在他每往下爬一级台阶时教他放轻松。

第 260 天　捏取细小物件

通常，宝宝从出生后3个月练习够取，到第5个月才能学会，有准确目的地松手要从出生后8个月练习，到第10个月才能学会。这就是说，虽然早期宝宝学会抓挠的动作，或者会屈伸5个手指，但是他还不能准确有目的地松手，即眼与手还未协调，因此这时期练习捏葡萄干就能锻炼宝宝眼手协调能力。

方法步骤：1.将少许葡萄干装在小碗里；2.妈妈先捡一粒放在嘴里咀嚼，说"真甜"，宝宝就会去捡；3.一开始宝宝可能会用手掌一粒也抓不着，这时候妈妈要再次示范给宝宝看，鼓励宝宝用拇指和食指去捏，宝宝就会学着妈妈的样子用食指和拇指去捏取；4.刚开始宝宝可能会一把抓，遇到这种情况妈妈要细心示范，当宝宝能捏起来时，要给予鼓励。

需要注意的是：1.照看好宝宝，谨防宝宝拿起葡萄干放入嘴里。2.之所以让宝宝学习去抓捏葡萄干，是因为葡萄干小而软，不易滚动，宝宝捏起来难度适中。

第261天 与妈咪交流的新意义

现在,宝宝能够理解更多的语言,与新妈咪的交流具有了新的意义。

在宝宝不能说出很多词汇或者任何单词以前,他可以理解的单词可能比新妈咪想象得多。

尽可能与宝宝多说话,可增加宝宝的理解能力,告诉他周围所发生的事情,但新妈咪的语言一定要简单而特别。新妈咪无论是给宝宝翻阅还是与他交谈,都要给孩宝宝充足的参与时间。提问并等待宝宝的反应,或者让宝宝自己引导。此时他也许已经能用简单语言回答问题;会做3~4种表示语言的动作;对不同的声音有不同的反应,当听到"不"或"不动"的声音时能暂时停止手中的活动;知道自己的名字,听到妈妈说自己名字时就停止活动,并能连续模仿发声。听到熟悉的声音时,能跟着哼唱,说一个字并表示以动作,如说"不"时摆手,"这、那"时用手指着东西。

第262天 增加宝宝动作灵敏度

现在,新妈咪一定要注意增加宝宝动作灵敏度,为匍行及爬行作准备;训练宝宝全身肌肉运动,训练运动协调性;锻炼宝宝的感觉统合,促进大脑和前庭系统的发育。

跟宝宝做一个简单的小游戏吧。

游戏准备:地垫、小玩具(小汽车、小皮球)。

方法步骤:1.在平坦的地垫上,宝宝先仰卧,用一件可爱的小玩具(小汽车）吸引宝宝注意，吸引宝宝的视线。2.妈妈把小汽车从宝宝身边推出一小段距离，让宝宝去够取。宝宝很想向右转身去够，但够不着。3.宝宝会将身体翻过去但仍够不着，妈妈说"再翻一个"，指着小汽车让宝宝再翻360°去够小车。4.练过几次之后，妈妈可换个小玩具，如小皮球，从宝宝身边滚过。这时候宝宝能较熟练地连续翻几个滚伸手把球拿到。5.经常练习能使宝宝十分灵便地连续翻滚。

第 263 天　锻炼宝宝的颈背肌和腹肌

在锻炼宝宝的颈背肌和腹肌力量时，妈妈或爸爸可以经常与宝宝做坐起和躺下的游戏，只要宝宝的颈背部和腹部肌肉的力量增强以后，宝宝就能尽快自己坐起来，并且不用任何依靠而坐稳。

训练时，可以参考以下方法：先让宝宝仰卧，妈妈或爸爸握住宝宝的两只手腕，慢慢把宝宝从仰卧位拉起成坐位，然后再轻轻把宝宝放下恢复成仰卧位，如此来回反复做坐起和躺下的游戏，就可使宝宝的颈背肌和腹肌得到锻炼。如果宝宝的手已经有很好的握力，妈妈或爸爸也可把大拇指放在宝宝的手心里，让宝宝紧握进行上述坐起和躺下的游戏。用这种方法训练时要注意宝宝的握力是不是足以完成整个游戏，如果宝宝手部的握力不够，就需要妈妈或爸爸中的一人在宝宝身后进行必要的保护，以免宝宝半途松手而发生意外。

另外，传统儿歌也可让宝宝锻炼颈背肌和腹肌。

我国民间蕴藏着丰富的传统育儿经验，其中有不少好的方法今天仍可利用。比如在训练宝宝颈背部和腹部肌肉的力量时，完全可以利用"拉大锯"的游戏。

游戏时，妈妈和宝宝相对而坐，妈妈双手握住宝宝手腕，让其前俯后仰玩拉大锯的游戏,边拉妈妈边念:"拉大锯,扯大锯,姥姥家唱大戏,接你来,你就去,你陪姥姥看大戏。"这个儿歌游戏每天可玩1~2次,每次3~5分钟即可。

第264天 训练宝宝手部力量和灵活性

人干什么工作都离不开手,从小锻炼手部的力量和灵活性,对宝宝的一生都具有重要意义。现在,大部分的宝宝可以不需任何支撑而熟练地坐起来,并能坐较长时间,这就给训练宝宝手部的力量和灵活性提供了极大的方便。而且,宝宝日常做的很多游戏,都可用来做这种手部力量和灵活性的训练。捡豆游戏就是方法之一。

宝宝的小手动作明显地灵巧了,一般物体都能熟练地拿起,捡豆游戏就是建立在这种基础之上进行的。游戏前,妈妈或爸爸找一个广口瓶,再找10多个爆米花之类比较好拿并可以吃的物品。游戏开始时,妈妈或爸爸可以先作个示范,一个一个地把爆米花之类捡起来,放进瓶里,然后再倒出来。如此反复,来回玩耍。在妈妈或爸爸示范动作的启发下,宝宝就会模仿着做,开始学习捏取这些爆米花之类的小物品。这个游戏有个循序渐进的过程,开始时找些爆米花之类比较粗糙的东西,等宝宝比较熟练之后,再换一些如小糖豆等比较光滑难拿的东西,经过这样逐步升级的训练,宝宝的小手指就会越来越有力,越来越灵活,而且会由拇指与其他指头的抓握,逐渐发展为拇指与食指相对的准确捏取。

那些发育较慢的宝宝也可以做这个游戏,可以找一个瓶口更宽的瓶子或干脆用塑料口杯,开始时宝宝也可能是用整个手去抓,然后放到瓶子或杯子里去,只要坚持训练,用不了多久,宝宝就可以用手指灵巧地去捏了。

值得注意的是,在做这个游戏时,应该时刻看护好宝宝,不要让他把爆米花或小糖豆等东西放进嘴里，一是怕宝宝卡住，造成生命危险；二是怕宝宝吃进去，尽管这些东西万一被宝宝吃了也不要紧，但这些东西毕竟是拿来做游戏用的，被手拿来拿去已经不干净了，如果被吃了可能会影响宝宝的健康。

第265天　天天洗洗小脚保健康

根据祖国医学中的经络学说，人脚上有60多个穴位，占全身穴位的十分之一，从小小的脚掌上可观察到身体五脏六腑相应的投影。现代医学研究也支持脚部受凉时很容易引起感冒一说，是因为脚与上呼吸道黏膜之间存在着密切的神经体液联系。一旦脚部受凉，局部血管收缩，血流减少，会反射性地引起上呼吸道黏膜内的毛细血管收缩，致使局部抵抗力下降，原来潜伏在鼻咽部的细菌、病毒，就会乘机大量繁殖，就容易使宝宝患感冒等病。

因此，年轻的父母不论夏天还是冬天都应注意宝宝脚部的保暖。即使是在炎热的夏天，也需要给宝宝穿上合脚的线袜，不要让阵风或电扇直接吹着脚；在冬天，不论是宝宝午睡还是夜间睡眠，双脚都不要露在被子外面，以免着凉。

很多父母都很注意给宝宝洗脚。因为洗脚不仅可以除去脚上的污物，还是一种健身方法。曾有人这样描述：春天洗脚，升阳固脱；夏天洗脚，暑湿可祛；秋天洗脚，肺润肠濡；冬天洗脚，丹田温灼。每天坚持为宝宝洗脚，通过水和手对脚的按摩刺激作用，可达到舒经活络，防病治病和健身作用。

那么洗脚时的水温、水量是否也有讲究呢？

是的，一年四季都需要用温水。夏天的时候洗脚水的温度一般可以在38～40℃之间，到了冬天，洗脚水的温度可以逐渐提高，一般可以在45～50℃之间。洗脚时的水量以将整个足部都浸在温水中为宜，浸泡时间需保持3~5分钟。较长时间地用温水浸泡洗脚，能使足部皮肤表面的毛细血管扩张，血液循环加快，改善足部皮肤和组织营养，增加局部抵抗力，促进宝宝睡眠，有助于其生长发育。

第266天　宝宝流鼻涕不一定是感冒

宝宝流鼻涕，爸爸妈妈首先就会想到：是不是感冒了？该吃什么药呢？其实宝宝流鼻涕也是有很多种区别的。

1.感冒引起的鼻炎被称为急性鼻炎，此时鼻腔黏膜充血肿胀，腺体分泌增多即形成鼻涕，开始为清水样的，3~5天后渐为脓涕，以后逐渐痊愈。

2.常流清涕并伴有鼻塞、鼻痒、打喷嚏等症状，尤其清晨起床后明显，从温暖的被窝中出来，立即连连打喷嚏，接着清水鼻涕流个不停，需警惕宝宝是否患有过敏性鼻炎。支气管哮喘同时伴有流鼻涕，妈妈更是要注意宝宝是否患有支气管哮喘了。

3.如果宝宝的一侧鼻腔有臭味，流脓涕，有时涕中带血丝，需考虑鼻腔内是否有异物。这种情况多发生于3岁左右的宝宝，玩耍时因好奇，常常自己把纸张、豆类、花生米等异物放入鼻腔内，塞入后取不出，水分被吸收后发生腐败，产生臭味，但金属类小零件、小纽扣塞入鼻腔后不一定引起臭味。另外，涕中带血时还要注意应排除鼻腔肿瘤的可能性。

4.宝宝因急慢性鼻炎继发鼻窦炎时，常常鼻涕会很多，似乎"流不完"，有时还伴有头痛。

5.个别宝宝仅单侧有鼻涕，但擤也擤不出来，鼻孔不通气，睡觉打呼噜，那就要警惕有鼻息肉的存在了。

第 267 天　宝宝应该在什么时间穿鞋

大多数情况下，在宝宝开始走路之前，没必要给宝宝穿鞋。在正常情况下，他们的脚同手一样，会给人一种凉的感觉，但是光着脚对他们没什么影响。

在宝宝能够站立和行走后，如果条件合适，让他的大部分时间内光着脚确有好处。脚底开始时是平的，宝宝在站立和行走时有力地使用双脚，会逐渐使脚底略拱起来。在不平或粗糙的表面行走，可以促进脚部和腿部肌肉的使用。如果让宝宝总在平坦的地板上行走，或总把脚裹在鞋子里，特别是鞋底过硬，那么，就会促使宝宝的脚底肌肉松弛，使他的脚变成平脚板。

当然，会走路的宝宝冬天在户外行走，以及在铺筑的地面或其他危险的路面行走时，需要穿上鞋子。但是，如果能让宝宝继续光着脚在室内走动，一直走到2~3岁，或者在室外，在温和的海滨、沙滩或其他安全的地方光着脚走路，那对他是十分有益的。

在大多数情况下，建议给宝宝穿半软底鞋，这样，宝宝的脚就能有更多的机会到处活动。鞋子要略大一些，大到不使脚趾感到挤压，但也不能大得几乎一抬脚就掉下来。这一点非常重要。袜子也要略大一点。

宝宝的脚长得非常快，有时候鞋子2个月就穿不上了。因此家长养成这样一种习惯，即每过几周就要摸摸宝宝的鞋子，看看这些鞋子到底还能不能穿。在宝宝站起来的时候，你可以用拇指试试，脚趾前应该有半个拇指指甲的空隙。要让宝宝穿防滑鞋，这一点很重要。如果鞋底较滑，可以用粗砂纸磨粗一些。

第268天　添加辅食过敏怎么办

引起儿童食物过敏的3大危险因素是：过敏性疾病家族史、皮肤症状和过早添加辅食。

研究发现，引起过敏的主要食物是鸡蛋、牛奶和花生，其中花生过敏最为严重，持续时间最长。由于宝宝消化道黏膜保护屏障发育不全，过敏性疾病多在宝宝早期出现，常发生于3岁以下的宝宝，1岁内最多。遗传在食物过敏中起了主要作用。

食物可能是宝宝接触的最主要的环境过敏原。此外，宝宝早期出现的湿疹、红斑风团、瘙痒等与过敏性疾病有关。有过敏性皮肤病的小儿食物过敏的发生率高达90.5%。

父母该如何帮有过敏现象的宝宝添加辅食呢？

以米粉代替麦粉，麦粉较易引发过敏，所以4~6个月大的宝宝若要加喂辅食时，尽量以米粉代替麦粉。

避免牛奶或蛋白类的食物，如乳酪、蛋糕，而蛋黄制品则建议在7个月大后再行添加。

避免海鲜、鱼贝类的食物。

避免花生、巧克力等食物。

以上制品可能使得宝宝的过敏症状加剧，或者成为促发宝宝发病的过敏原，父母一定要小心留意。不过这些食物也并非永远不能吃，一岁半后，宝宝的消化道及免疫系统健全后，上述食物可以一次给宝宝吃一种，再观察宝宝的反应，确定宝宝没有任何不适后，就能安心添加。

第269天　培养宝宝良好的睡眠习惯

首先，不要使宝宝养成抱着入睡的习惯。平坦的床有利于宝宝肌肉的放松和脊柱生理曲度的正常发育。抱着入睡，一方面对小儿的脊柱发育不利，另一方面易形成其对家长的过分依恋，甚至会影响心理健康。也不要养成拍哄入睡的习惯，最好将其放在床上自动入睡。

其次，要养成宝宝定时休息的习惯。有些家长上完一天班，回家见到宝宝格外亲热，喜欢跟宝宝嬉戏，如果睡觉前过度地逗弄，会使小儿兴奋异常，以致入睡困难。有些家长每晚看电视很晚，而宝宝也跟着玩到很晚才入睡。还有些家长见宝宝迟迟不睡，对宝宝采取吓唬的方法，使宝宝在恐惧中入睡，造成宝宝做噩梦、易醒。所有这些，都不利于宝宝良好睡眠习惯的养成。

正确的方式应当是，每天在固定的时间让宝宝睡觉。睡觉前1小时内勿使宝宝过度兴奋。可在入睡前给宝宝洗手、洗脚、排便，然后给宝宝脱掉外衣，盖好被褥，再关掉刺眼的灯，使室内光线柔和，并以和缓的语调低声给宝宝唱催眠曲。经过一段时间，宝宝就会慢慢习惯，并把洗手、脚等事情当做睡觉前的一项任务。每天到固定的时间，宝宝自己就会主动要求"完成"这些任务。宝宝睡眠充足，有利于生长激素的分泌，有利于其健康成长。应当注意的是，良好的习惯一旦形成，切勿因某些小事而轻易变动。

还要注意勿使宝宝养成吸奶嘴、咬被角、吮手指入睡的习惯，这些行为不仅使宝宝睡不沉，还影响宝宝牙齿的正常发育，而且习惯一旦形成，纠正就比较困难了。

第270天　让宝宝自己入睡很重要

睡眠—觉醒是人体有节奏性的生理活动之一，小儿神经系统发育尚不成熟，大脑皮层的活动特点是容易兴奋、容易疲劳，如果得不到及时的休息就会精神不佳，食欲不振，容易生病。所以，应根据小儿的特点合理安排生活规律，保证充足的睡眠。每日安排好吃、玩、睡的时间，这样形成了规律，到时小儿就会有睡意。在宝宝早期就可形成昼夜生活规律。

新生儿刚出生时饮食次数多，每次睡眠时间短，无明显的昼夜节律，逐渐可使白天醒的时间多于夜间。一个月后就可将小儿夜间的饮食间隔和睡眠时间逐渐延长，渐渐地形成昼夜规律。另一方面要使小儿养成好的入睡习惯。7个月以后小儿开始产生依恋情绪，出现分离焦虑，直到1岁半这段时间是此情绪的高峰阶段。这段时间容易出现单独入睡的困难，有的宝宝常需拍、摇或抱着走动才能入睡，一放下就哭，甚至需要长时间抱着睡，搞得家长疲惫不堪，这是一个不好的习惯。睡前可建立一系列的顺序活动，如先给宝宝洗洗，边洗边讲故事，换上宽松、柔软的内衣，喂奶或喂水后将小儿放卧在小床上，轻轻抚摸小儿腹部使小儿感到安慰，将他喜欢的小动物放在旁边，然后说声再见离去，让小儿自己入睡。如果家长离开后小儿哭闹，家长可每隔十几分钟左右回来安慰小儿一次，再和他说说话，抚摸他的腹部，但千万不要将小儿抱起。个别小儿在纠正单独入睡困难的毛病时，第一次可能哭的时间会长一些，只要家长坚持不抱起他，他哭闹的时间会逐渐缩短，2~3天后就能独自安静入睡了。

第271天　不要随便挖耳屎

耳屎的学名叫做"耳垢",每隔一段时间以后,我们就要清理一下。那么它究竟是什么东西?是好东西还是坏东西?它是怎么形成的呢?

在我们的耳朵里,常常会产生一种油脂,就和我们的皮肤产生油脂一样,同时它还会掉下一些很小的皮屑。那些油脂、皮屑和外面飞进耳朵的灰尘混在一起,就是耳垢了。耳垢也有它的用途,它可以有效防止外界的灰尘或者小飞虫飞进我们的耳朵,起到保护耳朵的作用。

但是如果耳垢多了,我们会感到很不舒服。这时候,我们千万不要轻易用牙签、发夹等尖锐的东西去挖它。因为这样不但容易弄伤耳朵或弄破耳朵里面的鼓膜,引起耳病,导致耳朵流血,更加严重的还会引致耳聋。其实,耳垢松软后,是会自动脱落并排出的。如果你觉得耳垢实在太多又太难受,可以找医生帮助清洁。

我们的耳朵和眼睛一样重要,所以我们要从小就爱护它。

耳屎是外耳道耵聍腺的分泌物,既能保护外耳道皮肤,同时又能粘附灰尘和小虫等异物。

耳屎在空气中干燥而结成黄白色薄片,当咀嚼及张口时就会自然排出。如果耳耵聍分泌过多就会形成糊状耳屎,与灰尘等凝结成块阻塞外耳称为耵聍栓基。如果栓基积聚过大就会感到外耳阻塞、听力减退、耳痛等。一旦耳道进水会使耵聍潮湿膨胀,会引起耳痛和耳道发炎。

耳屎医学上称为耵,又称耳垢。耵中脂肪含量较多,水分蒸发后积聚起来为一层层薄薄的耳屎;有时油脂不一定干结而呈半固体状态,可自外耳道流出,误认为脓液,当做化脓性中耳炎治疗。其实,脓液有臭味,而油状耳垢无气味。

有的家长喜欢用发夹或者火柴梗去抠挖耵聍。虽然在眼睛的直视下进行操作,但毕竟没有像耳鼻咽喉科医生头上带了额镜,宝宝耳上套了耳镜,且不熟悉耳朵的解剖结构,宝宝期外耳道窄小而且皮肤很薄。如果用未经消毒的发卡、小棍等物挖,不仅易划伤皮肤,还可继发细菌感染,引起外耳道疖肿或者外耳道炎。由于外耳道皮肤直接与骨膜相连,缺少皮下的缓冲组织,皮肤发炎时就会刺激神经末稍引起剧烈疼痛。

所以家长不要替宝宝挖耳,尤其发现小儿有耵聍积聚,应到医院由医生用器械取出。平时注意勿让水进入耳道,保持外耳清洁干燥,片状耵聍能保护外耳,千万勿自行掏出。

第272天　囟门与健康有关系吗

宝宝的囟门有三种:前囟、后囟、侧囟。

在头前方的叫前囟,是两侧额骨和顶骨交接而成,在头后方的叫后囟,是枕骨和两块顶骨交接处。在头颅两侧前上方的叫侧囟,是顶骨、额骨和颞骨交接处。侧囟:新生儿出生时即已关闭,只有个别新生儿还存在,但多在出生不久,发育过程中自行关闭,因而很少被人们注意。后囟:在新生儿出生时还存在,一般在出生3个月内关闭,个别宝宝或者患佝偻病的宝宝,关闭的时间要延长一些。

前囟:存在的时间长,一般在一周岁至一岁半关闭,少数情况下,前囟可提前或延迟关闭。由于前囟存在时间较长,其大小、膨出或凹陷、闭合早晚可反映出宝宝的健康情况,因而备受人们关注。

测前囟大小:前囟两对边中点连线的长度为前囟大小,前囟出生时大小约1.5~2厘米,6个月前随颅骨发育增大,6个月后逐渐骨化而变小,约在

1~1.5岁时闭合。若前囟过小或过早闭合，多见于小儿头畸形；前囟过大、延迟闭合（大于4.5厘米），多见于佝偻病、克汀病或脑积水的宝宝。

测前囟的紧张度：在宝宝安静时，垂直抱起他，正常情况下宝宝前囟微凹或平坦，有搏动。如果前囟膨隆、饱满、紧张、搏动消失，常见于脑积水、维生素A中毒、脑炎、脑膜炎等疾病，应及时去医院诊治；如果前囟凹陷，常见于腹泻，是宝宝脱水的一种表现，需要引起注意，应及时去医院诊治。

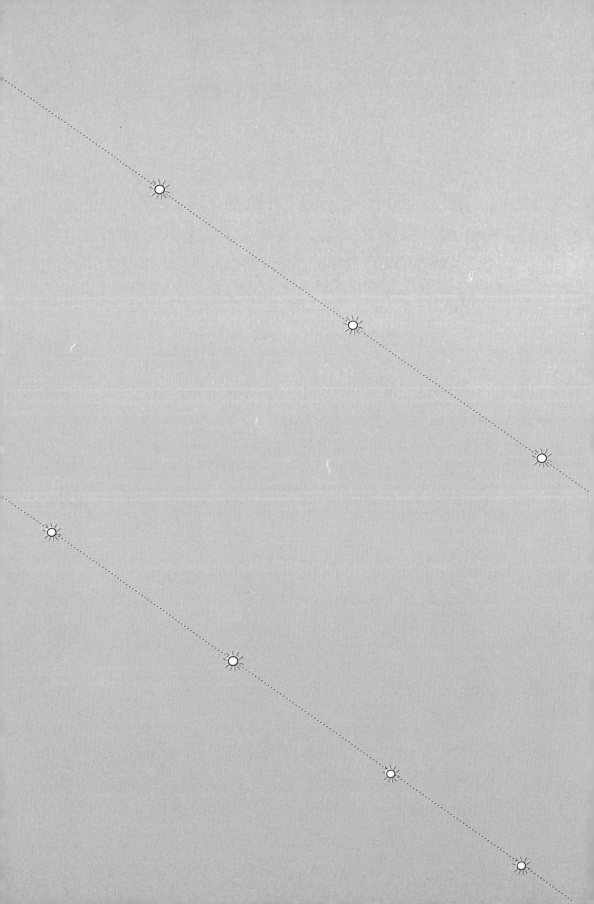

宝宝开口叫妈咪了

第273天 怎样防治宝宝口炎

鹅口疮：鹅口疮的特点是宝宝口腔黏膜上出现白色乳凝块样物，初起时呈小点状和小片状，渐融合成大片，不易擦去，若强行擦拭后局部潮红，可有渗血。宝宝一般情况良好，不影响吃奶，偶有个别因累及消化道、呼吸道而出现呕吐、声嘶或呼吸困难。鹅口疮的治疗简单，一般用2%碳酸氢钠清洗口腔后，局部涂抹10万~20万单位/毫升制霉菌素溶液，每日2~3次，数次后即可治愈。

疱疹性口炎：疱疹性口炎起病时可有38~40℃的发热，1~2天后口腔黏膜上出现小疱疹，小疱疹可为单个，也可为一簇簇的，直径2~3毫米，破溃后形成溃疡，上面有黄白色膜样渗出物，周围有红晕。宝宝常有局部疼痛伴流涎，出现烦躁哭闹、拒食、吐奶等表现，检查常见颌下淋巴结肿大，体温在3~5天后恢复正常。疱疹性口炎的治疗，局部可用疱疹净（研细涂之）或中药锡类散等，疼痛严重者，进食前可用2%利多卡因局部涂布，一般不用抗生素，可给予退热剂对症处理。患病期间的口腔护理很重要，保持口腔清洁，勤喂水，禁用刺激性、酸性或过热的食品、饮料及药物。

细菌性口炎：细菌性口炎可发生于口腔黏膜各处，初起为黏膜充血水肿，继之出现大小不等的糜烂或溃疡，上面有厚厚的灰白色假膜，易于擦去，留下渗血的创面，但不久又被假膜覆盖。宝宝体温较高，往往在39℃以上，伴有哭闹、烦躁、拒食、颌下淋巴结肿大。细菌性口炎除局部涂金霉素鱼肝油以及2%利多卡因止痛外，病情较重者要给予抗生素治疗，此外还要加强口腔护理。

第274天 宝宝吃粗食的好处

食物越是粗糙，对宝宝口腔、胃肠壁的力学刺激就越大，肠壁肌肉的推动力也就越大，才能练出宝宝消化道的推动力。食物未经消化就整个地拉出来了也无所谓，只是食物没有起到添加营养的作用，它只充当了锻炼肠胃的训练器械，运动是需要器械的，肠胃也不例外。慢慢地，宝宝就在"训练"中适应了，对吃进去的食物也能够完全地消化、吸收了，大便的性状也就好转了。

如果在宝宝的宝宝期喂给过于细腻的食品，容易造成热卡过剩，而当时脂肪组织的增多并不明显（即便有，也不会令人担心），因为大多数人都觉得宝宝越胖越好看，越逗人喜爱。可是一旦宝宝长到青春发育期，体内激素水平就会发生迅猛的变化，会激活其宝宝时期的进食模式，产生亢奋而导致宝宝一生肥胖。

宝宝吃粗纤维食物对长牙也十分有利。宝宝在进食粗纤维食物时，必经反复咀嚼才能吞下去，而细细咀嚼有利于牙齿发育和预防牙病。

经常而有规律地咀嚼有适当硬度、弹性和纤维素含量高的食物，特别有利于牙齿和齿龈肌肉组织的健康。因为这样可使附着在牙齿表面和牙龈上的食物残渣，随咀嚼产生的唾液和口腔、舌部肌肉的磨擦作用而得到清扫，并使齿龈肌肉受到按摩，增进血液循环，增强肌肉组织的健康。现在生活水平高了，宝宝们吃的东西愈来愈高档，愈来愈精细。像白菜、萝卜、芹菜、韭菜之类的蔬菜反而吃得少了。而这些蔬菜恰恰是粗纤维食品。多吃粗纤维食品在幼儿恒牙萌生之前尤为重要。

第275天　什么是疱疹性口炎

疱疹性口炎是由单纯疱疹病毒引起的急性感染，它的特点是有自限性，但容易复发，冬春季为流行高峰。

宝宝常突然发烧，体温高达39℃以上，伴有流口水、哭闹、不愿吃东西，开始口腔没有明显改变时，多误认为感冒，2~3天后即可见宝宝的牙龈、舌、颊部和唇黏膜表面发红、肿胀，出现界限清楚的小红斑，随后在红斑基础上形成针尖大小密集的小水泡，破溃后形成溃疡，这时体温逐渐下降，由于疼痛明显，宝宝往往拒食、拒水，有的宝宝伴有牙龈出血、唇和口角周围皮肤出现类似病变。

疱疹性口炎的护理很重要，家长要注意以下方面：

治疗主要是提高机体的抵抗力，保证宝宝充分的休息，并给予大量B族维生素、维生素C等，同时服用抗病毒口服液或板蓝根冲剂，以及对症处理，如退热、镇静；口腔局部溃疡可应用西瓜霜喷剂，有了继发感染时应用抗生素；促进上皮细胞生长，使溃疡早日愈合。

饮食以流食或半流食为宜，以减少对口腔的刺激。

应补充微量元素锌，可起到预防复发的作用。

保持口腔清洁，吃东西后要漱口，较小的宝宝，家长可用盐水或凉白开水轻轻擦拭口腔。

宝宝因流口水多，应用软毛巾或软消毒纸轻轻擦下颌皮肤，并经常换围嘴，保持下颌干燥。

如果幼儿园里已有宝宝患此病，应该给未患病的宝宝口服抗病毒口服液或板蓝根冲剂进行预防。

禁用刺激性药物和食物。

第 276 天　宝宝能自己站起来了

宝宝满9个月了，运动能力明显增强。宝宝爬行时四肢能伸直，稍微支撑即可站立，可以手掌支地撑起，独立站起来，可扶着家具横着走两步了。宝宝的进步还不止这些，他不但会站起来，还会从站着变成坐着，可别小看了这个动作，这可需要宝宝腿部肌肉强大的力量。

此时的宝宝能够独自站立片刻，能迅速爬行，大人牵着手会走。

这月龄阶段的宝宝也是向直立过渡的时期，一旦宝宝会独坐后，他就不再老老实实地坐了，就想站起来了。刚开始时，会扶着东西站那儿，双腿只支持大部分身体的重量。

五种方法帮助宝宝站得更好：

1.父母可以观察宝宝想学站的时机，不需要刻意提前或是拖后。

2.家长可以用双手牵着宝宝的小手，慢慢将他拉站起来，让他感受到脚用力的感觉。

3.当宝宝可以独立站一下时，家长可以给予及时的鼓励，让他有成就感。

4.刚开始学站的时候，宝宝喜欢拉住东西站立，要注意会不会拉到桌布或不稳固的物品，防止不小心烫伤或摔倒。

5.学站时，会有不小心又跌坐的情况，所以一定要保证宝宝活动范围内没有尖锐物品。

第277天 告诉宝宝打人是不对的

这个月的宝宝,开始会看镜子里的形象了。有的宝宝通过看镜子里的自己,能意识到自己的存在,会对着镜子里的自己发笑。眼睛具有了观察物体不同形状和结构的能力,成为宝宝认识事物、观察事物、指导运动的有利工具。

宝宝可通过看图画来认识物体,很喜欢看画册上的人物和动物。

宝宝学会了察言观色,尤其是对父母和看护人的表情,有比较准确的把握了。如果妈妈笑,宝宝知道妈妈高兴,对他做的事情认可了,是在赞赏他,他可以这么做。如果妈妈面带怒色,宝宝知道妈妈不高兴了,是在责备他,他不能这么做。父母可以利用宝宝的这个能力,教育宝宝什么该做,什么不该做。但这时的宝宝还不具备辨别是非的能力,不能给宝宝讲大道理,否则会使宝宝感到无所适从。

如果宝宝打妈妈的脸,妈妈绝不能对宝宝笑,应该露出严肃的表情,以此告诉宝宝,打妈妈不好,打人不对。事情虽然简单,但宝宝会有深刻的印象。

第278天 训练宝宝收拾玩具

在训练宝宝放下、投入的基础上,妈妈把宝宝的玩具一件一件地放进"百宝箱"里,边做边说"放进去"。然后再一件件地拿出来,让宝宝模仿。这时妈妈要指定宝宝从一大堆玩具中挑出一个(如让他把小猫拿出来),每日练习1~2次。这样既促进了手、眼、脑的协调发展,还增强了宝宝的认知能力。

下面两个方法可以很好的训练宝宝。

茶杯游戏。拿一只带盖的塑料茶杯放在宝宝面前,向宝宝示范打开盖、再合上盖的动作,然后让宝宝练习只用大拇指与食指将杯盖掀起,再盖上,反复练习,做对了称赞他。这样可以促进宝宝的空间知觉的发展。

摇拨浪鼓。妈妈拿起拨浪鼓摇动,让拨浪鼓的两个小扣子在鼓面上击打出声音。妈妈把拨浪鼓传递给宝宝,让他摇响。宝宝用摇摇铃的办法来摇拨浪鼓就摇不响。妈妈再示范,手腕前后转动才能打响拨浪鼓。摇响拨浪鼓要做旋转手腕的动作,为将来宝宝学习写字和画画打下基础。

第 279 天　训练宝宝的平衡力

继续让宝宝扶物或扶手站立,并训练宝宝扶着椅子或推车迈步,可将若干椅子或凳子相距1段距离让宝宝学走,也可让宝宝在家长之间学走,距离渐渐加大。

新妈咪扶宝宝学走时,先用双手,然后单手领着走。以后可用小棍子各握一头,待宝宝走得较稳时,家长轻轻放手,宝宝以为有人领着棍子,会放心地走。可以让宝宝渐渐过渡到独自也能走稳,训练宝宝身体的平衡能力。

这个月,新妈咪也要训练宝宝站起坐下。继续9个月时的训练内容,能灵活地由站着到坐下,由坐着到俯卧后再拉物站起,并行走。鼓励宝宝自由活动,进行各种姿势多种体位的活动。训练宝宝腿部肌肉与脚掌的力量,为宝宝学会走路和定向跑作准备。

第 280 天　宝宝长高离不开四大营养素

宝宝的身高在很大程度上受遗传的影响,但另一方面,营养学专家指出宝宝的生长发育(包括身高)离不开四大营养素:蛋白质、矿物质、脂肪酸和维生素。这些营养素都存在于我们日常的饮食中,像鱼类、瘦肉、蛋类、牛奶、豆制品、动物内脏以及新鲜的水果、蔬菜等。

妈妈可以适量给宝宝补充这些营养素,以促进宝宝的生长发育,尤其是促进身高的增长。

蛋白质:蛋白质是构成人体的各种组织器官的重要成分,是生命的基础。宝宝的健康成长绝对不能缺少这种营养素,父母可以通过饮食来为宝宝补充蛋白质。蛋白质含量高的食品有瘦肉、鱼类、牛奶、大豆、花生、鸡蛋等。

矿物质:矿物质是构成骨骼架构的最基础元素,尤其是钙、磷、镁这三种元素,它们几乎占了骨骼中的矿物质成分的三分之二。另外一些微量元素,如铁、锌等,对调节宝宝生长发育的速度也起了十分重要的作用。牛奶、鱼类、动物内脏、坚果类食品中富含矿物质,父母可以在宝宝的辅食中适量增加这些食物以满足他生长发育的需要。

脂肪酸:充足的脂肪酸能促进宝宝的身体发育,但父母应科学地选择富含脂肪酸的食品,如鱼类、蛋类。如果宝宝的体重已经达到肥胖的程度了,那就需要控制脂肪酸的摄入了。

维生素:维生素即"维持生命的要素",对宝宝的成长发育有非常重要的作用和影响,维生素A、B族维生素、维生素C等有助于宝宝身高的增长。富含维生素的食品有菠菜、胡萝卜以及柑橘类水果等。

第281天 鱼肝油,如何给宝宝服用

预防佝偻病,给宝宝服浓缩鱼肝油,已为父母所接受。但如何选择制剂,有些父母还不清楚。浓缩鱼肝油制剂有两种,一种制剂为已用多年的旧制剂,维生素A、维生素D含量比为10:1,即每毫升浓缩鱼肝油含维生素A50000单位,含维生素D5000单位。

而小儿每日需要维生素A1000~1500单位，维生素D400单位，两者之比为3∶1或4∶1，如服用这种旧制剂浓缩鱼肝油预防佝偻病，每日给宝宝服用3滴鱼肝油，即吃进维生素D400~500单位，却吃进维生素A5000单位，为维生素A需要量的4~5倍，久而久之可发生维生素A中毒。为克服这种制剂的弊病，可在每瓶鱼肝油内加进半支注射用维生素D_3（15万单位），调整维生素A、维生素D比例为3∶1，这种混合制剂，每日吃1滴，即吃进维生素A1600单位，维生素D600单位，既可预防佝偻病，又不会发生维生素A中毒。

另一种浓缩鱼肝油为近年生产的新制剂，维生素A、维生素D含量比为3∶1。预防佝偻病，每日给宝宝喂4滴，相当于吃进维生素A1200单位、维生素D400单位，既能满足宝宝每日维生素D的需要量，又不会造成维生素A中毒。所以父母应该买维生素A、维生素D含量比为3∶1的新制剂给宝宝吃。

第282天　宝宝过早学步容易近视

长期以来，人们普遍认为宝宝走路越早就越健康。许多父母却不知道，幼儿过早学步易患近视。

因为周岁以内的宝宝视力发育尚不完全，而爬行可使宝宝看清自己能看到的东西，有利于视力的健康发育。相反，如果幼儿过早学步的话，因看不清眼前较远的景物，便会努力调整眼睛的屈光度和焦距来注视景物，这样会对宝宝娇嫩的眼睛产生一种疲劳损害，多次反复则可损伤视力。另外，宝宝学步大多在室外，阳光中的紫外线和红外线会直接侵入眼内，导致视网膜损伤，造成宝宝视物模糊，视力下降，并产生刺痛、畏光、流泪等症状。因此，幼儿不宜过早学步。

不少家长为了使自己的宝宝尽早会走路，超前让宝宝学走路。也确实有许多宝宝不负父母的期望，在1周岁前就会走路了。但上面说到的认识和做法恰恰是养育宝宝的一个误区。近年在安达卢西亚召开的国际光学大会上，光学界权威专家反复强调了周岁内宝宝不应当学走路，而是应当学爬。这是为什么呢？专家们指出，宝宝出生后都是近视眼，而爬行是小儿视力正常健康发育必须经过的一个极重要的阶段。因此，未满1周岁的宝宝，只能学爬，不能学走，否则易发生儿童视力发育障碍。

第283天 不困不要逼宝宝睡觉

睡觉晚的宝宝，可能到了11点还不能入睡。对于这样的宝宝，妈妈不要早早地把宝宝弄到被窝里。让宝宝玩困了，再让宝宝睡，以免养成不哄就不睡的习惯。白天让宝宝少睡，如果午睡起得太晚，或傍晚又睡一觉，要进行睡眠时间调整。如果父母也喜欢晚睡晚起，宝宝睡晚些，对父母有利，否则宝宝睡得早，起得就早。

有的父母可能会担心宝宝睡得太晚，会影响宝宝长个儿。只要能够保证充足的睡眠时间，就不会影响宝宝身高增长的，当然宝宝还是早睡些好，以不超过晚上10点为宜。有的宝宝白天不爱睡觉，即使勉强睡了，也是一会儿就醒。这是精力旺盛的宝宝，晚上宝宝的睡眠质量很好，对于这样的宝宝，也不必非要像其他宝宝那样白天睡两觉。只要宝宝精神好，生长发育正常，睡眠习惯是有个体差异的。不能认为一天睡14个小时的宝宝，就比一天睡12个小时的宝宝好。

宝宝困了就会睡觉，宝宝不困非哄睡不可，是导致宝宝睡眠障碍的原因之一。有的宝宝开始喜欢听故事了。入睡困难时，妈妈不妨试一试。但半夜醒来的宝宝，可不要讲故事。这会养成半夜听故事的习惯。半夜醒来，必须让宝宝尽快入睡，把尿、换尿布、吃奶、搂抱等都行，但不要和宝宝玩。

第284天　营造良好的进餐环境

宝宝吃饭时，家长要注意营造一个良好的就餐环境，注意培养宝宝对食物的兴趣和好感，尽量引起他旺盛的食欲。

大人不要在宝宝面前议论某种食物不好吃，某种食物好吃，以免造成宝宝对食物的偏见，这可是挑食的前提，几乎所有的宝宝都会认为，爸爸妈妈认为不好吃的东西一定不好吃。

培养良好的进餐习惯：如饭前、便后要洗手，吃饭时安静不说话，不大笑，以免食物呛入气管内等等。

要适时地、循序渐进地训练宝宝自己握奶瓶喝水、喝奶，自己用勺、筷子、碗进餐，熟悉每一件餐具的用途，尽早养成独立进餐的习惯。宝宝进餐时间不宜过长，即使是吃零食，也不能养成边吃边玩，边吃边看电视的习惯。饭前不吃零食，尤其不要吃糖果、巧克力等甜食，以免影响食欲。

给宝宝选择一个自己就餐的座位，最好让他坐在安静不受干扰的固定地方，不玩、不看电视以免吃饭时分散注意力。餐桌上，成人谈话的内容最好与宝宝吃饭有关，以吸引他的兴趣。最忌责骂宝宝，唠叨不停。

允许宝宝吃完饭后先离开饭桌，但不能拿着食物离开，边玩边吃，这样他才会明白，吃和玩是两回事，要分开来做，否则不安全，也不快乐。

宝宝比大人容易饿，但因为吃得比较慢，所以可以让他先上饭桌吃。经过这样一番努力，相信宝宝会顺顺利利学会自己吃饭了。

第285天 抓住讲故事的最佳时机

只要宝宝还在用奶瓶喝奶,就是让他们爱上书本的最佳时机。因为一天二十四小时里,这个时期的宝宝除了睡觉和喝奶,其他时间通常都是处于非静止状态;所以只要遇到宝宝愿意平躺下来,可以赶紧挨着他们旁边躺下,然后就这样一本接一本地念起故事书。而以下的时机,都非常适合用来念故事书:

1.用奶瓶喝牛奶的时间;
2.用奶瓶喝水的时间;
3.睡觉之前(包括午睡);
4.累了躺在床上无所事事时;
5.宝宝早上刚醒来,还乖乖躺在床上时。

这些时机每天都会在生活中出现,所以非常适合,而且通常这时宝宝都已经自动地乖乖躺在床上了。

第286天 怎样避免宝宝食物中毒

随着宝宝一天天长大,能够吃的食品越来越多,慢慢接近成人,家长往往会忽视对宝宝饮食的选择,给宝宝做饭也不像小时候那么精心了,吃东西要比以前随便。这时就有可能会出问题,有的宝宝就在这个时候出现了食物中毒。在为宝宝选择食品的时候要特别注意以下几点:

1.饭菜要尽量现做现吃,避免吃剩饭剩菜。新鲜的饭菜营养丰富,剩饭菜在营养价值上已是大打折扣。而且越是营养丰富的饭菜，菌越是容易繁殖，如果加热不够，就容易引起食物中毒。宝宝吃后会出现恶心、呕吐、腹痛、腹泻等类似急性肠炎的症状。因此，要尽量避免给宝宝吃剩饭菜，特别是剩的时间较长的饭菜。隔夜的饭菜在食用前要先检查有无异味，确认无任何异味后，应加热20分钟后方可食用。

2.给宝宝选购食品时要注意检查生产日期和保质期限，一定不要买过期的食品。已经买来的食品也应尽快给宝宝食用，不要长期放在冰箱里，时间长了也有可能会超过保质期。还要认清食品的贮藏条件，有的食品要求冷藏，有的要求冷冻，不能只看时间，食品在冷藏条件下存放10天与冷冻条件下存放10天完全是两个概念。

不能存在侥幸心理，以为食品只超过保质期两三天问题不大，因为有些食品上标明的生产日期和保质期本身就有可能与实际情况不完全相符。打开包装后，要注意观察食品有无变色、变味，已有哈喇味的食物就千万不要给宝宝吃了，否则，吃了这样的食品就有可能使宝宝食物中毒。

3.尽量不要给宝宝吃市售的加工熟食品，如各种肉罐头食品、各种肉肠、袋装烧鸡等，这些食物中含有一定量的防腐剂和色素，容易变质，特别是在炎热的夏季。而且有些此类食品的生产者未经许可，加工条件很差，需要格外小心。如果选用此类食品应选择在较正规的超市购买。食用前必须经高温加热消毒后方可。

4.有些食物本身含有一定毒素，需正确加工才能安全食用。比如：扁豆中含有对人体有害的物质，必须炒熟焖透才能食用，否则易引起中毒；豆浆营养丰富，但是生豆浆中含有有毒物质，必须加热到90℃以上时才能被分解，因此豆浆必须煮透才能喝；发了芽的土豆会产生大量的龙葵素，使人中毒，不能给宝宝食用。

第287天 如何预防小儿气管异物

喉、气管或支气管误吸入异物统称为呼吸道异物。小儿呼吸道异物是一种十分危急的症状。异物被吸入呼吸道后，会引起一阵剧烈的咳嗽，甚至咳出血来，同时伴有憋气、气喘、呼吸困难、口唇青紫等症状，根据异物停留的部位可产生不同的症状。异物嵌顿在喉部时，有声音嘶哑、呼吸困难等症状；若异物较大阻塞了总气管，可窒息，甚至死亡。气管异物多为活动性，主要症状为阵发性咳嗽和呼吸不畅，随着时间延长，由于异物刺激支气管黏膜，可产生发热、多痰等症状。

小儿气管异物危及儿童生命，关键在于预防：

1.首先要教育宝宝，不要把小玩具等放入口中。进食时避免谈笑、哭闹或打骂宝宝；改掉边走边进食或边玩边进食的不良习惯，最好不要给5岁以下的儿童吃瓜子、花生、豆类等食物，吃西瓜时可先去掉瓜子；宝宝服药片时最好将药片研细再服，不要在宝宝哭闹时硬向口内塞，以免吸入气管发生危险。

2.当发现异物进入喉和气管以后，家长应让宝宝保持安静，不要哭闹。如果宝宝咳嗽，不要阻止，有时通过咳嗽，可将异物咳出，但咳嗽时，家长不要拍打宝宝背部，以免异物移位。进入呼吸道的异物，切不可用手去掏，也不要用大块食物强行咽下。现场急救可提起小儿双腿使身体悬空，以手掌轻拍患儿背部，借助咳嗽可将喉部或气管内的较小的异物咳出。情况危急时应立即送医院救治。

第288天　宝宝最易传染上脚气

爱护宝宝的小脚丫，首先爸爸妈咪要从自己做起。有的爸爸脚上有脚气，妈咪有阴道炎。在这样的家庭里，宝宝的小脚丫被真菌感染的概率特别大，真菌"长途跋涉"的能力非常强，这一点新妈咪们一定要引起重视。

父母一方是脚气患者的，一定要注意将宝宝的洗漱用品与大人的严格分开。宝宝洗澡、洗脚后，要用棉签把脚趾缝里的水擦干，尤其是较胖的宝宝，其趾缝里面很容易残留水分。因为，小脚丫缝的温度并不比腿窝和脖颈的温度低，再有一定的湿度、水分帮忙，就容易造成真菌滋生，更容易被父母的脚气感染。

但是，即使擦净了水，小脚丫因为出汗还可能照样滋生真菌，怎么办？如果给小婴儿或幼儿穿上棉制的薄线袜，就可以减少这样的担心了，因为棉制的小袜子会随时吸净小脚丫缝里的水分。

防止大人的真菌传染给宝宝，即使大人没有脚气，也不要把大人与小宝宝的衣物放在一起，宝宝的衣物最好在阳光下晒一晒。

即使爸爸没有脚气，妈妈没有妇科炎症，也一定不要抱着宝宝一起泡在澡盆里，给宝宝洗澡之前，和做完家务抱宝宝之前，最好先洗一下手。宝宝的鞋要放在通风干燥的地方，穿之前最好能先放在室外晾一晾、吹一吹。有朋友和亲人来访，最好给客人穿鞋套，避免使用拖鞋，造成真菌交叉感染。

第289天 为什么宝宝耳后颈部有小疙瘩

有的小儿父母可能遇到这样的事，在小儿的耳后、颈部、颌下、大腿根部等处有时能摸到一些大小不等的疙瘩，多为活动性的，能在皮下滑动，父母对此可能忧心忡忡。其实，这些小疙瘩就是淋巴结。由于淋巴组织尤其是淋巴结在1岁以内发育很快，因此，健康小儿在身体的浅表部位如耳后、颈部、颌下、腋窝、大腿根部（即腹股沟部）等都可能摸到淋巴结。但这些部位的淋巴结正常一般不超过黄豆大小，单个为多，质地柔软，可在皮下滑动，无痛感，与周围组织不粘在一起。但是不应在颏下、锁骨上窝及肘部触及淋巴结。

在一些异常情况下，淋巴结也会发生异常肿大。由于淋巴结能制造血液中的淋巴细胞，而这些淋巴细胞有防御细菌的作用。各部位的淋巴结都与附近的器官或组织之间由通道淋巴管相连，就像身体周围的"哨所"一样，当临近的组织或器官遭受细菌袭击时，它能消灭细菌、阻止细菌向外扩散。其结果是这些淋巴结本身就肿大起来，可以用手摸到，并有疼痛或触痛。所以，可以从淋巴结肿大的部位来推测细菌引起的感染病灶所在的地方。如颌下淋巴结肿大可能为口腔及咽部发炎所致，头部枕后淋巴结肿大可能为头部、后颈部皮肤发炎。

淋巴系统在1岁以内发育虽很快，但在早期它的屏障防御功能仍较差，对感染不容易控制，所以遇有感染就容易扩散，甚至造成败血症。到1岁末时，淋巴系统发育已比较成熟，开始能把入侵的细菌包围于局部的淋巴结中并将其消灭，使感染不致扩散。如1岁末的宝宝常见扁桃体炎或扁桃体化脓就是淋巴组织使感染局限化的表现（扁桃体也是类似于淋巴结的淋巴组织）。一般淋巴结肿大持续的时间较长，常常细菌入侵处的感染已经控制，但附近的淋巴结仍可肿大。如果同一部位反复发生感染，可使同一淋巴结反复肿大，其结果可能是感染已经治愈而肿大的淋巴结却不会完全恢复正常，甚至可成为终身肿大的一个较硬的疙瘩，这种可触及的淋巴结疙瘩并不表示有感染，也不需要特殊处理。

第290天　什么是上呼吸道感染

上呼吸道感染简称"上感"，是宝宝最常见的疾病。大多由病毒引起，一年四季均可发病，但在气候骤然变化时更容易发生。若宝宝患有佝偻病、营养不良等疾病，或存在护理不当、不良环境因素等，则易导致反复感染。

上感一般起病急，可出现流鼻涕、打喷嚏、咽痛、咳嗽、鼻塞、发烧、食欲不振、呕吐、腹泻等症状，宝宝发烧体温过高时还会发生高热惊厥，病程3~5天。宝宝患上感后，因抵抗力下降，其他细菌很易侵入呼吸道，如咽部细菌侵入耳咽管进入中耳，会发生中耳炎；细菌再向下侵入肺部，会并发肺炎；细菌入血液后，可发生"菌血症"、关节炎、心肌炎或脑膜炎，这些病可能危及宝宝的生命。经常感冒也易并发慢性扁桃体炎，当人体抵抗力差时，还会发生肾炎或风湿热，严重损害宝宝的健康。

宝宝患了上感之后，可以服一些小儿感冒冲剂、板蓝根冲剂等药物，由于上感是病毒感染引起的，所以没有什么特效的抗病毒药物治疗。主要让宝宝好好休息，多喝开水，吃清淡易消化的食物。当宝宝体温过高时，可以采用物理方法降温，如头枕冷水袋，用冷毛巾头部湿敷，还可以给宝宝洗温水浴降温。

预防上感主要是平时多让宝宝进行户外活动，锻炼身体，多晒太阳；室内经常开窗通风，保持空气新鲜，气候变化时及时增减衣服；上感流行的季节，少去公共场所；大人感冒了，就不要接触宝宝，注意呼吸道隔离；提倡母乳喂养，预防佝偻病及营养不良。

第291天　气管炎、肺炎的护理

急性气管炎常常继发于上呼吸道感染后，或是其他传染病的一种表现，可以是细菌、病毒感染，或混合感染。主要表现为咳嗽，开始时为干咳，以后有痰，常伴有发热、呕吐、腹泻等。严重者有呼吸困难、哮喘发作。

肺炎主要表现为发热、咳嗽、气促、呼吸加快，重者可以累及其他部位，如累及心脏，可出现面色苍白、发灰、烦躁不安、尿少或无尿、颜面水肿，如果累及大脑，可出现烦躁、嗜睡、抽搐、神志不清，如果累及胃肠道，可以出现呕吐、腹泻、腹胀、食欲不振等，甚至出现消化道出血，呕吐咖啡样物质，或大便发黑、发红。当宝宝患了气管炎、肺炎之后，一定要及时到医院就诊，配合医生的治疗。护理上要注意以下方面：

让宝宝充分休息，保证睡眠，以利恢复。不同病原体感染的宝宝要分室居住，以免交叉感染。

多喝水，使呼吸道分泌物易于咳出，吃易消化、有营养的食物，富含蛋白质和维生素，如牛奶、豆浆、蒸鸡蛋、烂面条等，少量多餐。

经常变换体位，如果宝宝喘得厉害，可把枕头垫高些，让宝宝半躺半坐，这样可以缓解呼吸困难，喘憋严重时要用小勺慢慢地喂奶，防止呛奶，呛奶后易使原有疾病反复和加重。

室内空气要新鲜，开窗通风时不要让冷风直接吹着宝宝，室内不要太干燥，注意加湿，室温以18~20℃为宜，相对湿度60%。

按医嘱用药，高热时可以给宝宝物理降温。

第292天 怎样才能提高宝宝的抵抗力

提高宝宝的抵抗力有特异性和非特异性两种方法。特异性的方法就是预防接种，又叫计划免疫，通过给宝宝接种减毒或灭活的菌苗或疫苗，使宝宝体内产生针对某一种细菌、毒素或病毒的抗体，来抵抗这种传染病。这固然是一种很有效的方法，但由于疫苗的种类有限，不可能通过预防接种来防止一切传染病，因此更加积极有效的非特异性方法是增强体质，提高宝宝对传染病的抵抗力。具体方法有以下几种：

提供足够的营养：营养素缺乏，营养不足，抵抗力就比较差。从目前研究的情况来看，轻度的（或称为亚临床型的）维生素A和维生素C缺乏是造成宝宝反复呼吸道感染的一个常见原因。因此多吃一些富含维生素C的新鲜有色蔬菜和水果（其中所含的β-胡萝卜素可在体内转化为维生素A），或补充一些多元维生素制剂，能有效地增强宝宝的抵抗力。

保证充足的睡眠，这也是增强体质的重要方面。

进行体育锻炼：这是增强体质的有效措施。锻炼要从小开始，满月后的宝宝，夏天可以在室外躺一会儿，冬天可开窗在室内呼吸新鲜的空气，衣服不要穿得太多，从小培养宝宝适应较冷的环境，当气候发生变化时就不容易患感冒。户外活动不仅可以使体内合成维生素D，从而促进钙的吸收，而且对肌肉、骨骼、呼吸、循环系统的发育以及全身的新陈代谢都有良好的作用，经常运动还可以增强食欲，使宝宝摄入足够的营养素，这样体质就会增强，抵抗力也会明显增强。

第293天 恼人的泌尿道感染

泌尿道感染顾名思义为泌尿道细菌感染,我们习惯把它分为:上泌尿道感染(指肾脏实质及肾盂感染)、下泌尿道感染。引起泌尿道感染的原因几乎都是在会阴处或肠道的细菌经由尿道至膀胱往上感染所致,另外少部分为血行性感染。

泌尿道感染是宝宝最常见的感染疾病之一,且女孩多于男孩。按病程一般分为急性期和慢性期,急性期易治愈,部分患者会反复发作;病程在6个月以上者为慢性,但小儿期较少见。

以下几种人群和情况较易出现泌尿道感染:女宝宝较易感染;未接受包皮环切术者;本身泌尿道结构异常者(如膀胱输尿管逆流);有阻塞性肾病变者;父母不注意给宝宝做清洁卫生;有便秘者;经常让宝宝穿紧身衣服;喜欢给宝宝盆浴。

一旦宝宝患上泌尿道感染,会有如下症状:新生儿多是由于血行感染所致,症状轻重不等,多不典型。可能会出现发热、不愿喝奶、呕吐、腹泻等症状。情形较严重者还会伴随惊厥、嗜睡症状,并出现黄疸,甚至引发败血症;宝宝往往会突然高热、寒颤、烦躁、倦怠、恶心、呕吐、腹泻或便秘,且有发热、鼻塞、流鼻涕的现象。排尿症状随年龄增长逐渐明显;月龄较大的宝宝多有尿频、尿急、尿痛等症状,且可能伴有下腹疼痛。全身症状多不突出。由于宝宝泌尿道感染在临床上的表现较不具特异性,基本上越小的病童其表现越不明显,所以常被误认为是感冒或其他系统性的疾病,从而耽误了治疗,到真正发现时已对肾脏造成伤害。

因此,若宝宝出现发热、持续多天高烧不退、小便出现血丝或异味、小便疼痛或频尿等常见的泌尿道感染的症状,就要注意宝宝是否有泌尿道感染。

另外,若宝宝过去曾有过泌尿道感染的经历,当出现发热时务必告知医生,如果宝宝本身还是膀胱输尿管逆流病史者,则特别容易感染泌尿道疾病。

第294天 营养不良的特殊信号

人们通常把消瘦、发育迟缓乃至贫血、缺钙等营养缺乏性疾病作为判断宝宝营养不良的指标。其实,宝宝营养状况滑坡,常在疾病出现之前,就已经有信号了。父母若能及时发现这些信号,并采取相应措施,就可避免营养不良的发生。以下信息特别值得父母们留心:

情绪变化:儿科医生的大量调查研究资料显示,当宝宝情绪不佳、发生异常变化时,应考虑体内某些营养素缺乏。

1.宝宝郁郁寡欢、反应迟钝、表情麻木提示体内缺乏蛋白质与铁质,应多给宝宝吃一点水产品、肉类、奶制品、畜禽血、蛋黄等高铁、高蛋白质的食品。

2.宝宝忧心忡忡、惊恐不安、失眠健忘,表明体内B族维生素不足,此时给宝宝补充一些豆类、动物肝、核桃仁、土豆等含B族维生素丰富的食品大有益处。

3.宝宝情绪多变,爱发脾气则与吃甜食过多有关,家长除了减少甜食摄入外,多补充点富含B族维生素的食物也是必要的。宝宝固执、胆小怕事,多因维生素A、B族维生素、维生素C及钙质摄取不足所致,所以应多吃一些动物肝脏、鱼、虾、奶类、蔬菜、水果等食物。

行为反常:营养不良也可引起宝宝行为反常,大体上可归纳为以下表现:不爱交往、行为孤僻、动作笨拙,多为体内维生素C缺乏的结果。在食物中添加富含此类维生素的食物，如番茄、橘子、苹果、白菜与莴苣等为最佳食疗食物，这些食物含丰富的酸类和维生素，可增强神经的信息传递功能，缓解或消除上述症状。

第295天　看的能力：注意力更集中

随着宝宝月龄的增长，宝宝注意力能够有意识地集中在某一件事情上，而在小宝宝阶段主要是非意识注意。有意识地集中注意，使宝宝学习能力有很大提高。注意是宝宝认识世界的第一道大门，是感知、记忆、学习和思维不可缺少的先决条件，宝宝的注意力也需要父母后天的培养。

如何提高宝宝的注意力：

1.想让宝宝能够把注意力集中在某一件事情上，必须让宝宝处于最佳精神状态，通俗地说，就是要让宝宝在吃饱、喝足、睡醒、身体舒适、情绪饱满的状态下，才容易集中注意力。

2.吸引宝宝有意识的注意力，要选择适合宝宝月龄的刺激物，这也是很关键的。如果给这个月的宝宝看字书，那无论如何也不会吸引宝宝的有意识注意力的。宝宝喜欢看色彩鲜艳的、对称的、曲线形的图形，更喜欢人脸和小动物的图画，喜欢看活动着的物体。如果父母从自己的好恶出发，不切实际地让宝宝看一些东西，宝宝就不能很好地集中注意力，也就不能达到学习的目的。

第296天　妈妈是最安全的避风港

现在，宝宝变得爱发脾气了，动不动就摇头、甩手、大叫或囔囔。其实，这正是宝宝的"自我"意识开始萌芽。宝宝有主意了，可是，他还不会用语言来表达，而且，脚不会走路，手不能灵活地运用，挫折多，心烦，脾气就大了。

妈妈要理解宝宝。宝宝想自己吃饭，就让他拿着勺子自己吃，趁他张嘴，你送上一口饭菜；宝宝打定主意自己穿衣，就让他自己穿，趁他不注意，悄悄帮他提一提裤腿和袖管。尊重宝宝的意志，是鼓励宝宝走向独立的第一步。

宝宝学会爬行，就会常常主动离开妈妈的怀抱，带着旺盛的好奇心到处活动；遇到挫折，他仍会回到妈妈的身边。新妈咪就像是宝宝的避风港，发生任何使他害怕和不安的事，只要回到妈妈身边就能让他安心。妈妈对寻求慰藉的宝宝置之不理，或不耐烦："不要一点小事就哭！"而把他推开，这样反而会使宝宝因为缺乏安全感而紧紧缠住妈妈不放。相反，宝宝充满好奇和自信地四处探索，妈妈却左一句"危险"，右一句"不可以"。过度的保护，会使宝宝失去探索的欲望。

第297天 妈咪想养狗狗了

十个月的宝宝各方面发育已经初步完成，新妈咪也觉得宝宝长大了许多，聪明了许多。

喜欢养宠物的妈咪便想着给家里再添个小可爱，还可以给宝宝找个小伙伴。但是，准备养宠物的妈咪要注意了，家里多个小可爱可能会对另外一个小可爱造成不好的影响哦。

宠物是许多细菌寄生的宿主，十个月的宝宝身体抵抗力仍然很弱，宝宝经常和宠物接触极易让宝宝染上各种各样的疾病。像以猫科类动物为原寄生宿主的弓形虫病，宝宝感染上的话会有神经系统、眼部、心脏和呼吸系统等症状，对宝宝的成长造成不利的影响。

宠物如小猫、小狗，多是多毛动物，宝宝在与小狗、小猫近距离接触的过程中，宠物的毛发可能引起小宝宝过敏导致宝宝不适。而且，宠物突然的吼吠和跑动会惊吓到宝宝，有时生气的宠物甚至会趁妈咪不注意给宝宝造成不必要的伤害。

所以，想养宠物的妈咪要为宝宝忍痛割爱了，不能让小猫、小狗在家中跑来跑去了，甚至小鸡、小鸭、小白兔也不行，如果真想多个小生命，美丽优雅的小金鱼是很好的选择，还能够培养宝宝的观察力和对小动物的爱心。

第298天 添衣换衣有讲究

十个月的宝宝眼中的世界是新奇的，他们东瞅瞅，西摸摸，手脚齐动，爬来爬去。这时候妈咪给宝宝添衣换衣要因时因境，不能凭着大人的个人喜好和理解去作不益于宝宝的决定，要综合考虑宝宝的各方面需求：健康，舒适，方便，美观等等。

十个月的宝宝多动，衣服很容易脏，换的也勤，所以宝宝的衣物一定要备足，实惠经济的衣物是不错的选择。

有足够的衣物还得有合适的衣物给宝宝更换。宝宝手脚并用，感触着一样样新奇的事物，选择柔软、舒适的衣物能让宝宝更好的去探险。选择松紧适度的衣物更利于宝宝爬行。尤其要选择衣领开口宽大的衣物，以免宝宝在爬行过程中卡住了脖子。

频繁的给宝宝更换衣物也给妈咪带来了压力，所以有选择的给宝宝穿不易褪色且易于洗涤的衣物能减轻妈妈换洗衣物的压力。

第299天　宝宝吃的少

妈咪总有这样一种担忧：宝宝今天好像吃的很少，宝宝今天又没吃多少东西。妈咪便疑心宝宝是否生病了。但很多情况下，宝宝吃的少并非都是病理因素所致，很多是非病理因素引起的。

每个宝宝由于遗传、环境、体型、活动量等因素不同，对营养也有个体需求量的差异。妈咪不能通过不同宝宝进食量的差异去判定宝宝是不是食欲不振，吃的好像比以前少了，很多妈咪都在这种对比中陷入误区而作出错误判断。其实只要宝宝摄食量与月龄相当就是正常的了。而且宝宝自身的食欲有着周期性的波动，不同季节宝宝的摄食量会有所不同，妈咪应该考虑到这一点。从营养学角度来看，等量的热量摄取不会影响身体的运转，或许宝宝在非正餐时间摄取了足够的热量而导致正餐时间食量的下降从而引起宝宝吃的少的假象也是可能的。

而平时不良的就餐习惯和妈咪不合理的喂养方式也会导致宝宝吃的少。宝宝爱吃零食不喜欢吃饭，宝宝就餐时囫囵吞枣，咀嚼不足引起消化不良等等都可能引起宝宝食量的减少。当然也有可能是宝宝累了，身体不舒服了。

所以，当宝宝吃的少了，妈咪不要惊慌而妄下论断，放宽心即可。

第300天　开裆裤，宝宝需要吗

开裆裤不能对活动中的宝宝有任何的保护作用，宝宝的外阴是身体最娇嫩的部位之一，也很容易受伤。失去了纸尿裤或者衣物的包裹，宝宝在游戏过程中极易擦伤、烫伤、夹伤、撞伤阴部或阴茎,如果在户外还会遭遇蚊虫的叮咬,家中宠物的抓、咬,这些伤害都会为宝宝带来很大的健康影响,甚至导致终身不可逆的残疾。

完全放弃穿开裆裤可能对于一些习惯穿它的宝宝也不太现实,那么这就需要家长在穿着过程中为宝宝做足防护工作了。

1.较小的宝宝,家长可以给他穿着开裆裤,为了阻挡细菌,在外阴处垫一块纱布尿片隔离。

2.懂得说大小便的宝宝,家长可以在开裆裤外加一条小短裤,需要方便的时候,及时穿脱也是很方便的。

3.只在家中穿开裆裤,外出时使用纸尿裤,通常宝宝的外出时间不会很长,出门的时候穿上纸尿裤,卫生又文明。

4.给开裆裤加钉子母扣,除了用一次性尿片包裹阴部,家长还可以给开裆裤钉上一个活的裆,平时可以保护阴部,大小便时拉开也很方便快捷。

第301天 照料生病的宝宝

生病的宝宝最不想吃东西了!这让许多妈咪很是苦恼,宝宝不吃饭,哪来的营养呢?对于不同的几种病情,妈咪要学会如何去照料生病的宝宝:

宝宝发高烧了,需要补充水分。这时妈咪可给宝宝喂一点小麦茶或含糖分少的果汁以补充水分。如果宝宝饿了,则可以喂一些容易消化的食物(如母乳、米粉粥),但不宜过多,应适量。

宝宝便秘了怎么办?父母应注意喂一些补充水分,有利于缓解便秘的食物,水果和蔬菜是很好的选择。

喂养不当导致宝宝腹泻,妈咪要适时调整喂养的时间间隔,使宝宝的胃肠得到休息。另外,不能让宝宝在腹泻期间吃加入辅食的食物。

十个月的宝宝还未发育完全，仍需妈咪的精心照料，如果因为喂养不当引起了不良反应，应适时停止和改变喂养方案，否则会给宝宝的肠胃带来负担，影响宝宝的消化系统，使宝宝感觉不适。

第302天　当宝宝第一次撕书

很多家长会给孩子做亲子阅读，在亲子阅读的过程中，难免都会遭遇宝宝撕书的情况。当宝宝第一次撕书时，大部分家长都是大声斥责，告诉宝宝："书，是不能撕的！"但往往收效甚微。

专家解释说，在宝宝的眼里，撕书就是一种学习过程，他们不能理解妈妈"书本要爱惜"的理念，也不知道书是花钱买来的，撕掉浪费钱了。此阶段宝宝特别喜欢撕书，实际上是在练习左右手的反向运动，以及与视觉的协调能力。他们会一遍又一遍地撕，品味手指捏纸以及用力的感觉，并很有成就感。

如果家长能够理解宝宝这是一种学习的行为，那么就不会斥责宝宝，或者制止他们的学习，而是作为欣赏者，对宝宝每次撕的动作进行鼓励，让宝宝把撕的练习运动完成地更好。

当然，花钱买的书，这样被"破坏"一定于心不忍，那么，实际上有简单的办法，就是给宝宝换书，不用的杂志书报，让他撕个够。当宝宝撕的动作得到充分练习后，他们就会不再撕书了。

第303天 宝宝的自尊来自你的爱和关注

被关注能让宝宝获得自尊,宝宝自尊需要的最初表现形式就是渴望得到成人的爱、关注和重视。

1岁前的宝宝还无法通过语言来表达他的意图,往往借助哭闹、微笑、推倒玩具、抛扔物品等吸引大人注意的方式来证明自己对环境的影响,确认自我的存在。

另外,宝宝从出生开始就有一种精神上的能力,就是对父母的爱,对周围环境的关注,他能借助于这种爱来获得对周围事物的感官印象,并借助这些印象完成成长的任务。如果宝宝缺少父母的爱和关注,他也就找不到关注或爱的对象,他的心就会处于游离不定的状态,不管做什么事总是半途而废,这就是心理分析学家所称的"心理神游",这代表了一种自我意识的防御,他寻找不到心灵的庇护和慰藉,自然而然的就缺乏自尊、自信和安全感。

所以说,宝宝用哭闹或扔玩具来吸引妈妈的注意,渴望得到妈妈的怀抱和关注,以此来获得安全感和心灵依赖,如果得不到妈妈的回应,他就会产生一种被抛弃的感觉,因此坐立不安或哭闹,无法专注于任何事情。

所以父母要通过宝宝的行为,看透他的真实需求,及时给予反馈或评价,比如经常抱抱他,亲亲他,和他目光平视的微笑和说话,每天对他说一句"我爱你",对他的每一种行为表示关注或赞赏等,让他感受到父母的爱和重视,从而获得安全感,树立和维护他的自尊心,有益于日后形成健康的性格、美好的人格。

第304天 生长发育受什么影响

宝宝生长发育虽然是有一定规律的,但是在一定范围内受到多种因素的影响,存在相当大的个体差异。

哪些因素可以影响宝宝的生长发育呢?首先是遗传因素。宝宝生长发育的特征、潜力、趋向、限度等都受父母双方遗传因素的影响。一般来说,高个子父母所生宝宝的身高要比矮个子父母所生的同龄小儿身高高些。

营养也是影响宝宝生长发育的重要因素之一。充足和调配合理的营养是宝宝生长发育的物质基础,如营养不足则首先导致宝宝体重不增甚至下降,最终也会影响身高的增长和身体其他各系统的功能,如免疫功能、内分泌功能、神经调节功能等。而且年龄越小,受营养的影响越大。

疾病对宝宝生长发育的影响也十分明显,急性感染常使体重不增或减轻,慢性感染则同时影响体重和身高的增长。内分泌疾病(如甲状腺功能减退症)对生长发育的影响更为突出,常引起骨骼生长和神经系统发育迟缓。先天性疾病(如先天愚型)对小儿体格发育和智力发育都会产生明显影响。

另外,良好的居住环境和卫生条件如阳光充足、空气新鲜、水源清洁等有利于宝宝生长发育,反之则带来不利影响。合理的生活规律、护理、教养、锻炼等对小儿体格生长和智力发育也起着重要的促进作用。家庭的温暖、父母的关爱和良好的榜样作用、良好的学校教育和社会教育等,对小儿性格和品德的形成、情绪的稳定和精神的发育都有深远的影响。

第十一个月

帮着勇敢的小家伙站起来

第305天　培养良好的生活习惯

宝宝刚刚有了独立行动能力和独立意识，模仿和学习的能力特别强，这正是锻炼宝宝生活自理能力的最佳时期，所以新妈咪要从现在开始培养宝宝良好的生活习惯。

良好的饮食习惯：给宝宝固定一个吃饭的位置；在饭前便后给宝宝洗手；吃饭前不要给宝宝吃零食，如水果、糖果等，否则会影响宝宝的正餐；吃饭时保持安静，不要和宝宝说话也不要同他嬉笑，以免引起食物呛入宝宝的气管；另外，吃饭时不能让宝宝边看电视边吃饭；培养宝宝对事物的兴趣和好感，引起宝宝旺盛的食欲。

用水杯喝水：给宝宝准备一个喝水的训练杯，新妈咪可以先给宝宝做一个示范：双手握着杯子，用力吸水或是直接往嘴巴里倒水。过一段时间之后，新妈咪可以试着取下杯盖，让宝宝学着把嘴巴贴着杯口直接喝水，杯子里的水或者牛奶不用太多，半杯就可以了。

整理玩具：专门为宝宝准备一个小角落当做宝宝的玩具角，同时给宝宝准备一个玩具架或一些玩具箱，告诉宝宝要把不玩的玩具放在箱子里。这时候，如果宝宝还不理解，新妈咪要多给宝宝作示范，速度要慢，慢慢地过渡到新妈咪收一件，宝宝也收一件。

第306天　宝宝饿一顿没大碍

新妈咪总是特别关注宝宝吃饭的问题，宝宝少吃一口新妈咪都会觉得这是件大事，于是每天都要追着宝宝，给宝宝喂饭。可是宝宝却完全不理解新妈咪的用心，总是不肯乖乖地吃饭，所以吃饭就成了一场战争，有时候新妈咪和宝宝都觉得难受。这可真是个伤脑筋的问题。

其实，现在的物质条件特别丰富，宝宝常常会因为饮食过度而引起积食和消化不良，根本没有饿病的。宝宝本能地知道自己该吃多少，所以新妈咪不用太担心宝宝饿着。有时候，饿一顿之后，宝宝在下一餐时反而会相当有胃口。

照顾宝宝的饮食是新妈咪的职责，但是，新妈咪也要尊重宝宝的饮食选择和独立性。所以，了解宝宝的心理，结束吃饭战争，让宝宝快乐进餐是很有必要的。

宝宝这个时候会变得更加独立，这往往会通过在餐桌边的种种行为表现出来。强迫宝宝进食，往往是双方头疼的开始。如果宝宝的食欲被外界的力量所压倒和制服，他会本能地将身体方面的信号与进食压力联系在一起，同时，他还会认为新妈咪完全不在意他的感受。所以，尊重宝宝进食的独立性吧。

细心的新妈咪会发现，宝宝也有自己的饮食偏好。给宝宝尝试新的食物时，新妈咪应该先喂一小口，不要过急地塞进第二口。如果宝宝吃完第一口后，很快又着急地张开小嘴，表明这种食物他很喜欢；如果宝宝出现迷惑、皱眉的表情，或将食物吐掉则说明他对这种食物并不感兴趣。

第307天　宝宝对活动也有偏爱

宝宝在这个时期的活动量愈来愈强，并且还会自己爬来爬去了呢。现在，就来看看宝宝喜欢哪些活动吧。

宝宝已经可以扶着一些家具站稳了，如果这时候宝宝的脚边有一个小球或其他玩具，宝宝可能就会慢慢蹲下来把它捡起来抓在手里观看，或者用小脚把玩具踢过来踢过去。在这个过程当中，宝宝玩得十分开心，而且也锻炼了宝宝的平衡能力，促进了眼、足、脑的协调发展。一开始的时候，宝宝并不太稳当，有了兴趣后，宝宝就玩得越来越好了。

这时候，宝宝的爬行技能已经很熟练了，宝宝也有着极强的攀爬欲望，总是不停地爬上爬下。攀爬的过程也是宝宝的探索过程，宝宝可以从中获得乐趣。所以，新妈咪不妨给宝宝创造条件，让宝宝爬得过瘾。例如，在床上或地上放置一些高低不同的软性障碍让宝宝爬过去。

当家里的大人在看书时，宝宝就会对大人手中的书本显示出特别大的兴趣。他拍拍大人手里的书，抓过来看看封面上的图案，小手不时地把书本打开又合上。尤其当这本书色彩鲜艳，图案漂亮可爱的话，宝宝还会被吸引，认真地"翻看"这本书呢。

第308天 语言发展的"爆炸式"程序

在语言方面，女宝宝有天生的优势。眼看着其他同龄的女宝宝已经能够很清楚地喊出大部分的日常用品了，可是自家的男宝宝却还是很少开口，新妈咪真是着急。

其实，在语言学习的过程当中存在着两种不同的进程："渐进式"和"爆炸式"。如果宝宝学习语言是从单个语音开始，在生活和学习中逐步地发展到词语和短句的话，就说明自己的宝宝属于"渐进式"的，说话的时间会比较早。有些宝宝要在语音听力充分发展之后才会开口说话，而且往往是在听了很长时间后，直接就能说很多词语甚至语句。很多男宝宝要到2岁以后才会说话，就是这个模式。

说话早晚既受遗传因素的影响，也和后天练习的多少有关系，不是新妈咪能完全控制的。因此，新妈咪要尊重宝宝的学习特点，并且要有耐心，给宝宝合适的语言环境并按照规律让宝宝进行练习。值得注意的是，新妈咪千万不要有和别的宝宝"较量"的想法。一看到别的同龄宝宝能够说话了，就急切地想让自己的宝宝开口说话，甚至因此而强迫宝宝开口。也许自己的宝宝说话说得晚，可宝宝依然是新妈咪最疼爱的小天使。

第309天　循序渐进学走路

当宝宝开始走路，就代表他具备了以下三项条件：宝宝能自主性的握拳，并随其意志使用手指及脚趾；宝宝腿部肌肉的力量已经足以支撑自身的重量；宝宝已经能灵活地转移身体各部位的重心，并懂得运用四肢，上下肢动作的发展也能协调得很好。

这个时期，父母要给予他一些辅助方式：

第一阶段：父母可利用学步用的推车或是学步车，协助宝宝忘记走路的恐惧感觉，轻松学习行走。

第二阶段：训练宝宝学习蹲—站的方式，父母将玩具丢在离宝宝不远的地上，让宝宝自己捡起来。

第三阶段：父母可以各自站在两头，让宝宝站在爸爸的这一头，妈妈引逗宝宝，鼓励他走到妈妈的那一头。

第四阶段：让宝宝练习爬楼梯，如家中没有楼梯，可利用家中的小椅子，让宝宝一上一下、一下一上地练习。

第五阶段：可利用木板放置为一边高、一边低的斜坡，但倾斜度不要太大，让宝宝从高处走向低处，或由低处走向高处，父母必须在一旁牵扶，以防止宝宝跌下来。家长要依以上五个阶段走路动作发展的不同，而给予宝宝不同的辅助方式。

0~1岁宝宝动作的发展是否正常，关系着他的生理健康及日后的认知发展，如果宝宝动作发展受阻，不但会影响日后的学习，也会形成心理障碍，所以父母该时时注意宝宝每个阶段的动作发展情况，并在最佳的时机给予适当的辅助，对宝宝的动作发展将有事半功倍的成效。

第310天　宝宝学走路应注意什么

当宝宝晃晃悠悠踏出第一步的时候，父母往往既期待又紧张。其实，走路就是宝宝进入另一个成长阶段的象征。在学习走路的过程中，只要父母在4个方面多加注意，一般不会出现什么问题。

1.注意时机。

学走路是一种很自然的过程。随着宝宝肢体运动能力的日益增强，在经历翻身、坐、爬、站之后，走路就被提到日程上来。

每个宝宝开始学走路的时间都不相同，甚至可能出现较大的差距。因此，学走路并没有所谓最适当的时机，必须视自身的发展状况而定。这也是一个渐进的过程，一般来说，宝宝在11~14个月时开始学走路。如果在11个月以前就有学走路的意愿，也不会有太大影响。只要宝宝在18个月之前能独立走路，就没有什么可担心的。

值得注意的是，如果宝宝还没有到达学走路的年龄，而且本身也缺乏走路的意愿，那就不能强迫宝宝去学走路，否则很可能对肢体发育产生不良影响。

2.注意姿势。

在学走路的时候，由于下肢尚未发育完全，所以容易出现不正确的走路姿势，但大多数都属于正常现象。随着宝宝逐渐成长，大多会慢慢自行调整，恢复正常的走路姿势。

偏内八字的姿势可说最为常见。除此之外，有些宝宝也可能出现脚板重心偏内而出现脚丫外侧翘起的现象。这是由于宝宝的筋很柔软，而且还不会完全控制脚板的肌肉，所以会在脚板内侧发力，造成外侧有些翘起，对此父母不需要过于担心。

在宝宝刚出生时，小腿多会向内弯。另外，在人体发育初期，大腿骨会偏向内旋，导致宝宝两腿与膝关节向外远离，形成O型腿，也就是医学上所谓的"膝内翻"。在开始学站或学走路时，宝宝O型腿的情形会更加明显，但随后便渐渐好转，会自行调整回来，在1岁半以前几乎都会恢复正常。如果宝宝的O型腿超过2岁仍未改善，就需要请医师诊断治疗。

有些宝宝学走路时经常跌倒，让父母十分担心。事实上，这是由于宝宝的平衡感及肌肉运动协调能力还没有发育完全，容易出现重心不稳，这是很正常的现象。请在平时多多观察，只要宝宝跌倒的情形在逐渐改善，或是跌倒次数日益减少，那就表示宝宝一直在进步，也就不用太过紧张。

3.注意异常。

O型腿大多属于生理性的表现，会随着宝宝的成长而自然恢复正常。不过，仍有小部分宝宝是因为腿部发育异常所导致的，必须接受治疗。如果O型腿现象持续到2岁以上，或是发现有其他不正常症状出现，例如宝宝走路时膝盖部位的稳定性不佳、走路时有疼痛的感觉等，就应该尽早就医诊断，必要时还要转诊到小儿骨科，作更详细的检查与治疗。

在宝宝学走路时，父母可以运用一些简单的观察原则，来检测宝宝腿部发展是否出现异常。最基本的就是观察宝宝的双腿（整个下肢），看外观有无异常，比如单侧肥大、大小肢、长短脚等。一旦发现宝宝双腿皮肤的纹路出现不对称的情形，那就很可能出现了长短脚。另外，注意宝宝的髋关节在走路时是否能顺利张开、有无发出声响。如果有这种情形，很可能是有先天性的问题，比如先天性髋关节脱位。

在经过检查确诊之后，如果宝宝腿部发育的确出现异常，医师会根据骨骼异常程度以及年龄来选择最适当的治疗方式。一般来说，治疗方式包括药物治疗、穿戴矫正支架和手术矫正。需要手术矫正的情形大多由疾病所引起，并不常见。

第311天 小心养个"复感儿"

天气一变冷，宝宝就容易生病，尤其有的宝宝呼吸道的抵抗力差，一受寒就开始流鼻涕、打喷嚏。这时候，新妈咪也变得紧张起来。

有的宝宝特别容易感冒，并且总是反复感冒，常常是病还没有好彻底，还吃着药，或刚刚停药一两天，就又生病了。医生称这样的宝宝为"复感儿"。如果复感严重，宝宝甚至有可能从秋到冬小半年的时间里都处在或重或轻的感冒里，这对宝宝的身体造成了很大的影响。

当宝宝感冒时，新妈咪总是不忍心看着宝宝受罪，宝宝一有什么风吹草动，就想带着宝宝去医院看医生。也许自己的宝宝本来只是很轻微的感冒，但是由于在去医院的路上受了寒，而且到医院时，周围都是生病的宝宝，使得宝宝的病情反而加重了。宝宝"复感"很大程度上和新妈咪照顾宝宝的方法有关。有些新妈咪太过紧张，怕宝宝受凉，总让宝宝待在温暖的室内，使宝宝的抗寒能力没有得到锻炼，更容易受凉。或者，像前面那样，新妈咪护理生病宝宝的方法不正确。所以，给宝宝加强耐寒锻炼吧，多带宝宝去户外走走，并且一定要坚持哦。

第312天 语言和认知结合训练

宝宝的语言学习也许还是以听力为主。但是，随着宝宝认知能力的发展，这时候，新妈咪完全可以把宝宝的语言听力的学习和认知能力的发展结合在一起。

如果宝宝对新妈咪的嘴巴还是特别感兴趣，新妈咪可以采用夸张的嘴形给宝宝朗诵押韵的儿歌或者唐诗。也许宝宝并不能记住，但这并不重要，重要的是这样能激发起宝宝的兴趣从而慢慢建立宝宝的韵律感。

将宝宝喜欢的大小不一样的两个东西分别放在不同的位置，如新妈咪的帽子和宝宝的帽子。然后指着帽子告诉宝宝，"这是大的""这是小的"。接着用口令让他拿大的或是拿小的，如果宝宝拿对了，就让他抓着帽子玩，如果拿错了就不给。新妈咪可以多找一些东西，加深宝宝对大小的认知能力，这样，宝宝很快就能学会分辨大小了。

新妈咪可以给宝宝买一些动植物的图书或卡片，然后指着上面的动物或植物，告诉宝宝它们的名字和特点，如小白兔的耳朵是长的，袋鼠的肚子上有个口袋等。这样重复几次后，新妈咪可以问宝宝："小白兔有什么？"宝宝就会指着图上兔子的耳朵回答。每次练习的内容不能太多，也不宜太长，而且必须要在宝宝感兴趣的情况下才可以进行。

第313天　宝宝身体语言你看懂了吗

宝宝难免会有不舒服的时候，可是宝宝现在还不能说话，不能告诉新妈咪自己哪里不舒服。

其实，宝宝的身体状况能从很多方面体现出来。如果新妈咪细心的话，就会从宝宝的身体语言中，看懂宝宝的健康状况。

如果不舒服，宝宝会很明显地从情绪上表现出来。健康的宝宝在吃饱喝足之后精神饱满，情绪高昂。而生病的宝宝则会显得委靡不振，烦躁不安甚至哭闹不停、大发脾气。

新妈咪有时候会发现，自己的宝宝之前本来好好的，但是突然之间食欲下降了，甚至拒食。这时候，新妈咪要提高警惕，这往往是宝宝患病的前兆。消化性溃疡、慢性肠炎、寄生虫病等都可能引起宝宝食欲不振；缺锌、维生素A或维生素D也都可能引起食欲低下。如果宝宝的食欲突然增强，但是体重不增反降时，这也是不正常的。

如果宝宝在安静或睡眠状态下也大汗淋漓或出汗不止，则预示着宝宝的身体功能失常，有可能是营养不良或感染性疾病的早期症状。

通常情况下，生病的宝宝晚上的睡眠状况都不好，睡眠少、睡得浅、睡不安稳等。如果新妈咪发现宝宝异常，应该及时带宝宝去看医生。

第314天　摔跤也有季节性

在宝宝学习走路的过程中，摔跤跌倒是不可避免的。可是新妈咪可能不知道，摔跤有季节性。

据专家调查，一年当中，7月、11月是宝宝摔跤概率最大的时间段。7月天气炎热，宝宝的注意力难以集中容易摔倒；11月则是一年中外出活动比较多的月份，所以摔跤的概率也就大了。所以，如果自己的宝宝刚好在7月或11月学走路的话，新妈咪就要更加小心才行。

宝宝容不容易跌倒和他们的发育特点和性格特点有关。智力较低的宝宝往往不能全面理解他们的活动，也无法作出正确的判断，从而比正常宝宝更容易摔跤；身体发育较差的宝宝体力差，手脚不灵活，同样更容易摔跤；如果宝宝好动或是注意力差，往往比别的宝宝更容易摔跤。

对于宝宝摔跤这个问题，新妈咪不能太过偏激，既不能任由宝宝摔跤不予理会，也不能太过紧张而减少宝宝的活动。因此，在宝宝学步的过程中，新妈咪也要做好防护措施。

当宝宝练习走路的时候，新妈咪一定要选择在平坦安全的地方，并且一定不能大意；新妈咪可以先让宝宝在安全的地方（如床上）练习手脚的活动能力，让宝宝在实践中获得足够的自我保护能力。

第315天　宝宝什么时候才会走

宝宝学习走路已经有一段时间了，每次当新妈咪扶着宝宝练习走路时，总是会忍不住想：宝宝什么时候才会自己走呢？

走路是宝宝发展的一个自然成长过程，这个过程可以分为三个阶段：

第一个阶段是力量的准备阶段。爬行是宝宝走路的基础。当宝宝在爬行的时候，宝宝手足都要运动，并且还要起着支撑的作用。所以，爬行锻炼了宝宝四肢的力量，为宝宝走路作好准备。如果宝宝能够扶着家具和其他支撑物站起来，并且能站立10秒以上，则说明宝宝具备了行走的第一要素。

第二阶段是技巧阶段。宝宝在学会走路之前，要经过扶站、独站、扶走和独走四个方面。通过扶站，宝宝可以建立最初的平衡感，为独站作准备。如果宝宝独站可以保持3~5秒的时间，宝宝就可以开始扶走了。宝宝自己扶着物体或是被新妈咪扶着走了一段时间后，慢慢地，宝宝就会学着自己独立行走了。

第三个阶段就是技巧与力量的统合阶段。当宝宝的力量和宝宝的行走技巧相互作用的时候，宝宝就能迈出人生的第一步了。

第316天　预防乳蛀牙

不少新妈咪都不注重宝宝乳牙的清洁和保护，因为她们想，反正宝宝的乳牙是要被恒牙所代替的呀。这种想法是错误的，事实上，宝宝的乳牙对宝宝的健康会产生影响。

如果宝宝的乳牙出现问题，宝宝的咀嚼、食物的消化吸收就会受影响，不利于宝宝的生长发育，而且，乳牙的咀嚼功能会影响宝宝的脸型。此外，乳牙是否健康还会影响宝宝恒牙的质量。如果宝宝的乳牙龋坏，引发牙髓炎或牙周炎的话，就会影响以后恒牙的萌出，导致恒牙长出后不牢固，容易损坏。

为了预防宝宝乳牙出现问题，新妈咪可以采取以下一些小招数：

第一，宝宝的饮食要定时定量，不要让宝宝吃太多的零食。

第二，不能让宝宝在睡觉前吃甜食。

第三，当宝宝吃完东西后，新妈咪最好给宝宝喝些白开水漱口。

第四，等宝宝长满20乳牙后就要让宝宝养成早晚刷牙的习惯。

宝宝的乳牙也需要新妈咪放在心上，这时候，新妈咪可以用指套刷清洁宝宝的口腔。一旦发现宝宝的牙齿有什么问题，新妈咪最好带宝宝去找牙科医生咨询，并且最好定期检查。

第317天　宝宝的专属保健箱

在成长过程中，宝宝难免出现感冒发烧等小病，虽然不需要送去医院，但还是要作治疗、处理，因此，新妈咪要为宝宝准备一个专属保健箱，放入创口贴、纱布、体温计等用品。一个合格的宝宝专属保健箱应该包括以下用品：

消毒药水：包括碘、双氧水与生理盐水，用来清洁、消毒伤口、避免感染。碘的杀菌效用广，而且没有刺激性，但是不能与红药水同时使用；双氧水的刺激性较强，破皮面积大的时候，最好不要使用。

凡士林、宝宝油、红霉素软膏：它们都有保护皮肤、避免干燥的作用，宝宝有尿布疹、湿疹、虫咬、冻伤或是轻微破皮现象、小面积的轻度烫伤（尚未形成水泡）时可以使用，使用前要先清洁宝宝的皮肤，使用后注意通风。

创口贴：保护伤口，避免碰触感染。使用的方法是彻底清洁伤口后，轻拍伤口四周，除去多余的水渍，然后贴上创口贴，抚平翘起的部分即可，最好不要撕下来重贴。

脱脂棉、棉签：用来洗涤伤口或当做敷料使用，在清洁或消毒伤口时，用这类材料沾取适量药水、药膏，单向擦过伤口或由圆心向外擦都可以，但不可来回重复擦拭。

小钳子、小镊子：小钳子、小镊子是用来夹取卫生材料，避免手部直接碰触的工具。

消毒纱布：无药性消毒纱布可用来清洗伤口及覆盖伤口；黏性纱布用于分隔伤口及敷料，使伤口分泌物与敷料不会粘住，而造成换药的疼痛。使用的方法是清洗消毒伤口后，将纱布折叠成比伤口大1厘米见方的大小，覆盖上，以医疗胶带固定即可。

滴管或空针筒：宝宝如果不肯乖乖吃药，可以使用滴管（也可以使用2.5毫升或5毫升空针筒），将药水汲入管中，方便喂食。

体温计：方便宝宝测量体温。

小剪刀：剪刀的作用是解开扎带及敷料，方便换药。

第318天 宝宝为什么会偏食

这时候，自己的宝宝也许出现了偏食的情况。当宝宝由于偏食不肯吃蔬菜或是不爱吃鱼时，新妈咪总担心宝宝不能摄取均衡的营养。宝宝这么小就开始偏食，这可怎么办呢？

宝宝比较看重食物的色香味，而不考虑食物的营养价值，所以宝宝比较喜欢颜色鲜艳的食物。而且，如果宝宝吃某种东西有过不快的经验，就会对这种食物产生恐惧和厌恶。例如，新妈咪不小心弄破了鱼的胆汁，宝宝吃了后，就会影响日后对吃鱼的兴趣。或者，宝宝不太喜欢吃某种东西，但是新妈咪却大声斥骂，强迫他进食，这种不愉快的进食气氛会加深他对这种食物的反感。

要想改变宝宝偏食的习惯，新妈咪可以先从食物的烹调方面入手，在花式、口味方面多作变化，改变宝宝对该种食物的观感。如果宝宝拒绝吃某种食物，而不吃这种食物不会使宝宝在营养上有偏差或这种食物的营养可以从其他食物中获得的话，新妈咪可以不用强迫宝宝进食。当宝宝在偏食上有所改进时，新妈咪应该给予宝宝适当的鼓励。

只要新妈咪采取鼓励态度，并且耐心引导宝宝，宝宝偏食的习惯是会得到改进的。

第 319 天　宝宝睡觉爱蹬被子怎么办

有很多宝宝在睡觉的时候很不老实，老是喜欢蹬被子，整个晚上新妈咪必须不停地为他盖被子，一个没注意，没准儿第二天宝宝就会喷嚏鼻涕一起来了。

其实，宝宝踢被子很可能是宝宝晚上睡觉的时候觉得不舒服。晚上睡觉时，由于宝宝神经调节功能还没发育完全，容易出汗，如果新妈咪给宝宝盖得太厚，或室内温度太高，宝宝觉得太热时，就会踢被子。另外，如果被子太沉，影响了宝宝的呼吸，他就会通过蹬被子来解除这种压力。还有可能是宝宝睡前吃得太饱，胃部不适，所以宝宝就会经常翻动身体而把被子蹬掉。此外，宝宝睡前过度玩闹，造成夜梦多，或者由于佝偻病造成的神经不稳定等，都是造成宝宝睡眠不宁而蹬被子的原因。

宝宝蹬被子极易导致着凉，引发感冒等症，反复生病还会影响小儿的生长发育，所以，新妈咪可以根据上几个原因，采取一些办法。首先，宝宝的被子不能太厚也不能太重。其次，新妈咪不要让宝宝在睡前吃得太饱或过度嬉闹，避免宝宝晚上睡卧不安。最后，新妈咪可考虑到商店买宝宝睡袋或自制睡袋，当宝宝睡觉时在睡袋上加盖一层薄被就可以了。

第320天 小宝宝也可以春捂秋冻吗

中国人讲究"春捂秋冻"，这是人们维护身体健康得出的经验，对没有发育成熟的宝宝来说，更有积极意义。

"春捂"指在春季时，不应该过早地脱掉棉衣。冬季里，宝宝一直穿着棉衣，身体热量的调节与冬季的环境温度处于相对平衡的状态。当转入初春时，气温变化大，如果过早地给宝宝脱掉棉衣，一旦气温下降，宝宝就会难以适应，从而使抵抗力下降，容易引发各种呼吸系统疾病及冬春季传染病。

"秋冻"就是说在秋季时，气候凉爽，给宝宝加衣服不要太早也不要过多。秋季的凉爽有助于锻炼宝宝的耐寒能力，经过一定时间的锻炼后，能促进宝宝身体的物质代谢，增加产热，提高对低温的适应力。同样，当季节转换，暑热还没完全消退的时候也不能太早给宝宝加太多的衣服。

当然，"春捂秋冻"也要根据气温的变化，及时给宝宝增减衣服。人体体温要保持在37℃左右，一方面得靠自身调节，另一方面则需要靠增减衣服来协助，如果是春末和深秋，就不能让宝宝捂得太多或穿得太过单薄。很多新妈咪总觉得宝宝小，身体娇嫩，受寒防冻的能力差，怕宝宝冻着。其实，在一定范围内少穿比多穿好，可以增加宝宝的耐寒能力。

第321天 夏季养育宝宝注意什么

夏天虽然有利于宝宝的生长发育，但另一方面，夏季的温度过高，给娇嫩的小宝宝带来了很大的威胁。

天气炎热时，新妈咪不要给宝宝穿过多的衣服，否则会导致宝宝散热不良，引起体温升高或胸背部出现痱子。只要给宝宝穿薄薄的单衣裤就行了，也不必穿袜子。但也不能全裸，以防宝宝稚嫩的皮肤受损伤。

夏天，宝宝的食欲相对较低，新妈咪要注意，除了宝宝的辅食要清淡以外，辅食的种类也要经常变换，尽量让宝宝多吃一点，保证宝宝有足够的营养。同时，细菌在夏天繁殖速度快，所以辅食做好后应该马上给宝宝食用，避免因放置太久而无法食用。

由于出汗频繁，宝宝身体的水分损失大大增加，严重时宝宝会出现烦躁不安、大便干燥等情况。一方面，新妈咪要保持室内凉爽，减少出汗。另一方面，新妈咪要增加宝宝水分的摄入，即除了给宝宝喂母乳添加辅食外，还要每天让宝宝喝3~4杯白开水。

虽然夏天温度高，光线强烈，但是新妈咪还是要坚持让宝宝每天都晒晒太阳。晒太阳的时间可以安排在早上和晚上，每次为半小时左右。

第322天 宝宝不宜多喝饮料

不少新爸爸妈妈认为，市场出售的饮料味道甜美，饮用方便，又富含营养，就把它作为宝宝的水分来源，甚至作为牛奶替代品食用。这不仅会造成宝宝食欲减退、厌恶牛奶和正常饮食，还会使糖分摄入过多而产生虚胖，而且饮料中所含有的人工色素和香精，也不利于宝宝的生长发育。宝宝每天需要一定量的水分，尤其在炎热的天气，出汗较多，水和维生素C、B族维生素丢失较多，可以用适量的牛奶、豆浆和天然果汁补充。果汁又以西红柿和西瓜汁为好，能清热解暑。饮用时将熟透的新鲜西瓜切成小块，剔除瓜子后，放入洁净纱布中挤汁。做西红柿汁则需先将西红柿洗净，放入开水中烫泡一下，取出剥去皮，切成块状，然后放纱布中挤汁，喂时可加少量白糖调味。夏季宝宝以喝白开水为宜，饮法可少量多次。

宝宝更不宜喝成人饮料：

1.兴奋剂饮料：如咖啡、可乐等，其中含有咖啡碱，对小儿的中枢神经系统有兴奋作用，影响脑的发育。

2.酒精饮料：酒精刺激小儿胃黏膜、肠黏膜，可造成损伤，影响正常的消化过程。酒精对肝细胞有损害，严重时可使转氨酶增高。

3.茶水：虽然含有维生素、微量元素等对人体有益的物质，但小儿对茶碱较为敏感，可使小儿兴奋、心跳加快、尿多、睡眠不安等。茶叶中所含鞣质与食物中蛋白质结合，影响消化和吸收。饮茶后铁元素的吸收会下降至原来的1/3~1/2可致贫血。

4.汽水：内含小苏打，中和胃酸，不利于消化。胃酸减少，易患胃肠道感染。含磷酸盐，影响铁的吸收，亦可成为贫血的原因之一。

第323天　把握宝宝生长的最佳时期

这个月也是宝宝的最佳生长期，为了满足宝宝在这一时期对多种营养素需求量大大增加的特点，父母应该对宝宝进行科学合理的进补，以确保宝宝的营养供给。

提供必需量的脂肪。脂肪既可以滋润整个身体，使人面色光润，又能在代谢过程中转化成热量，供给宝宝活动中使用，还能经代谢转化为脑的结构物质，扩大脑容量。由于身体不能自行合成，所以应注意从食物中摄取，春天，给宝宝做菜时尽量采用植物油，并多吃一些富含植物性脂肪的饮食，如核桃粥、黑芝麻粥、花生粥、鱼头汤、鲜贝汤、烧鹌鹑或野兔肉等。不可以多吃油炸食物的方法增加植物油的摄取。

多参加体育锻炼。运动也能促进生长激素的分泌，使宝宝的各方面功能发育得更好。经常让宝宝参加适宜长高和健脑的体育锻炼（如跳绳、踢毽、各种球类活动等），能促使全身血液循环，保障骨骼肌肉和脑细胞得到充足的营养，促使骨骼变粗、骨质密度增厚、抗压抗折能力加强，同时提高对疾病的抵抗力。

保证充足的睡眠。宝宝入睡后，不仅能够消除疲劳，而且生长激素旺盛分泌有利于宝宝的长高。所以说睡眠也是使宝宝长高的"营养素"，父母要让宝宝养成规律的生活习惯，保证充足的睡眠。

心理要卫生。宝宝开始懂事了，自我意识也开始发展了，心理卫生的问题也就更复杂，更多了。精神、情绪等因素可影响人的身高。温暖、和睦、文明、安静的家庭环境能使宝宝健康成长；反之，不良的精神刺激，过重的心理负担，会阻碍儿童的生长发育。例如断奶要有计划，慢慢来，不要搞"突然袭击"；训练大小便要耐心细致，不能吓唬宝宝等。

第324天　春天谨防小儿过敏

春天是百花盛开的季节，各种花的花粉会在空气中形成一种飘拂物，一些过敏性体质的小儿吸入后就会引起皮肤过敏。通常表现为身上、脸上出现了大片红斑疙瘩，眼睑浮肿，皮肤奇痒，连头皮都发痒。春天阳光中的紫外线增强，容易诱发日光性皮炎，表现为脱屑、瘙痒、干疼等症状，也有的表现为红癍、丘疹和鳞屑等。有些父母喜欢带小儿踏青春游，同时采集鲜嫩的野菜吃，而有的野菜可诱发或加重宝宝日光性皮炎。风沙虽然不会引起过敏，但会刺激皮肤，出现不适症状。

防治对策：防治小儿皮肤过敏的最好办法就是减少接触，外出时尽量作好防护。易过敏的小儿在春季应少晒太阳，少到公园等花粉、柳絮较多的地方去。以往有过日光性皮炎、季节性皮炎的人，要注意尽量避免阳光的直接照射，不要使用碱性的化妆品和香皂。过敏体质的人尽量少去赏花，外出时要戴上口罩、眼镜等，尽量减少裸露部位，也可提前服一些防过敏的药物。要加强锻炼，适度的运动可以活化免疫细胞，调节机体免疫功能。如果发生过敏性皮炎，最好到正规医院治疗。

第 325 天　退热药该怎么应用

退热药物是宝宝最常用的药物之一，新妈咪要对这类药物有基本的认识，避免不合理用药。

有些疾病，特别是一些急性传染病，有发热、头痛等症状，单纯服用解热药会因暂时退热掩盖了疾病的特征，造成诊断、治疗的错误，不能滥用。

解热药的退热作用主要是通过增加机体散热而实现的，如果解热药用量过大，或两次吃药的时间间隔太近，都会使宝宝发汗过多，极度衰弱，体温骤然降低，易发生虚脱。因此，宝宝和体弱儿用药量不宜太大。

有些患有慢性病的宝宝经常发低烧，家长没有找医生彻底检查治疗，而是自作主张给宝宝服退烧药，这是很危险的。因为有些退热药能引起白细胞减少、血小板减少、胃出血、过敏性休克、肾脏损伤、尿毒症等严重后果，如：服用水杨酸类药物后，有少数宝宝会出现皮疹、哮喘、血管神经性水肿或黏膜充血等过敏反应；有的宝宝服药后出现上腹不适、恶心，甚至发生不易察觉的胃出血。一些药物，如长期大量应用，可致眩晕、发绀、呼吸困难等中毒症状，还可导致肾脏损伤。

一般认为，发热是机体对疾病的一种保护性反应，一定程度上的发热可以增加和抗病有关的一些酶的活性，加快血液循环，有利于疾病的尽快康复。但是如果温度过高，则会消耗大量的体液、电解质，严重的时候还会影响重要脏器，如脑、心脏、肾脏的功能。因此，低热时，主张采用物理降温法，体温达到38.5℃以上时，可在医生的指导下选择一些退热药物。

第326天　如何区别宝宝肺炎与感冒

肺炎是儿童时期的一种常见病，多见于宝宝，是目前引起5岁以下小儿死亡的首要原因。

宝宝肺炎多由细菌（如肺炎双球菌、金黄色葡萄球菌、大肠杆菌）、病毒（如呼吸道合胞病毒、流感病毒、腺病毒）、支原体等病原微生物引起。与一般肺炎不同，宝宝肺炎有时候病情不典型，易与感冒混淆。

重度以上肺炎易与感冒区别，但轻度肺炎区别就较为困难。家长必须从以下几方面悉心加以比较。

1.体温高低：小儿肺炎大多会发烧，而且一般都在38℃以上，并持续2天以上不退，即使使用退烧药也只能暂时退一会儿。若是一般感冒，虽也发烧，但以38℃以下为多，持续时间也较短暂，使用退烧药效果明显。

2.咳嗽及呼吸：小儿肺炎大多有咳嗽或喘憋，且程度较重，常有呼吸困难。而感冒引起的咳嗽一般较轻，不会引起呼吸困难。

3.精神状态：感冒病儿一般精神状态无甚改变，照常玩耍不误；肺炎患儿大多精神状态不佳，常有烦躁、哭闹不安或者昏睡、抽风等症状。

4.饮食：感冒病儿饮食较正常，或仅为进食（奶）量稍减。但一旦罹患肺炎，食欲明显下降，不吃东西，不吃奶，或者一喂奶就因憋气而哭闹。

5.睡眠：感冒一般不影响睡眠；但肺炎临身后，往往睡不熟、易醒、爱哭闹，尤其在夜间有呼吸困难加重的趋势。

第327天　利用玩具教宝宝认识事物

宝宝一般比较喜欢各种色彩鲜艳、能发出响声、形象生动逼真的玩具，如各种形象的小动物、娃娃、各种交通工具、日常生活用品等。通过这些玩具，可训练宝宝多看、多听，认识周围事物，学习用语言与大人交流，有利于宝宝智力的开发。

大人要利用各种形象玩具，让宝宝认识事物，如让宝宝玩小动物玩具时，可以告诉他小动物的名称，逗引宝宝模仿小动物的叫声，如"汪汪,"喵喵"。玩玩具娃娃时，可教宝宝认识五官的名称，如认识娃娃的眼睛、鼻子、嘴巴、耳朵等。可先让他指出娃娃的五官，慢慢地他就会明白自己的五官在哪儿，可教他直接指自己的眼睛、嘴巴、耳朵等。还可教宝宝给玩具娃娃喂饭、穿脱衣服，培养宝宝的生活自理能力。大人要尽可能地对这些动作进行讲解，使宝宝在逐渐认识的过程中学会用语言加以表达，同时可培养宝宝的生活自理能力。玩各种交通工具玩具时，可告诉他这些交通工具的名称、用途、特征及发动的声音。还可以把这些形象生动的玩具藏在容易找到的地方让宝宝来寻找，也可以把这些玩具用布蒙起来，只露出一部分，让宝宝猜猜这是什么。

形象玩具应选用容易清洗、对人体无毒的软硬塑料、橡胶或布等材料制作，并要定期清洗消毒。

朗读是新妈咪给宝宝的最珍贵的礼物，把它变为每日常规。在午睡或就寝前给宝宝念几个他可以理解的故事，既可以放松心情，还可密切感情，并能展示奇妙的语言世界。

第328天　午后小睡更健康

高兴地玩了一个上午后，宝宝的身心都处于疲劳状态，这时候宝宝需要适当午睡。午睡，作为夜间睡眠的补充形式，对宝宝的生长发育有很大的益处。

首先，午睡可以改善宝宝的饮食，增强抵抗力。良好的午睡可以促进消化，改善食欲。除此之外，午睡时宝宝体内胞壁酸的分泌量会增多。胞壁酸被科学界称为睡眠因子，不但能催眠，而且能增强人体的免疫功能。

其次，午睡可以改善疲劳，有利于宝宝的脑部发育。宝宝大脑发育尚未成熟，半天的活动会让宝宝的精力和体力有所减退，而午睡能使宝宝得到最大限度的放松，使其脑部的缺血缺氧状态得到改善。睡完午觉后，宝宝精神振奋，反应也会更灵敏。

另外，宝宝午睡还能解放新妈咪，提高新妈咪的育儿质量。在宝宝午睡的时间里，新妈咪有更多的时间去处理自己的事情或休息。

最后，午睡让宝宝长得更快。宝宝在睡眠过程中会分泌生长激素，促进自身骨骼、肌肉、结缔组织和内脏的生长发育。

但是，新妈咪要注意，在午饭后30分钟内的时间里，不适合让宝宝立刻午睡。

第329天 小手搀大手，宝宝站起来

宝宝从仰躺到翻身，再到爬行，再变为站立，最后学会行走。这是一个循序渐进的漫长的过程。第九、第十个月的宝宝通过频繁的爬行锻炼了自己身体的平衡力和下肢的力量，聪明的宝宝渴望能够站立起来以更好的拉着妈妈的大手，而妈咪的扶站也是宝宝独自站立的必要前提。

小手抓大手，大手牵小手，小宝宝慢慢学会自己站起来。

妈咪在帮助小宝宝学会独自站立的过程中，要讲究方法和控制好节奏。

一开始，宝宝在妈咪的双手牵引下歪歪扭扭的迈开小步子，一段时间后，尝试着让小宝贝从座椅上牵着妈咪的一只手站立起来，到宝宝慢慢习惯后，在妈咪的看护下让宝宝学会自己倚着座椅站立起来，妈咪通过玩具、声响转移宝宝的注意力，不断延长宝宝独自站立的时间，循序渐进，不断进步，让宝宝自己站立起来。

当然，在学习独自站立的过程中，妈咪要注意松弛有度，让宝宝适度的休息，不能长期令宝宝的下肢处于紧压状态，以免疲劳。

第330天 让宝宝学会自己玩

让宝宝学会自己玩，既可以让新妈咪有一点空余时间去干自己的事，也可锻炼宝宝的专注能力，学会独立地思考问题和解决问题。

新妈咪可在房间的某个地方专门为宝宝摆一张小椅子和一张小桌子，在桌子上摆放一些宝宝喜欢的玩具，如各种积木、玩具娃娃、卡片以及瓶子盒

子等，新妈咪在忙家务或其他事情时就可让宝宝单独玩一会玩具。

开始时应事先告诉宝宝："妈咪要洗宝宝的衣服，你一个人坐在这儿玩玩具。"然后新妈咪干自己的活，但不要让宝宝离开自己的视线，以免发生危险，必要时和他说几句鼓励和表扬之类的话。也可放放音乐，以鼓励宝宝独自玩耍。

一般宝宝很喜欢有自由活动的时间和空间，他会自己搭积木、看卡片，同娃娃说话，喂他吃饭，哄他睡觉，或者打开盖上瓶盖，往瓶子里装东西等。渐渐地，新妈咪可以暂时离开宝宝的视线，但要让宝宝听到新妈咪做事的声音或者让宝宝知道新妈咪就在附近，让宝宝有一种安全感，但要注意大人离开宝宝的时间要慢慢延长。如果宝宝自己玩的时间长了要提醒他上厕所，一般宝宝自己玩的时间可由5分钟渐渐延长到半小时。

第331天 帮助宝宝认识奇妙的语言世界

谈话要简单而经常进行。使用简单字词来说明每件事。出去散步时教他认树、花、小鸟，并继续告诉他所有屋子里的物品的名字、壁橱里的玩具，还要经常叫宝宝的名字以使他真正意识到自己的存在。

认真倾听。耐心地听宝宝讲那些难以理解的话，然后给予同等的有礼貌的回应。尽力找出真正的词，回答他，就向真的听懂了一样。

引入概念。指向物体，然后描述它们是大还是小；是空还是满；在上或在下。只要可能，就用物品或动作来说明概念。

命名颜色。当你教物品的名字时，也要区分它的颜色。

教数字。当谈到物品时，要说明到底有多少（你今天穿了两只蓝色袜子），或唱数字儿歌。

给宝宝机会回答。不能说"我觉得你想吃点东西吧？"要问"你想吃饼干还是吃奶酪？"这样宝宝就能用语言或姿势表达了；重复他的回答"你选的饼干，给你"。

第332天　宝宝，你是怎么长大的

真不敢相信，宝宝已经历了差不多一年的生活。每个阶段都有一次飞跃，带给妈咪无尽的快乐。昨天他还躺在妈咪的臂弯里，今天他已能摇摇晃晃地走了，会跑也不是问题。

宝宝的成长过程，会让妈咪清楚地了解不断的生长变化。每月记录他的身高体重，妈咪就会为小宝宝的强壮和健康安心了。

第十一个月时，通常宝宝的生长会减慢。如果他出生时大于平均身高，那么现在就可能接近遗传的身高了。妈咪和爸爸若偏矮，宝宝的身高也会偏矮。

多数医生关心宝宝的整体健康胜过关心曲线图。如果宝宝的吃、睡和发育都正常，图表上的数字没多大意义。

因为宝宝现在更具活动性，最好带他到户外运动。

自行车：保证宝宝坐在车上要安全。放在后座上的小椅子要有保护装置，靠背要高些支撑头部，必须戴儿童头盔。

宝宝车：保证宝宝在车内的安全。椅子和双腿处要有安全带。车子应有制动装置以防止翻倒。要买底部宽大、吊篮位低的车子才不易倾斜。

购物：当宝宝坐在购物车里时，也要同样注意使用安全带，或用专门为购物设计的儿童车。

第333天　冲调宝宝奶粉的用水学问

以下五种水不能用来冲调宝宝奶粉：

1.再度煮沸的水。重复煮开或反复煮开的水，其硝酸盐及亚硝酸盐的含量较高，这是水分蒸发浓缩所致。

2.放置时间很长（超过12小时）的保温瓶（壶）中的水，或滚水壶剩下的水。容易被细菌污染，且硝酸盐向亚硝酸盐转化增加。

3.家用硬水软化器处理过的水。该种设备去除水中钙、镁等离子的原理多是用盐（钠）来置换，以至于水中钠（盐）过多，不利于宝宝的肾脏发育。

4.家用滤水器过滤出来的水。因为不能及时清洗及检测，滤水器很可能藏有大量细菌，致使水被污染。

5.矿泉水或矿物质水。不论是天然存在的钠或其他矿物质（矿泉水），还是认为添加的钠或其他矿物质（矿物质水），都可能会不利于宝宝稚嫩的肾脏，加重其排泄负担。

冲奶粉给宝宝吃，用什么样的水冲调，水温该控制在多少度，一次冲多少毫升等都是有讲究的，不能掉以轻心。有些妈妈却做得很随意，既浪费奶粉又影响了宝宝进食，应该及时改正。

正确冲奶粉的步骤：

1.先将温开水倒进奶瓶（可以用手背试一下水温），时间长了一摸奶瓶就知道大概的水温了；

2.倒入一定比例的温开水后，再放奶粉，一般比例是1勺奶粉放30毫升水；

3.最后摇匀，就可以给宝宝喝了。

第334天 宝宝会"要价"了

宝宝快到一岁了，成长会给父母带来很多快乐，可是带宝宝也开始累人了，一不顺他的意，就尖叫、大喊、狂吼，而且声如洪钟！最关键的一点就是，宝宝不再像以前那样简单了，他也会"要价"了。

宝宝不满意时，会大哭大闹，甚至会僵直身体打挺。

宝宝躺够了，会发出"吭哧，吭哧"的声音，表示自己已经不愿意保持这种单一的生活方式；如果大人没有意会这种抗议，不理会他，宝宝会用哭声来强化这种不满；再不理，会哭得更厉害，最后几乎是歇斯底里喊叫着哭了。

吃饱喝足后，妈妈还非要给人家吃东西，宝宝也会很不高兴。他会僵直身体向后仰，或者会用小手推开奶瓶或妈妈的乳头，也会把塞到嘴里的奶嘴或乳头很快地吐出来，把头转到一边去。

宝宝不爱吃辅食，会用小手把勺里的饭打掉，甚至会把端到他眼前的饭碗打翻。不爱喝白开水或别的饮品时，宝宝会嘟嘟地吹泡玩，一点也不见水下去，他根本就没有吸也没有咽。玩这样的小把戏就是在抗议了。

镜子前的宝宝，没有了以前的不知所措，他会啪啪地拍着镜子，乐不可支。不满的时候，会用抓人的脸和鼻子的方式来发泄，用力抓的时候，你会觉得很疼，甚至会在脸上留下红色印记。

宝宝宣泄自己的不满，要价，其实是孩子自我意识觉醒的表现。他的哭闹多是向大家证明自己的存在，希望引起大家的关注。父母要多关注宝宝的这种心理需求，在宝宝苦恼的时候，应给予他关心和呵护。拥抱和体贴是应对宝宝要价的最好手段。

第335天　让宝宝从小学会爱

要让宝宝学会什么是爱,我们只需要在日常生活中向聪明的宝宝展现什么是爱即可。宝宝从在妈妈肚子里开始就成长在一个充满爱的家庭,家人之间充满爱意、互相关心、互相体谅;出生以后,大人经常对宝宝温柔地呵护。这样一来,宝宝就能通过"类型认识"很容易地感受到家人的爱,并对它进行吸收。当然,宝宝这时候还不明白这就是"爱"。可是当宝宝长大后知道"爱"这个字时,他就明白什么叫做爱,并通过自己切身的感受去深深理解它。这时候,他对爱的理解便不再停留在对字面的抽象理解上,爱人便成为一种自然而然的能力。

但是,如果宝宝在这个时期没有接受到这种关于爱的类型教育,即使他以后长大了也很难真正理解"爱",而且即使他心里明白也不会有爱的行为,因为他没有学到爱的行为。

每对父母对自己的宝宝会成为什么样的人都有一个期望。可是,要让这个期望变为现实,仅仅用语言告诉他是不够的。那我们应该怎么办?不要紧张,别忘了,宝宝具有"特殊能力"!

人的能力、个性和爱好不是与生俱来的,而是因为他们从在妈妈肚子里就开始感受到的类型教育不同而有所不同。如果是一个充满爱心的家庭,父母之间相互体谅、尊重老人,那么即使不用语言去教,宝宝也能自然而然地学会父母的行为方式和说话方式。等宝宝长大以后,父母的行为方式就会再现在宝宝身上,使宝宝也成为一个温柔体贴的人。反之,如果是一个充满暴力的家庭,你能想象会发生什么吗?!

因此,要想宝宝成为怎样的人,自己先成为那样的人吧!

第十二个月

教宝贝走"正"第一步

第336天 依恋：宝宝心理发育的"营养剂"

亲子依恋是宝宝寻求在躯体上和心理上，与抚养人保持亲密联系的一种倾向，常表现为微笑、啼哭、咿咿呀呀、依偎、追随等。良好的亲子依恋是一种积极的、充满深情的感情联系。宝宝所依恋的人出现会使他们有安全感，有了这种安全感，宝宝就能在陌生的环境中克服焦虑或恐惧，从而去探索周围的新鲜事物，并尝试与陌生人接近，这样就可使宝宝视野扩大，认知能力得到快速发展。母爱与感情依恋是宝宝心理发育的"营养剂"，各种教育环境刺激是心智潜能的"开发剂"。

亲子依恋可分为三种不同的类型。

安全型：这类儿童跟新妈咪在一起时，能在陌生的环境中进行积极的探索和玩耍，对陌生人的反应也比较积极；当新妈咪离开时，表现出明显的苦恼和不安；当新妈咪回来时，立即寻求与新妈咪的亲密接触，继而能平静地离开，只要新妈咪在视野内，就能安心地游戏。

回避型：这类儿童对新妈咪在场或不在场感不大，新妈咪离开时，并无忧虑表现；新妈咪回来了，往往不予理睬，虽然有时也会欢迎，但是短暂。这种儿童实际上并未形成对新妈咪的依恋。

反抗型：这类儿童当新妈咪要离开时表现出惊恐不安，大哭大叫；一见到新妈咪回来就寻求与新妈咪的接触，但当新妈咪去迎接他，如抱起时，却又挣扎反抗着要离开，还有点发怒的样子，宝宝对新妈咪的态度是矛盾的。他们即使在新妈咪身旁，也不感到安全，不能放心大胆地去玩耍。

新妈咪与宝宝交往的态度和行为以及宝宝本身的气质特点，是影响宝宝形成不同依恋类型的两个主要因素。那种负责任的、充满爱心的新妈咪，其宝宝常为安全型依恋；反之，则可能是反抗型或回避型依恋。从0.5~1.5岁，是形成亲子依恋关系的关键期。新妈咪是否能够敏锐而适当地对宝宝的行为作出反应，积极地跟宝宝接触，正确认识小宝宝的能力及软弱等等，都直接影响着母子依恋的形成。

第337天 妈咪要坚持和宝宝说话

说话得不到对方的反应？对有的父母来说，对宝宝说话是世界上最天经地义的事情。他们会漫无边际地说着邻居头上戴着的帽子和冰淇淋货车上播放着的歌曲。而对于有的父母而言，对不会应答、甚至看也不看你一眼的人说话如对牛谈琴，是件很荒唐的事。如果你自己不是一个很善于言谈的人，那就不必整天讲述着你的每一个动作和行为。你可把自己和宝宝正在做的事情作为重点，然后大声地予以描述："我已给你准备好了洗澡水。""我现在要去给你准备晚餐。""我们得去商店了。"

说说你将要做的事情，然后再去干，这有助于宝宝将词汇和动作行为相联系。只是听你的声音就有助于宝宝自己说出词语。随着一天天的过去，你或许会觉得自己的谈话变得越来越容易。这种渐进的结果是令人吃惊的。有研究表明运用对宝宝说话的方法所取得的进步要大大超过让宝宝掌握大量的词汇和使其成为自信的说话者的方法。它会使宝宝的智商等方方面面取得很大的进步。

第338天 让宝宝快乐的执行指令

宝宝到一岁就要自己学会走了，同时也到了自我解放和建立自信的关键阶段，就像一场独立运动拉开了序幕。宝宝对世界的好奇是他进步的动力，喜欢东奔西走是他前进的基础，不愿安静的坐下来是他能量的挥发，不再"唯命是从"是他发展的结果。

这时他们虽然基本上还只是在家庭范围内生活，但随着行走动作和手的随意动作的发展，他们的生活范围与宝宝期比较起来是大大地扩大了，所受外界的影响也大大增加了。大人常常要求他们从事一些基本的生活劳动，像自己吃饭，自己穿衣等等。

不过这时幼儿的心理发展水平还很低，还不足以使他们能随心所欲地活动，完成一件事。虽说他们的基本动作已初步发展，但是动作还不自如，也不精确，他们的言语活动虽已萌芽，但言语的调节机能和交际功能都很差，因此，这种要求独立性、要求自己来做的心理与他们自身能力之间还存在差距。

这个时期，大人应该在日常生活中尽可能满足幼儿"自己来"的愿望，并及时给他鼓励和帮助。凡是宝宝自己经过努力能够做到的事，就让他自己尝试尝试；凡是宝宝能够配合家长完成的活动，就请他帮忙，让宝宝快乐的执行家长的指令。

第339天　宝宝的第二层"皮肤"

衣服就像宝宝的第二层"皮肤"，特别是在换季的时候，气温变化很大，对于自身调节能力尚处于发育阶段的宝宝来说，合适的衣服会使他们更舒适更惬意。

通常宝宝穿着只要比成人多一件就行，大些的宝宝可以和成人一样多，甚至还可以有意让宝宝略微少穿一点，以锻炼御寒能力。

另外，一年四季中，夏天、冬天是最难穿衣的季节。夏天天气闷热，宝宝容易流汗、身体湿热，在衣服的选择上，以短内衣、棉布肚衣、棉布裤子最适合。棉质衣物柔软且透气，不仅方便清洗，且可吸收身体的汗水，非常适合宝宝。而冬季，由于宝宝四肢暴露在外时间较多，加上四肢较其他部位温度低，穿衣原则为：薄衣多穿几件。通常小宝宝躯干部分温热，可是四肢却冷冰冰的，温度有时相差3~5℃左右。改善方法：不要让宝宝穿太厚的衣服，而是薄薄的衣服多穿几件，这样衣服与衣服之间会形成隔绝冷空气层达到保暖作用。

经常看到有些宝宝穿得太多，活像个小绒球；或者是穿着的衣服虽很漂亮，但不太适合运动，这些都会使行动尚不灵敏的宝宝活动起来十分不便，在客观上会减少宝宝锻炼的机会。相反，如果穿着适宜，宝宝活动自如，运动量也会增加，这样更有利于提高他们机体的抗病能力，增强体质。

第340天 建立小家伙的学习秩序

一个有序的环境对宝宝是相当重要的，它可以帮助宝宝认识事物、熟悉环境。一旦所熟悉的环境消失，宝宝就会无所适从，甚至会因为无法适应新环境而哭泣或发脾气。因此，意大利著名教育学家蒙台梭利认为"对秩序的要求"是幼儿一种天生的敏感。

宝宝对地点和环境的记忆超出我们的想象，这也跟宝宝的秩序有关。如果我们第一次在一个地方教宝宝什么东西，他感到有兴趣，以后到了那个地方，他会期待或者要求上次的经过重演。

作为父母，一方面要了解、尊重幼儿自然的秩序感，一方面要帮助他确立秩序感的意识。比如应该在什么地方画画，什么地方踢球，什么时候唱歌等等。宝宝一旦接受这些安排，他会自动进行学习活动，我们要做的就是带宝宝到合适的环境中。当宝宝得到一种新的玩具或学习用品时，你第一次交给他做什么事情，就会成为他日后最喜欢重复的活动。因此，适当控制添加玩具（学习用品）的频率和种类，就可以引导宝宝学习不同的内容。比如：

皮球——推球；小铲——挖沙子；画册——讲故事等。

宝宝需要一个有秩序的环境来帮助他认识事物、熟悉环境。家长要做的，就是考虑环境的内容以及宝宝发展的需要，制订一个合理的学习和训练计划，而且这个计划要做到简便。

第341天　宝宝学习规矩

当宝宝渐渐长大，"小可爱"似乎变成了"小麻烦"：一不满足就号啕大哭，爱咬人、打人，吃饭要追着喂，坐在电视机前不肯关电视……父母的愿望与宝宝实际学到的规矩有时候相差很远。

当宝宝逐渐明理，开始可以听懂"对"与"不对"，"应该"与"不应该"的时候，就应该让宝宝学会一些规矩，开始培养良好的生活习惯。这对今后的生活学习都是很有必要的。

通常，单靠语言是不能被宝宝所理解的。父母还需要用面部表情、语调来教导宝宝。如果我们想告诉宝宝"不要碰燃气灶"，一个是语调平淡，一个是语调坚决，而且面部带有严厉的表情，那么后者的威力肯定远远大于前者。

如果宝宝伸手拿小狗的食物，有的时候遭到批评，有的时候却无人问津，那么就会使他迷惑不解。这个动作是能做还是不能做呢？然后他会继续尝试这样做，验证它的对错。因此，如果父母想让宝宝知道这个道理，就需要反反复复地告诉他，前后一致地要求他，那么最后宝宝才能学会并懂得这个道理。

帮助宝宝养成良好的行为习惯，不是一朝一夕的事，父母首先要有信心，只要坚持就一定能够做到。其次要有耐心，宝宝的理解能力、表达能力有限，父母要有足够的耐心，多次重复某个动作，久而久之就形成习惯了。

第 342 天　小宝宝生病有信号

刚做妈妈，对照顾宝宝经验不足，有些新妈咪总是后悔：我为什么没早发现宝宝生病呢？其实，照顾宝宝是所有妈妈要面临的全新课程，学习还是有窍门的，不妨来看看！

宝宝是否有活力，是否像往常一样吃得香睡得着，这些都是判断身体状况、是否需要上医院看病的标准。

健康的宝宝往往精神头很足。如果宝宝突然变得烦躁不安、面色发红，多为发热征象；目光呆滞、两手握拳，常是惊厥预兆；两腿屈曲、翻滚则是腹痛的表现。但如果哭声无力或一声不哭，则说明病情严重了。

如果宝宝平时吃奶、吃饭很好，突然间拒奶或无力吸吮，或进食减少，则可能存在感染的情况；如果宝宝有腹胀，口腔气味酸臭，则提示宝宝消化不良。

宝宝如睡前烦躁不安，睡眠中踢被，或睡醒后颜面发红，则常是发热的反映；睡觉前后不断做咀嚼动作或磨牙，则可能是睡前过于兴奋或有蛔虫感染等。

若宝宝呼吸变粗、频率增加，面部发红则可能是发热；呼吸急促，鼻翼翕动，口唇周围青紫，呼吸时肋间肌肉下陷或胸骨上凹陷，很可能是患了肺炎。小儿经常口唇紫绀、面色灰青，要提防心肌炎或先天性心脏病。

宝宝抵抗力差，各器官功能发育不够完善，容易患病，而且症状常不典型，易被忽略。因此，在日常护理时，年轻的父母要随时观察宝宝是否生了病，以便及时采取措施。

第343天 秋季腹泻是怎么回事

秋天到了，宝宝们又要面临秋季腹泻的困扰。腹泻是一种常见疾病，这个季节正是小宝宝，尤其是6个月龄至2岁的宝宝腹泻发生率极高的时期。

通常，患病小宝宝的大便为每日3到5次不等，外观水样或蛋花汤样，混有奶瓣或未消化的食物残渣，多为淡黄色，也可为白色或绿色，无腥臭味，常有黏液，一般无脓血。患儿常同时伴有流鼻涕、咳嗽等感冒症状，体温多数在38～40℃，部分患儿可发生呕吐。

患了秋季腹泻的宝宝，不要过分限制饮食，母乳喂养小儿照吃不误，牛乳喂养则可加少量米汤适当冲淡。辅食可在原来基础上注意清淡、细软、少渣。过分地限制饮食，会减少小儿营养的摄入，不利于疾病的康复，而且往往在治疗结束增加食物后，腹泻又复发。不要滥用抗生素。秋季腹泻系病毒感染所致，抗生素对此无效，相反可能产生副作用，延长腹泻时间。中药汤剂效果较好。秋季腹泻是一种自限性疾病。调理适宜，一般3到14天即能痊愈。

预防和及早诊治脱水是护理秋季腹泻患儿非常重要的措施，由于腹泻或同时伴有呕吐，身体内的水分和无机盐大量丢失，会发生脱水和酸中毒，发展严重会危及生命。如果轻度脱水，注意保证患儿有足够水分，应按医生嘱咐饮用口服补液盐，也可喂新鲜果汁、淡茶水、淡糖盐水。如有呕吐，可少量多次给予，但如脱水情况严重，应及时去医院诊治。

第344天　从玩具看宝宝的性格

喜爱玩具是宝宝的天性。但父母们常常发现，自家小孩所玩的玩具与其他宝宝总有一些不同的地方。是什么原因造成的呢？实际上，宝宝偏爱哪类玩具、怎样玩耍，都能反映出宝宝的心理状态，与宝宝的性格发展有一定的关系，不同个性的宝宝选择不同的玩具。

喜欢怀抱绒毛类玩具的宝宝，有可能是一些感情丰富、细腻、温情的人。绒毛玩具常常是各种可爱的小动物，既可当做玩具，也可以视为伙伴；可以哄着它玩，也可以用它来发泄情绪，能满足宝宝不同时刻的感情需要。另外，绒毛玩具特有的柔软质地，对性格孤独、胆怯，渴望关怀的宝宝有安慰、稳定情绪的作用。

喜欢拼装玩具的宝宝，通常好奇心强，容易被吸引，注意力保持较久，做事比较有耐性。拼装玩具需要宝宝脑、手、眼配合，锻炼其动手能力和协调能力。塑料拼装玩具的色彩漂亮、反复拆装且较安全，是幼儿的必选玩具。

喜欢运动性玩具，比如说：球、车、枪、剑、棍、棒等物。这些宝宝从小好动，通常精力充沛、胆量较大，对内心的情绪不加掩饰，动作就是他们的"言语"。这样的宝宝喜欢简单的玩具，他的快乐源于活动本身，玩具在其中只是一个"饰物"。

还有的宝宝喜欢电动玩具，一按电钮开关，玩具就可以让他们开心一刻，但这类玩具的缺憾是只能看到"表面热闹"，无法探知其内部秘密。也有的家长因为电动玩具价钱昂贵且易损坏，就只让宝宝看着家长操作，而不让他亲手触摸。这样做的结果是只搏得宝宝一乐，他对玩具的兴趣不会维持太久，更不要说培养探索精神了。

第345天 敲敲打打有名堂

年轻的父母会发现，宝宝快1岁时，大多数都喜欢拿东西当鼓敲。对此家长们大可放心，这对宝宝的发育是有益的。

大部分宝宝到了一定时候都喜欢敲敲打打，不管什么东西拿到手，都会试着去敲一敲，打一打。家长们应该理解宝宝，因为这是他们在成长过程中的一种探索行为。12个月左右的宝宝，想要了解各种各样的物体、物体与物体之间的相互关系以及他的动作所能产生的结果，他的方式就是敲打不同的物体。宝宝知道这样做，会产生不同的声响，而且用力强弱不同，产生音响的效果也不同。比如，用木块敲打桌子，会发出啪啪的声音；敲打铁锅则发出当当声；两手各拿一块木块对着敲，声音似乎更为奇妙。宝宝很快就学会选择敲打物，学会控制敲打的力量，随即发展了他自身动作的协调性。

为了满足宝宝"敲打"的欲望，有的家长专门为宝宝买了电动玩具，没想到宝宝拿起来就往桌上敲，结果几下就敲打坏了。其实，家长不必给这个月龄的宝宝购买高档的玩具，只需找一些带把的勺子、玩具锤子、玩具小铁锅、纸盒之类的东西就足够了。

另外，年轻的妈妈还可以将喝剩下的不同大小不同形状的易拉罐、饮料瓶收集起来当成小鼓，也可以用金属制的小盆当鼓，用筷子当鼓槌。妈妈敲几下"小鼓"，然后让宝宝模仿，或者反过来，宝宝敲几下"小鼓"，妈妈再模仿。这样可以培养宝宝的音乐节奏感。

第 346 天　让宝宝光脚玩玩吧

天气一热,许多小孩喜欢光着脚走来走去,可以说这是宝宝的天性。有的父母会立即出来阻止,怕宝宝的脚受凉。其实,在干净、舒适、安全的环境里,经常让宝宝光脚行走,还是有不少好处的。

赤足走路增进健康的奥秘,在于让幼儿稚嫩的足底皮肤,经常直接接受地面摩擦的刺激,从而增强足底肌肉和韧带的力量,促进足弓的形成,避免出现平足,有利于缓冲走跳时引起的震荡。

赤着双脚,经常裸露在新鲜空气和阳光中,还有利于足部血液的循环,提高抵抗力和耐寒能力,预防感冒或受凉腹泻等疾病。赤足走路,对刺激末梢神经兴奋、促进幼儿的智力发育,也大有裨益。

当然,让幼儿赤足走路,路面宜平坦、干净,要防止跌伤或足底被异物戳伤。赤足走路一段时间后,应及时洗干净脚掌。当前正值夏季,是宝宝赤足走路的好季节,当然,由于天热,路面也会热,宝宝赤足走一定要防灼伤。

第 347 天　练习使用便盆

家长们希望尽早从尿布的包围中解脱出来的心情是可以理解的。去掉尿布的束缚,对宝宝来说,无疑也是一大解放。所以,家长应留意观察一下宝宝,看他是否已有了要坐盆的愿望表示。

1岁的宝宝,行动已开始自如,会听懂大人的要求,如果你发现他看到别人上厕所、用马桶时表示出羡慕的神情,就别错过时机,为他也准备一个合适的便盆。

最初让小儿坐盆,妈妈或爸爸要注意以下问题:

首先,要巩固前几个月训练的基础,根据宝宝大便习惯,在发现宝宝有便意时应及时让他坐盆,妈妈或爸爸可在旁边扶持。

冬天要注意便盆不要太凉,以免刺激宝宝引起大小便抑制。如果宝宝一时不解便,可过一会再坐,不要让宝宝长时间坐在便盆上。更不要在坐便盆时,给宝宝喂饭或让宝宝玩玩具。如果有这种不良习惯,要及时纠正,要让宝宝从小养成卫生文明的好习惯。

其次,每次宝宝排完便后,应立即把宝宝的小屁股擦干净,并用流动的清水给宝宝洗手。为减少病菌感染的机会,每天晚上还要给宝宝清洗小屁股,以保持宝宝臀部和外生殖器的清洁卫生。

第三,宝宝每次排便后应马上把粪便倒掉,并彻底清洗便盆,便盆还要定时消毒。用完便盆后,要将其放在一个固定的地方,便盆周围要注意清洁,也不要把便盆放在黑暗的偏僻处,以免宝宝害怕而拒绝坐盆。

第348天 别给宝宝玩手机

现在,手机已经是我们大部分人的生活必需品,很多宝宝都喜欢玩家长的手机,可是专家提醒,把手机当宝宝的玩具是不可取的。手机的确可以方便我们的生活,但是手机辐射也影响着我们的健康。如果你把手机作为宝宝的玩具,后果将更加严重。

英国的科学家最近表示,儿童很容易受手机的辐射影响,这是因为他们的免疫系统较成年人弱。

有些宝宝专门喜欢玩大人用的东西,尤其是价钱不菲的科技产品,比如手机、遥控器等。溺爱宝宝的家长不仅不制止这个行为,反而把任由宝宝玩手机看做是爱宝宝的表现，这可真是好心办坏事。

使用手机时电磁波可以进入大脑，因为使用手机时，人体成了天线的一部分。在相同条件下，宝宝受到电磁波的伤害要比成人大，因为他们头小、颅骨薄。

宝宝大脑吸收的辐射相当于成人的2～4倍。专家认为，手机的电磁场会干扰中枢神经系统的正常功能。宝宝正处于中枢神经系统的形成和发育期，常用手机肯定会影响大脑的发育。同时，宝宝的自卫机制，首先是免疫系统尚未彻底形成，手机辐射迟早也会影响到宝宝的免疫能力。

手机的电磁辐射对人体的健康危害很大，尤其是学龄前的儿童正处在身体发育阶段，更容易受到手机辐射的伤害。因此，对于那些正在生病的宝宝，体质弱，抵抗力差，手机辐射对他们的危害也将随之增加。

第349天 宝宝必须有说话的机会

在宝宝呱呱落地之时，就应多爱抚宝宝，这种无声的交流所表达的爱心无疑是在宝宝幼小心灵上抹上的清新隽永的第一笔，从而启动宝宝的心理活动，感受到周围陌生世界的存在，建立起自己的思维活动。宝宝最早的智力活动就是学话，宝宝对周围世界的认识，思维能力的形成，都是通过学话实现的。

宝宝的语言能力在反复训练中发育得比较快，或者把你看到的景物介绍给宝宝，请他重复一遍。重复的内容从简单到复杂，句子由短到长，循序渐进。

使用语言是宝宝真正获得语言的重要条件，要利用各种机会让宝宝开口。比如宝宝想要某种东西，往往盯着它或用手去抓。这时你不要马上满足他，而是把它拿在手里，鼓励宝宝说出自己想要什么，比如"我要红色的苹果、我要会唱歌的娃娃……"如果宝宝说不好，你可以先作示范，由宝宝

"学舌",然后,再把这些东西给宝宝。

其实宝宝说话早与晚许多时候还与宝宝平时成长的环境有关系,因此想要宝宝早说话,父母就要多与宝宝交流,给宝宝学说话的机会,但愿以上的几点可以使更多的父母们了解如何才能让宝宝早说话吧!

第350天 教宝宝走出第一步

有些年轻的父母,育儿心切,总想尽早让小儿学会走路,当宝宝出生7~8个月就让其学走路。一般来讲,过早地让宝宝行走,对他的身体生长发育是很不利的。应该按宝宝生长发育的规律,适时地对其进行相应的训练。

宝宝的情况各有不同,有些宝宝身体发育好,训练早,在9~10个月时就会独立行走;有的宝宝出生时早产、低体重、发育不好,甚至患佝偻病或其他疾病,走路就迟缓;还有的是因为保护过多,缺乏锻炼,或者冬季穿衣过多、身体肥胖、行动不便,也会引起走路迟缓。一般来讲在16个月以前学会走路都属正常范围。

当然能及早学会走路更好。因为走路不仅能促进肌肉发达,而且通过四处行走,既能增长见识,又能开发智力。学走路难免要跌跤、跌痛,爬起来再走,这样还锻炼了意志,对形成宝宝良好的性格很重要。

那么,怎样教会宝宝走路呢?

其实宝宝学走路的基础是在一岁前就打下的。3个月时宝宝学会抬头,出现了颈曲,加强了颈部肌肉的力量。6个月时学会双手支撑,加强了臂部肌肉力量,又学会坐,出现了胸曲。7~9个月时学会爬行,加强了腹部肌肉的力量。12个月时会站,会扶走或独走,出现了腰曲,加强了腿部肌肉的力量。脊椎的颈曲、胸曲和腰曲的形成,有利于身体保持平衡,走路和活动时可减少对脑部的震动。颈、臂、腿部肌肉的加强,又能支撑身体各个部位;

而腹部肌肉处在承上启下的位置，发挥平衡和协调的作用。因此要宝宝及早学会走路，就要及早及时地进行以上训练。一旦他真正地鼓起勇气站起来，他一定会勇敢地迈出人生的第一步！

第351天　宝宝怎么颤抖了

很多次妈妈发现，在睡觉的时候不管有没有声音，宝宝的手、胳膊或者腿在颤抖，有时候甚至小下巴也在抖动。这是怎么了？是暂时抽筋还是宝宝有癫痫？

其实，这种现象既不是癫痫，也不是缺钙，而是一种很正常的生理现象。宝宝出现四肢、身体的无意识抖动，通常被称做惊跳。

宝宝出现惊跳现象，主要是因为宝宝神经系统发育不完善，大脑皮层发育不成熟，中枢神经细胞兴奋性较高、受刺激容易引起兴奋，多数宝宝睡觉时处在浅睡眠的状态，遇有声音、光亮、震动以及改变宝宝的体位都会使宝宝有惊跳的现象出现。

宝宝出现惊跳时，妈妈用手轻轻安抚宝宝的身体或双手，让宝宝产生一种安全感，可以使他安静下来。妈妈完全可以放心，宝宝惊跳对脑的发育没有影响。

一般来说随着宝宝月龄的增长，神经系统逐渐发育完善，这种惊跳的现象会逐渐消失，不需特殊处理。

如果是神经性颤动，通常只涉及局部皮肤，没有疼痛，宝宝可能没有意识到；而由于缺钙引起的抽筋则是局部肌肉的不自主痉挛，会引发强烈的疼痛，宝宝能明显感觉出抽筋的部位，还会疼得喊叫甚至哭泣。

定期给宝宝体检，只要宝宝的发育指标一切正常，妈妈就不会为宝宝平时出现的一些小异常担心了。

第352天　预防意外事故的发生

宝宝会走以后,眼界大开,对于一切事物都感到新鲜、好奇,他们对什么都感兴趣,都想试探一下。因此,家长必须随时注意他们,防止意外事故发生。

家里的汽油、煤油、碘酒、消毒液等东西和大人吃的药,都要放在宝宝够不到、拿不着的安全地方,以免被宝宝误服后发生危险。

如果宝宝从高处摔下来,要观察他的神志,若出现呕吐或昏迷等情况,应该想到可能是头部受伤,要立即送医院治疗。

第353天　咳嗽,会快快好的

不少父母对宝宝咳嗽都很头疼,给宝宝吃止咳药担心药物有副作用,不给宝宝吃药看着宝宝咳嗽又很心疼。其实,如果父母在宝宝咳嗽未愈期间注意饮食调理,可以收到事半功倍的效果。

首先,饮食要清淡,但应富有营养并易消化和吸收为宜。食欲不振,可做些清淡味鲜的菜粥、片汤、面汤之类的易消化食物。

其次,多喝白开水。要喝足够的水,来满足患儿生理代谢需要。充足的水分可帮助稀释痰液,便于咳出,最好是白开水,绝不能用各种饮料来代替白开水。

第三,多食用新鲜蔬菜及水果。可补充足够的无机盐及维生素,对感冒咳嗽的恢复很有益处。多食含有胡萝卜素的蔬果,如西红柿、胡萝卜等,一些富含维生素A的食物，对恢复呼吸道黏膜是非常有帮助的。

第四，少食咸或甜的食物。吃咸易诱发咳嗽致使咳嗽加重；吃甜助热生痰，所以应尽量少吃比较好。禁食刺激性食物，如辛辣、油炸、冷食、冷饮及致敏性的海产品，还有炒花生、瓜子之类的零食应忌食为好。

天气的变化容易造成宝宝感冒、咳嗽，除了对症下药外，咳嗽期间还应该注意一些饮食禁忌，这样才能让宝宝好得更快一些。

第354天 外用药，你给宝宝准备了吗

宝宝从翻身到会坐到会爬到会走到到处乱跑，活动能力越来越强，加之强烈的好奇心，总是喜欢不断探索未知世界，因此意外事故发生率也高了，面对宝宝所受的外伤，护理人对受伤部位的紧急处理也是非常重要的，各位妈咪们，你们家都准备了哪些药品？

红汞（红药水）常用于皮肤擦伤、切割伤和小伤口的创面消毒。不能用于大面积的伤口，以免发生汞中毒；也不能与碘酒同时用，否则，两种药水相互作用会产生有毒的碘化汞，不但不能消毒杀菌，反而会损伤正常皮肤，使伤口溃烂。

龙阻紫（紫药水）常用浓度0.5%~2%，有杀菌作用，常用于皮肤、黏膜创伤感染时及溃疡发生时，也可用于小面积烧伤的创面。

碘酒常用1%~2%浓度。用于刚起的皮肤未破的疖肿及毒虫咬伤等。因为碘酒的刺激性很大，当伤口皮肤已经破损时，就不能再用了（对碘过敏的人也不能用碘酒）。如用碘酒消毒伤口周围的皮肤，应在稍干之后即刻用75%酒精擦掉。

乙醇（酒精）作为消毒剂使用时，常用浓度是75%，低于75%，达不到杀菌目的，高于75%，又会使细菌表面的蛋白质迅速凝固而妨碍酒精向内渗

透，也会影响杀菌效果。所以，当消毒伤口周围皮肤时，应用75%浓度酒精。由于乙醇涂擦皮肤，能使局部血管舒张，血液循环增加，同时乙醇蒸发，使热量散失，故酒精擦浴可使高烧病人降温。用于物理降温的酒精浓度为20%～30%，也就是说，用一份75%的酒精兑两份水即可作擦浴用。

创口贴用于外伤，伤口出血时消毒止血。

妈咪们准备这些外用药，有些轻伤小伤就可以自行处理了。

第355天　发现化脓性脑膜炎要趁早

说起脑膜炎，很多人会想到后遗症而感到恐怖。其实，早期诊断，及时治疗，对脑膜炎的治愈和减少后遗症起着决定性的作用，那么，脑膜炎早期有些什么症状，脑膜炎能否彻底治好，可能有哪些后遗症等问题呢？

化脓性脑膜炎多发生在1岁以下的宝宝，当细菌侵犯到大脑表面的一层薄膜时，就发生了化脓性脑膜炎。宝宝脑膜炎的表现是很不典型的。早期症状主要是吮奶无力或不吃奶、呕吐、精神不好、想睡，或不停地吵闹。有时患儿爱躺着，但当换尿布或抱起而触及两下肢时，会突然尖叫、惊跳。细心的父母还会发现小儿双眼呆直，眼珠上翻，前囟比平时略高，抚摸时有紧张的感觉，有时可见面部肌肉小抽动。比较特殊的表现有挤眉弄眼，口唇不断做吮乳动作，或口角向一边歪斜。多数病儿有发热，少数全身发凉，体温不升的症状。病情进一步加重时则出现四肢抽动，面色发育，口吐白沫等危症表现。发现上述任何症状，都要急送医院。

由于宝宝抵抗力差和脑膜炎症状不典型，使早期确诊和及时治疗存在一定困难，因此并发症及后遗症相对比年长儿稍多一些。并发症中以硬脑膜下积液、积脓较多见，后遗症中以脑积水、四肢屈曲、智力低下较常见。如能及时诊断，尽早得到正确治疗，宝宝化脓性脑膜炎同样可以彻底治愈。

第356天　宝宝特殊语言惹人爱

在宝宝还不会开口说话前，只能靠面部表情、肢体语言或者一些叽叽咕咕的声音来表达他们的一些想法和意愿。对于父母来说，就需要通过这些举动完全理解宝宝的"特殊语言"。

肢体语言所表达出一个人内心的意思，有时比说话还更为真实。宝宝由于口语表达的能力不够成熟，所以最擅长运用其肢体语言，如高兴时手舞足蹈，生气时捶拳踢腿，难过时号啕大哭等都很明显而容易被了解，因此，肢体语言成为宝宝在能够以词汇表达以前的一种与他人沟通之工具。肢体语言有天生的，有后天学习的。前者常见的有：噘嘴表示不愉快；笑代表高兴；打哈欠表示想睡或感到无聊等。后者常见的有：点头表示要或好；摇头代表不要或不好……不胜枚举。

即使宝宝只有几个月，他也能够区分妈妈、爸爸和其他人的声音。他会用目光和妈妈、爸爸接触，"说"他知道你是他的妈妈或者爸爸。当他听到或者看到妈妈、爸爸时，他会把目光转向妈妈、爸爸，向妈妈、爸爸绽开笑容。妈妈、爸爸也在学着"说"宝宝的语言。当宝宝哭的时候，妈妈、爸爸能分辨出他是因为饿了才哭，还是因为想要改变什么。妈妈、爸爸也能从哭声中洞察出他需要你去抱抱他。

妈妈、爸爸对宝宝也已经有所了解，当他转过身去或者身体挺直时，妈妈、爸爸就知道他玩累了或者吃够了。他会弄出动静，要么就哭起来，好让妈妈、爸爸知道他的感受或者想法。妈妈、爸爸能够判断出他何时需要安静，何时需要四处看看或者打个盹儿。平时多和宝宝交谈，让他知道妈妈、爸爸爱他，在意他。

第357天 小宝宝开始接受新事物了

宝宝已经可以摇摇摆摆走路，离开妈妈的视线了，这时周围的一切对他来说都那么新奇。

趁妈妈不注意，宝宝拿了茶几上的几张扑克牌，翻过来转过去地琢磨，按一按、咬一咬，然后兴冲冲爬到妈妈的跟前，举起牌高兴地"啊啊"叫个不停。

妈妈要尝试着从宝宝的角度来看待他的新发现。如果宝宝把扑克牌含在了嘴里，不要立刻惊叫："哎呀！脏死了！快扔掉！"最好轻轻地蹲下告诉他："宝宝，这叫扑克牌，是爸爸妈妈用来娱乐的，你长大后也可以玩，但不能放在嘴巴里哦。"然后顺势把扑克牌从宝宝嘴里抽开。有时间的话，妈妈还可以将扑克牌一张张摊开，从颜色和数字上教宝宝分辨。过于成人化的理智，往往会打击宝宝的好奇心，成为学习、成长、发展创造性的隐形障碍。和宝宝一起分享他的发现，宝宝才能在不断的探索—展示—解说之中，接受和学习新的东西。

想培育出一个聪明可爱的孩子的父母，首先应学会从宝宝一出生就开始和宝宝交流。父母不用担心这种交流会变成单方面的意愿，因为宝宝一出生就有了与人交往的能力，而且愿意和你们交往。

妈妈是宝宝第一个和接触时间最多的交往对象，母子间目光相互注视就是交往的开端。母亲还可利用一切机会与宝宝交流，如喂奶、换尿布或抱宝宝等时候都要经常和他说话，并展示出微笑的面容，说一些诸如"看看妈妈"、"宝宝真乖"等亲密的话语。如果宝宝在吃奶时听那些话，就会停止吸吮或改变吸吮的速度，说明宝宝在听妈妈讲话。

交流的方式可以是多样化的，除了和宝宝"交谈"，还可以和宝宝逗乐，比如摸摸宝宝的头、轻轻挠宝宝的小肚皮，以引起宝宝注意，并逗引他微笑。当婴儿微笑时，要给予夸奖，更别忘了妈妈那轻轻一吻也是给宝宝的美好奖励。

利用一切机会和宝宝交往，使孩子在和父母的交往中辨别不同人声、语意，辨认不同人脸、不同表情，保持愉快的情绪。

第358天　让宝宝多看多摸

眼睛是心灵的窗户，正是通过眼睛，宝贝才能真实地了解周围的事物。手是认识事物的重要器官，手的活动可以促进大脑的发育；手是智慧的源泉，多看，多摸，宝贝的大脑才能更聪明。

大人应该准备一些辅助用具，如颜色鲜艳的球，手摇的发声玩具。同时，还应对宝宝给予适时的适当的帮助，如7个月时，宝宝俯卧时可在宝宝面前置一颜色鲜艳的玩具，使宝宝意图抓握但又抓不到，这样可以让宝宝练习手膝爬行，当宝宝已经能扶着室内家具或扶着推车行走时，应在大人的鼓励和保护下独立地行走，成人应认识到爬和走在宝宝的动作发展中占很重要的地位。

到了1岁左右，宝宝的好奇心发展迅速，什么都想摸摸、动动。看别人吃饭，要抢勺、抓碗；看见别人写字，也要拿笔；看见别人洗手就要玩水。大人不要让宝宝这不许拿、那不准动，宝宝的好奇心会被一连串的"别动"压抑住。正确的做法是要耐心示范，有危险的动作要告诉他，并给他解释。比如，有的宝宝总想摸摸火炉上的东西，甚至想去抓火苗，大人可以把着他的手在炉边试一试，宝宝觉得烫手，就不会再摸了，也有的宝宝可能还想用另一只手摸，直到两只手都感觉到烫了才肯罢休。

日常生活中的常见物品，只要没有危险，就要尽可能的让宝宝多摸摸动动，这能保护宝宝的好奇心和探索欲，对培养宝宝的独立能力大有好处，同时，可导致初步思维活动的产生。

第359天 如何给宝宝断奶

给宝宝断奶看似简单，实质是一件很重大的事情，不是让宝宝不吃奶就可以了，断奶太早或者太晚都不太好，一旦走入误区或者方法不够正确，也许会对宝宝以后的成长产生很大的影响，但是现在很多家长对断奶都存在一定的误区，断奶之说，不仅要正确使用断奶的方法，也要让宝宝从心灵上断奶。如何给宝宝断奶？你真的作好准备了吗？

首先，在心理上，父母要把断奶看成是自然过程。当宝宝对母乳以外的食物味道感兴趣的时候，应该用适当的语言诱导和强化，使宝宝受到鼓励和表扬，感到愉快，使宝宝在心理上把断奶当做一个自然过程。同时，家里的其他亲人应有意识地多与宝宝接触，如：带宝宝去公园，接触大自然，开阔眼界，跟宝宝一起做游戏，使宝宝感到身边的人都爱他，都跟他玩，使他高兴，有安全感、信任感。

其次，先从减少白天喂母乳次数开始，逐渐过渡到夜间，可用牛奶或配方奶逐渐取代母乳，最迟2岁应彻底断母乳。但仍需每天给1~2次牛奶。这期间，宝宝从蹒跚学步到自由行走、玩耍，宝宝的活动范围逐渐扩大，兴趣逐渐增加，与新妈咪的接触时间逐渐减少，有利于断奶。

再次，断奶时，不要让宝宝看到或触摸新妈咪的乳头。当宝宝看到其他宝宝吃母奶时，要告诉宝宝"你长大了，小宝宝吃妈妈奶，你不吃了"。新妈咪在断奶期间不应回避，应多和宝宝在一起玩他感兴趣的游戏，转移宝宝的注意力。在断奶期间，不应母婴分离，这样会给宝宝带来心理上的痛苦。另外,一旦断了奶,就不要让宝宝再吃母乳。

断奶对宝宝来说是一个非常重要的时期,是宝宝生活中的一大转折。年轻的父母一定要正确地认识和对待。

第360天 给宝宝断奶要有决心

随着月龄的增加,母乳中的营养成分已经无法完全满足宝宝快速成长的需要了。如果妈妈发现,宝宝只恋母乳,到正餐的时候头却摇得像拨浪鼓,而且,宝宝的身体发育状况不如同龄的其他宝宝,就应该下决心给宝宝断奶了。

断奶是宝宝人生中面临的第一个岔路口,是从纯母乳喂养到混合喂养的转折,此时的宝宝尚不具备自主选择的能力,所以作为宝宝的第一监护人——父母,对宝宝成功迈出这一步起着举足轻重的作用。

刚开始,年轻的妈妈在自己的情感上有些割舍不下,拖到了宝宝将满周岁,终于下定了决心,三天之内彻底断掉。第一天怕宝宝不适应,内心还有点亏待了宝宝的歉疚,妈妈半夜起来给他冲奶粉,这样做了两天之后,觉得太麻烦,又想早晚得改掉半夜进食的习惯,不如从现在开始,于是,第三天晚上睡觉前,妈妈给他喂了一大瓶奶,又想法让他吃了点饼干。半夜他咿咿呀呀醒来,妈妈轻轻地拍一拍,万分担心他不肯入睡,没想到,过了一会儿他居然又睡着了。从此,宝宝彻底断奶,并且一觉睡到天亮。这样断奶,宝宝一天也未离开妈妈,既没有哭闹,也没有犯"奶瘾",妈妈本人也恢复得很好。

断奶对宝宝来说是一道难关,对新妈咪同样是一次考验,哺乳的新妈咪在断奶时有一种强烈的失落感,奶胀又使身体很不舒服,这时候,特别需要坚持,千万不能恢复喂奶,或是母婴强行分离,否则会使双方都十分痛苦。

断奶的关键在于给宝宝建立多样性的饮食习惯，只要能坚持既定目标，又顺其自然，遇到小小的挫折时，不忧虑，不沮丧，保持心情愉快，断奶其实是件轻松的事情。

第361天 断奶时如何给妈咪回奶

妈妈因各种原因不能再给宝宝喂奶，或者准备给宝宝断奶时，如果妈妈奶水仍然较多，就需要回奶。

在回奶时可以采取胀回法：任乳房胀满，忍受疼痛，经一周左右，便可胀回。在回乳期，必须忍受，切忌断续让宝宝吮吸，或因胀痛而挤奶，这样做必然将延长回乳时间。

新妈咪回奶时应遵循自然的原则，一般不需服用回奶药。根据泌乳原理，乳汁的产生是泌乳素与泌乳反射共同作用的结果，宝宝的吸吮，刺激乳头的神经末梢，并将刺激的信息传递到脑下垂体前叶，使之产生泌乳素。从刺激乳头到产生泌乳素的过程，称为泌乳反射。断奶过程中，宝宝吸吮的时间和次数少了，对乳房、乳头的刺激也相对减少，泌乳素的分泌也随之减少，乳汁的分泌也逐渐减少，这是一个自然过程。关键是减少对乳房乳头的刺激，除了减少吸吮外，不要让宝宝触摸乳房，淋浴时避免用热水冲洗乳房；饮食中减少水的摄入量；新妈咪感奶胀时，可挤出少量乳汁，不要过度挤奶，以免刺激乳汁分泌过多，还可用冰袋冷敷乳房以减轻不适。

有些妈妈在给宝宝断奶前奶水已经不是很多了，让奶水自然停止分泌即可。但这有可能会在妈妈乳房中留下一些奶块，用手触摸时可以感觉得到，不必担心，一般情况下，这些奶块过一段时间会自然吸收的。

第362天 断奶后宝宝的喂养

宝宝长大了,就是时候要断奶了。此时爸爸妈妈知道应该喂宝宝吃些固体的食物,可是问题是不知道具体应该喂些什么。其实呀,世界各国的爸爸妈妈给其宝宝喂的食物都会有所不同,比如日本会喂萝卜和鱼,非洲的国家会喂肉,法国则喜欢喂西红柿……不一而足。到底断奶后的宝宝应该怎么样喂养呢?

宝宝断奶后就少了一种优质蛋白质的来源,而宝宝生长偏偏需要蛋白质。除了给宝宝吃鱼、肉、蛋外,每天还一定要喝牛奶,它是断奶后的宝宝理想的蛋白质来源之一。

食物宜制作得细、软、烂、碎。因为1岁左右的宝宝只长出6~8颗牙齿,胃肠功能还未发育完善。而且食物种类要多样,这样才能得到丰富均衡的营养。

增加进餐次数。宝宝的胃很小,可对于热量和营养的需要却相对很大,不能一餐吃得太多,最好的方法是每天进5~6次餐。

注重食物的色、香、味,增强宝宝进食的兴趣。可适当加些盐、醋、酱油,但不要加味精、人工色素、辣椒、八角等调味品。

为宝宝营造良好的进餐环境,这样有助于增强宝宝的食欲,并可促进他对食物的正确选择。

第363天 增强断奶宝宝的免疫力

妈妈的怀抱,是最温暖的港湾;妈妈的乳汁,是最健康的营养奶。离开妈妈的母乳,是宝宝生活中的一大转折,这早已不是单纯的食物品种、喂养方式的改变,许多妈妈已经意识到断奶对宝宝的免疫力也有着重要的影响。那么断奶期的宝宝该怎样增加免疫力呢?

宝宝断奶后,饮食要比宝宝期丰富得多,食物的选择应含有丰富的蛋白质和热能,营养价值高,强化一定量宝宝所需的矿物质和维生素等;要合理安排膳食,保证营养,这个年龄的宝宝少吃米饭,多吃鱼、肉、蛋、禽等动物性食物是比较好的,如果不爱吃可以用牛奶来补充,蔬菜水果仍是不可缺少的。至于牛奶,宝宝饭菜吃得好,是没有必要非喝不可的,但要知道牛奶是一种饮用方便的营养佳品,只要宝宝不反对喝,每天喝上300~500毫升是很值得提倡的,牛奶营养丰富,利于宝宝吸收,特别是其富含钙质,对宝宝骨骼和牙齿的发育是不可缺少的。

除此之外要增加宝宝的活动量,宝宝正处于生长发育的旺盛时期,适当的体育活动能增强全身的生理功能,促进小儿生长发育,提高机体对各种疾病的抵抗能力。多给宝宝喝水:因为多喝水可以促进宝宝的新陈代谢,提高抵抗力。多给宝宝晒太阳:减少宝宝缺钙。多到户外运动,多呼吸新鲜的空气,少到人多的场所。保证充足的睡眠:能更有利于增加宝宝的抵抗力和免疫力。

第364天　宝宝如何开始学攀爬

如果家里没有楼梯，大多数的宝宝也会在11个月大时开始学习攀爬。因为他会在公园、商场或小区里接触到楼梯。

在帮助12个月的宝宝爬楼梯时，爸爸妈妈可把宝宝喜欢的玩具放在楼梯的第四、五层台阶上，以此引导宝宝爬楼梯拿玩具。练习时，爸爸妈妈双手扶着宝宝的腋下，帮助宝宝两脚交替爬楼梯。帮助的力量可逐渐减小。此游戏能增强宝宝腿步的力量，为今后独立行走打好基础，但应注意每次练习的时间不宜过长。

在妈妈的帮助下，宝宝学会手脚并用地爬楼梯了，可以慢慢地上一两级楼梯，这时一定要宝宝小手扶着楼梯一侧的栏杆，横着上一两级楼梯。

从对体力的消耗来说，上楼梯费力，下楼梯轻松。但对宝宝来说，上楼梯容易，下楼梯却很难。如同人们常说的"上山容易，下山难"。宝宝通常是先会往上爬楼梯，然后是扶着栏杆或牵着妈妈的手一个台阶一个台阶地上楼梯，最后是一脚一个台阶地上楼梯。妈妈不会让宝宝从楼梯上往下爬的，也不会让宝宝在下楼梯处玩耍，因为这样宝宝都会有滚落的危险。但如果宝宝在上楼梯处玩耍，妈妈就不担心宝宝会滚楼梯了。所以，宝宝有更多的机会练习上楼梯，这或许是大多数宝宝常是先会上楼梯，后会下楼梯的缘故吧。

宝宝攀爬楼梯要注意安全：

不要让宝宝一个人爬楼梯。宝宝最开始爬楼梯的时候手和脚还不是很协调，有时会因为一脚踏空或者手没扶住而摔倒，所以爸爸妈妈要站在可以及时扶住宝宝的地方保护他。

清理路障。不要把需要搁到楼上去的东西放置在台阶旁，尽量维持一个通畅无阻的楼梯空间,以避免宝宝绊倒发生危险。

帮助宝宝练习攀爬。尽可能经常地帮助宝宝在楼梯上爬上爬下。这么做可以帮助宝宝提高自己的技能。

第 365 天　警惕宝宝毁牙坏习惯

拥有一口好牙可以终身受益,在一些西方国家,甚至以是否拥有一口好牙来判断人的教养水平。想拥有一口好牙齿就必须从多方面做起,爸爸妈妈除了要帮助宝宝从小养成坚持刷牙、定期查牙洗牙的好习惯外,要警惕宝宝那些毁牙的坏习惯。

舌头乱舔:宝宝在换牙期间最容易出现的问题是常用舌头舔松动的乳牙或新长出的恒牙,从而形成吐舌头或是伸舌头的坏习惯。舌头常在上下牙之间形成局部开合,牙齿之间会出现缝隙。

咬嘴唇:如果经常咬上嘴唇可能造成前牙反合,下颌向前突出。咬下嘴唇则会导致上前牙凸出,下颌后缩,上嘴唇会变得厚而短,呈张开状态,牙齿外露。

偏侧咀嚼:宝宝在乳牙发展的后期容易出现偏侧咀嚼习惯,由于乳牙脱落,一侧牙齿正常的咀嚼功能受到影响,所以只能用另外一侧咀嚼。这会造成面部左右发育的不对称,而不常咀嚼的一侧因为缺少食物的冲刷更容易堆积牙垢,出现龋齿和其他牙周疾病。

咬东西:很多宝宝喜欢啃手指甲或者咬衣角、袖口、被角、枕角及吮吸奶嘴等,因为在咬这些物体的时候一般总固定在牙齿的某一个部位,因而容易形成牙齿局部的小开合畸形。

不良睡眠习惯:有的宝宝习惯在睡觉时把手肘、手掌、拳头等枕在一侧脸的下方,或是喜欢经常用手托着一边的腮部,这些习惯对于宝宝颌面部的正常发育及面部的对称性都有影响。

乱剔牙：宝宝如果形成了剔牙习惯，牙缝会慢慢变宽，食物容易嵌进牙缝里。另外，剔牙的牙签如果不卫生，在剔牙时牙龈的黏膜被剔破后细菌进入，可能会形成感染。

第 366 天　宝宝在"扔东西"中长见识

1岁左右的宝宝都喜欢"扔东西"，给他什么东西，他都只玩一会儿就往地上扔。开始，父母以为宝宝是不小心掉在地上的，就给他拾起，但宝宝很快又往地上扔。这样反复多次，可把父母惹生气了，干脆不去理睬他了。可宝宝不依不饶，仍用要求的目光，手指着地上的东西，请求父母再次拾起。

其实，宝宝喜欢扔东西并不是他存心捣蛋，更不是件坏事。宝宝在反复扔东西的过程中，不仅能得到情绪上的极大的满足和快乐，而且还能增长不少见识和经验。

宝宝在不断地、反复地扔东西的活动中，慢慢意识到自己的动作（扔）和动作对象（物体）的区别，探索自己动作的后果——会出现什么效果和变化。

例如，宝宝每次扔球，都能使球滚动，开始时这种现象是偶然发生的，并没有引起他注意，也没有意识到自己的力量。以后，经过多次重复这个动作，相同的现象（球会滚动）再次发生。宝宝逐渐认识到自己扔的动作，能使球发生变化，出现了滚动的效果。从中他意识到自己的力量，自己的存在和客观物体之间的关系。

这种扔东西的动作，显示出的力量和事物发生的变化，促使宝宝再次尝试用扔的动作去作用于其他物体，观察是否能发生其他的变化：扔出响铃棒，响铃棒掉下去能发出声响，但不滚动；扔下毛巾，毛巾既没有声响又不滚动。

由此宝宝逐渐认识到扔不同的东西，会产生不同的效果，发现物体更多新的属性，而使宝宝对各种事物获得更多的认识。

有时宝宝扔东西是想要大人和他玩，以扔东西来引起父母的注意。在宝宝扔下和父母拾起的过程中，建立了"授受关系"，发展了人与人之间的社会交际关系，在动作与语言的交往中，使宝宝的认识能力不断地发展。

专家建议：

1.如果父母不能花许多时间专门为宝宝拾东西，可以让宝宝坐在铺有席子或垫子的地板上，让他自己扔东西玩；教会他将扔出去的东西，自己爬过去或走过去拾起来。

2.逐步教导宝宝什么东西可以扔，什么不能扔。可以做一些沙袋、豆袋，准备一些带响铃的橡胶塑料玩具等给他扔。

3.要制止宝宝扔食物、某些玩具及易损坏的东西，但不要用训斥的方式，以免强化了宝宝这种不良动作。

宝宝喜欢扔东西，父母不必紧张、烦心，这个过程只是很短暂的一个时期，宝宝慢慢学会了正确地玩玩具及使用工具后，他的兴趣及注意力会逐渐转移到其他更有趣的活动上，"扔东西"的现象会自然消失。